Resiliente Produktionsnetzwerke durch datenbasierte Früherkennung

Resilient Production Networks Through Data-based Early Detection

Von der Fakultät für Maschinenwesen
der Rheinisch-Westfälischen Technischen Hochschule Aachen
zur Erlangung des akademischen Grades eines
Doktors der Ingenieurwissenschaften
genehmigte Dissertation

vorgelegt von

Berichter/in:

Univ.-Prof. Dr.-Ing. Dipl.-Wirt. Ing. Günther Schuh
apl. Prof. Dr.-Ing. Wolfgang Boos

Tag der mündlichen Prüfung: 19. Dezember 2023

ERGEBNISSE AUS DER PRODUKTIONSTECHNIK

Niklas Rodemann

Resiliente Produktionsnetzwerke durch datenbasierte Früherkennung

Herausgeber:
Prof. Dr.-Ing. T. Bergs
Prof. Dr.-Ing. Dipl.-Wirt. Ing. G. Schuh
Prof. Dr.-Ing. C. Brecher
Prof. Dr.-Ing. R. H. Schmitt

Band 21/2024

WZL | RWTH AACHEN UNIVERSITY

Fraunhofer IPT

Bibliografische Information der Deutschen Nationalbibliothek
Die Deutsche Nationalbibliothek verzeichnet diese Publikation in der Deutschen Nationalbibliografie; detaillierte bibliografische Daten sind im Internet über https://portal.dnb.de abrufbar.

Niklas Rodemann:

Resiliente Produktionsnetzwerke durch datenbasierte Früherkennung

1. Auflage, 2024

Gedruckt auf holz- und säurefreiem Papier, 100% chlorfrei gebleicht.

Wissenschaftsverlag des Instituts für Industriekommunikation und Fachmedien an der RWTH Aachen
Steinbachstr. 25, 52074 Aachen
Internet: www.apprimus-verlag.de, E-Mail: info@apprimus-verlag.de

Druck: CPI Druckdienstleistungen GmbH
Ferdinand-Jühlke-Straße 7 | 99095 Erfurt

ISBN 978-3-98555-228-3

D 82 (Diss. RWTH Aachen University, 2023)

Vorwort

Die vorliegende Dissertation entstand während meiner Zeit als wissenschaftlicher Mitarbeiter am Lehrstuhl für Produktionssystematik des Werkzeugmaschinenlabors WZL der Rheinisch-Westfälischen Technischen Hochschule (RWTH) Aachen.

Für die Möglichkeit, in einem einzigartigen Umfeld mein Promotionsvorhaben realisieren zu können, gilt mein besonderer Dank meinem Doktorvater Herrn Professor Günther Schuh. Das durch ihn geschaffene Zusammenspiel aus praxisrelevanter Forschung und industrieller Problemlösung sowie sein Vertrauen in meine Arbeit haben wesentlich zum Gelingen dieser Dissertation beigetragen. Für die Übernahme des Koreferats möchte ich Herrn Professor Wolfgang Boos danken. Herrn Professor Mikhail Itskov danke ich für die Übernahme des Prüfungsvorsitzes.

Bei meinen ehemaligen Kolleginnen und Kollegen am WZL möchte ich mich für die spannende und abwechslungsreiche Zeit bedanken. Die gegenseitige Unterstützung, der Zusammenhalt, der fachliche Austausch sowie die gemeinsamen Aktivitäten nach Feierabend haben mir viel Freude bereitet. Weiterhin danke ich meinen studentischen Mitarbeitenden und Abschlussarbeitenden, insbesondere Lukas Sassen, Nicholas Haak, Miha Podbreznik und Gereon Tetzel, für ihren Einsatz und die gute Zusammenarbeit.

Mein größter Dank gilt meiner Familie. Meine Mutter, mein Vater und meine Schwester haben mich jederzeit in meinen Entscheidungen unterstützt und den notwendigen Rückhalt gegeben. Julienne, dir danke ich für deine liebevolle Unterstützung und deinen Zuspruch, die mir das Erstellen der Dissertation wesentlich erleichtert haben. Philine, dir danke ich für deine Geduld, die du mir in deinen ersten Lebenswochen auf der Welt entgegengebracht hast und die es mir ermöglichte, die letzten Schritte im Dissertationsprozess zu gehen. Euch widme ich diese Arbeit.

Vechelde, im Juli 2024
Niklas Rodemann

Inhaltsübersicht

Inhaltsverzeichnis

Abbildungsverzeichnis

Tabellenverzeichnis

Formelzeichenverzeichnis

A	Menge der 61 generischen Anpassungsfälle
AK_D	Arbeitskosten pro Zeiteinheit am Standort Deutschland
AK_R	Arbeitskosten pro Zeiteinheit am Standort Rumänien
$AnzAuf$	Anzahl an Aufträgen
$AnzQM$	Anzahl herstellbarer Qualitätsmerkmale
$AZ_{Stück}$	Arbeitszeit zur Produktion einer Einheit eines Produktes
BZ	Summe der Bearbeitungszeiten des Produktes in allen Prozessen
$CO_{2,P}$	Durch Produktion verursachte CO_2-Emissionen
CO_2Preis	Durch Bundesregierung festgelegter Preis für eine Tonne CO_2
$CO_{2,T}$	Durch Transport verursachte CO_2-Emissionen
DZ	Durchlaufzeit
$E(X)$	Erwartungswert
EE	Anteil erneuerbarer Energien
EG	Entgangener Gewinn
e_{jk}	Binäre Variable zur Zuordnung eines Anpassungsfalls zu einer Kennzahlenveränderung
FEK	Fertigungseinzelkosten
FGK	Fertigungsgemeinkosten
FK	Fertigungskosten
gPZ	Geplante Produktionszeit
gTV	Geplantes Transportvolumen
HK_p	Herstellkosten des Produktes p
i	Index einer strategischen Einheit
j	Index eines generischen Anpassungsfalls

k	Index einer Kennzahlenveränderung
K	Menge der Konflikte zwischen zwei Zuordnungen, die sich aus der Struktur des Produktionsnetzwerks ergeben
K'	Menge aller Kennzahlen
KA	Kapazitätsauslastung
KF	Korrekturfaktor
l	Index einer strategischen Einheit
LTA	Lieferterminabweichung
LTA_{OG}	Obergrenze für die zulässige Lieferterminabweichung
LTA_{UG}	Untergrenze für die zulässige Lieferterminabweichung
LTT	Liefertermintreue
LZ	Summe der Liegezeiten zwischen allen Prozessen sowie in Wareneingangs- und Fertigwarenlagern
m	Index eines generischen Anpassungsfalls
$N(x)$	Gesamtnutzwert der Anpassungsalternative für das Produktionsnetzwerk
n_{ij}	Matrix der Nutzwerte der Anpassungsfälle für jede strategische Einheit
N_p	Nachfrage des Produktes p
PM_{pt}	Produktionsmenge des Produktes p zum Zeitpunkt t
PM_{At}	Produktionsmenge für den asiatischen Markt zum Zeitpunk t
QR	Qualitätsrate
r_k	Relevanz einer Kennzahlenveränderung
R	Menge der Restriktionen, die durch individuelle Vorgaben des Anwendenden entstehen
R^2	Bestimmtheitsmaß
RA	Reputationsanteil
RS	Reputationsschaden
RT	Relative Treibkraft
S	Menge der strategischen Einheiten im Produktionsnetzwerk
S_{pt}	Transportierte Strecke des Produktes p zum Zeitpunkt t

SEK	Sondereinzelkosten der Fertigung
T_t	Transportkosten zum Zeitpunkt t
TF	Transportflexibilität
$TK_{LKW,Stück,t}$	Transportkosten einer Einheit zum Zeitpunkt t
TK_{pt}	Transportkosten je Kilometer des Produktes p zum Zeitpunkt t
$TK_{Cont.,t}$	Transportkosten für einen Schiffscontainer zum Zeitpunkt t
TLC_t	Total Landed Costs zum Zeitpunkt t
U	Umsatz
$V(X)$	Variationskoeffizient
VaF	Variantenflexibilität
VoF	Volumenflexibilität
$Vol_{Cont.}$	Volumen eines Standardcontainers
$Vol_{Endprodukt}$	Volumen des Endproduktes
V_p	Verkaufspreis des Produktes p
vPZ	Verfügbare Produktionszeit
vTK	Verfügbare Transportkapazitäten
WAB	Zeitpunkt der Warenausgangsbuchung
WEB	Zeitpunkt der Wareneingangsbuchung
x_{ij}	Binäre Variable, die die Zuordnung eines Anpassungsfalls zu einer strategischen Einheit angibt
y_i	Tatsächlicher Wert der Zielvariable
$\hat{y}_i$	Prognostizierter Wert der Zielvariable
$\bar{y}$	Durchschnittlicher Wert der Variable
z_{jk}	Binäre Variable zur Zuordnung einer Kennzahlenveränderung zu einer strategischen Einheit
Z	Anzahl der selektierten Zuordnungen
μ	Erwartungswert
σ	Standardabweichung
ρ	Korrelationskoeffizient

Abkürzungsverzeichnis

AUT	Österreich
CHN	China
CO_2	Kohlenstoffdioxid
CVaR	Conditional Value at Risk
DEN	Dänemark
DFG	Deutsche Forschungsgesellschaft
et al.	et alii/et aliae
ERP	Enterprise-Resource-Planning
ESP	Spanien
EV	Energieverbrauch
FK	Fertigungskosten
FN(E)	Flächennutzungsgrad (Engpass)
FN(Ü)	Flächennutzungsgrad (Überkapazitäten)
FRA	Frankreich
GER	Deutschland
GBR	Großbritannien
GGI	Global Governance Index
GSI	Global Social Index
h	Stunden
HTML	Hypertext Markup Language
HUN	Ungarn
I.A.a./i.A.a.	In Anlehnung an / in Anlehnung an
IoP	Internet of Production
ID	Identifikation
JPN	Japan

KA(E)	Kapazitätsauslastung (Engpass)
KA(Ü)	Kapazitätsauslastung (Überkapazitäten)
kg	Kilogramm
km	Kilometer
Lkw	Lastkraftwagen
OECD	Organization for Economic Cooperation and Development
OLS	Ordinary Least Squares (Methode der kleinsten Quadrate)
MAE	Mean absolute error
MAPE	Mean absolute percentage error
MES	Manufacturing-Execution-System
MF	Maschinenflexibilität
min	Minuten
Mio.	Millionen
MK	Materialkosten
MP	Mitarbeitendenproduktivität
PK	Produktionskette
PLM	Product-Lifecycle-Management
PP	Produktionsprozess
QR	Qualitätsrate
R	Ressource
RAS	Risk Assessment Space Analysis
RF	Routenflexibilität
ROU	Rumänien
RWTH	Rheinisch-Westfälische Technische Hochschule
S	Standort
SE	Strategische Einheit
SK	Standortkosten
SQL	Structured Query Language
SUI	Schweiz
TLC	Total Landed Costs
TVF	Transportvolumenflexibilität

TZ(A)	Transportzeit zum Absatzmarkt
TZ(I)	Interne Transportzeit
TZ(Z)	Transportzeit vom Zulieferer
u. a.	unter anderem
USA	Vereinigte Staaten von Amerika
VF	Volumenflexibilität
Vgl./vgl.	Vergleiche/vergleiche
WZL	Werkzeugmaschinenlabor WZL der RWTH Aachen University
z. B.	Zum Beispiel
zw.	zwischen

Zusammenfassung

Resiliente Produktionsnetzwerke sind für Unternehmen essenziell, um trotz dynamischer Rahmenbedingungen zukünftig wettbewerbsfähig zu bleiben. Zur Schaffung von Resilienz ist eine Verkürzung der Anpassungszeit auf Veränderungen erforderlich. Die Fähigkeit, Veränderungen wahrzunehmen, sich schnell an diese anzupassen und die Richtung seiner eigenen Entwicklung zu bestimmen, ermöglicht es Unternehmen, Bedrohungen zu erkennen, bevor sie störende Auswirkungen haben. Die Latenzzeit in der Wahrnehmung von Veränderungen sowie der Ableitung von Anpassungsbedarfen ist im Kontext globaler Produktionsnetzwerke jedoch häufig zu lang.

Bestehende Methoden zur Anpassung der Netzwerkgestaltung sind in der Regel zu aufwendig und konzentrieren sich auf die Optimierung der Netzwerkgestaltung und weniger auf die Reduktion der Anpassungszeit. Häufig kommt dabei die Einbindung des Erfahrungswissens der netzwerkgestaltenden Personen zu kurz. Es bedarf eines anwendungs- und aufwandsgerechten Ansatzes, der die Netzwerkgestaltenden in der Wahrnehmung von Veränderungen sowie bei der Ableitung von Anpassungsalternativen objektiv unterstützt und sie mit ihrem qualitativen Wissen einbindet.

Das Ziel der vorliegenden Arbeit ist daher die Verkürzung der Anpassungszeit globaler Produktionsnetzwerke auf Veränderungen durch einen datenbasierten Ansatz. Die entwickelte Methodik setzt sich aus vier Lösungsbausteinen zusammen. Die Grundlage bildet die Schaffung von Transparenz über relevante Veränderungen globaler Produktionsnetzwerke. Identifizierte Veränderungen werden daran anknüpfend hinsichtlich ihrer Auswirkungen analysiert und bewertet. Durch eine aufwandsgerechte Datenmodellierung des Netzwerks und der Veränderungen wird anschließend die Grundlage zur Anwendung einer datenbasierten Entscheidungsunterstützung geschaffen. Nach der Entwicklung eines Optimierungsmodells werden die Erkenntnisse in ein anwendungsgerechtes Tool überführt. Die vier entwickelten Lösungsbausteine der Methodik werden anhand von Fallbeispielen in der Praxis validiert.

Summary

Resilient production networks are essential for companies to remain competitive in the future despite dynamic framework conditions. To create resilience, it is necessary to shorten the time required to adapt to changes. The ability to perceive change, adapt to it quickly and determine the direction of its own change enables companies to recognize threats before they have disruptive effects. However, the latency in perceiving change and deriving adaptation needs is often too long in the context of global production networks.

Existing methods for adapting network design are usually effortful and focus on optimizing network design rather than reducing adaptation time. Often, the integration of the experiential knowledge of the network designers is neglected. There is a need for an application- and effort-oriented approach that objectively supports the network designers in the process of perceiving changes as well as deriving adaptation alternatives and integrates them with their qualitative knowledge.

Therefore, this dissertation aims to shorten the adaptation time of global production networks to changes by using a data-based approach. The developed methodology is composed of four solution building blocks. The basis is the creation of transparency about relevant changes in global production networks. Identified changes are analyzed and evaluated with regard to their impact. Through a data modeling of the network and the changes, the basis for the application of a data-based decision support is created. After the development of an optimization model, the findings are transferred into an application-oriented tool. The four developed solution building blocks of the methodology are validated in practice by means of case studies.

1 Einleitung

1.1 Ausgangssituation

Globale Wertschöpfungsketten sind für den Welthandel von großer Bedeutung. 70 % des Welthandels finden der OECD zufolge innerhalb globaler Wertschöpfungsketten statt.[1] Die Aufteilung der Produktion auf internationale Standorte wird dabei nicht nur von Großkonzernen durchgeführt. Produzierende Unternehmen jeglicher Größe operieren weltweit in Form von globalen Produktionsnetzwerken.[2] Während vor einigen Jahrzehnten die Hauptgründe von Produktionsverlagerungen noch auf Ausstattungs- und Kostenunterschiede zurückzuführen waren, werden inzwischen deutlich diversere Gründe genannt.[3] Immer häufiger werden Produktionsumfänge aus Flexibilitäts- und Qualitätsgründen auch an den Heimatstandort zurückverlagert.[4] Dabei zählen Produktionsnetzwerke heute jedoch zu den komplexesten vom Menschen geschaffenen Systemen.[5] Zurückzuführen ist das auf die Vielzahl an zu berücksichtigenden Variablen, die von standortspezifischen Einflussfaktoren bis hin zu makroökonomischen und technologischen Trends reichen.[6] Zusätzlich tragen die gesteigerte Produktkomplexität sowie die Anzahl an der Produktion beteiligter Akteure zu einer hohen Netzwerkkomplexität bei.[7] Die Herausforderung besteht somit in der Beherrschung der wachsenden Komplexität, die es bei der Gestaltung globaler Produktionsnetzwerke durch produzierende Unternehmen zu berücksichtigen gilt.

Die Vielzahl an Einflussfaktoren, die auf das globale Produktionsnetzwerk einwirkt, zeichnet sich durch eine wachsende Unsicherheit und Volatilität aus.[8] Produzierende

---

1 vgl. Bundesministerium für Wirtschaft und Energie (BMWi) (2021) Wirtschaftspolitik, S. 27.
2 vgl. Lanza, G./ Ferdows, K./ et al. (2019) Global Production Networks, S. 823.
3 vgl. Lanza, G./ Ferdows, K./ et al. (2019) Global Production Networks, S. 823 - 824; Verhaelen, B./ Peukert, S./ et al. (2021) Site Selection Processes, S. 101 - 103.
4 vgl. Verhaelen, B./ Peukert, S./ et al. (2021) Site Selection Processes, S. 102.
5 vgl. Váncza, J. (2016) Production Networks, S. 1.
6 vgl. Ferdows, K. (2018) Managing Global Operations, S. 394.
7 vgl. Stich, V./ Schröer, T./ et al. (2021) Wertschöpfungsnetzwerke, S. 5.
8 vgl. Ferdows, K. (2018) Managing Global Operations, S. 395.

Unternehmen sind sehr anfällig für Veränderungen in ihrem Umfeld und stehen vor der Herausforderung, sich an Veränderungen bei gleichzeitiger Beibehaltung der Profitabilität anzupassen.[9] In diesem Zusammenhang wird häufig der Begriff *Resilienz* verwendet.[10] Nach der National Academy of Sciences bezeichnet dieser die Fähigkeit, sich auf tatsächliche oder potenzielle widrige Ereignisse vorzubereiten und einen Lösungsweg zu planen, sie aufzufangen, sich von ihnen zu erholen oder sich erfolgreich an sie anzupassen.[11] Veränderungen lassen sich dabei in kontinuierliche und diskontinuierliche Veränderungen untergliedern.[12] Im Gegensatz zu diskontinuierlichen Veränderungen sind kontinuierliche Veränderungen dadurch gekennzeichnet, dass sie schrittweise und für die beteiligten Personen zunächst kaum spürbar eintreten.[13] Beide Arten von Veränderungen vereint die Notwendigkeit zum Aufbau von Resilienz in Produktionsnetzwerken, um eine erfolgreiche Anpassung an Veränderungen zu gewährleisten.

Umfrageergebnisse zeigen, dass Unternehmen die Notwendigkeit zur Steigerung der Resilienz erkannt haben. Demnach planen 93 % der für die Supply-Chain Verantwortlichen die Resilienz zu steigern, 44 % auch auf Kosten kurzfristiger Einsparungen.[14] Die schnelle Reaktion auf Veränderungen stellt einen essenziellen Wettbewerbsfaktor dar, erfolgt in der Gestaltung globaler Produktionsnetzwerke jedoch häufig nicht.[15] Dabei ist durch empirische Studien belegt, dass eine verkürzte Reaktionszeit auf Veränderungen, die Schadensauswirkungen erheblich reduziert.[16] Verlängerte Reaktionszeiten werden in der Netzwerkgestaltung zum einen damit begründet, dass die Umsetzung von Anpassungen in der Netzwerkstruktur Monate in Anspruch nehmen kann. Der Aufbau oder das Schließen von Werken nehmen häufig sogar noch mehr Zeit in Anspruch.[17] Doch bereits vor der Umsetzung einer Netzwerkanpassung geht wertvolle Zeit verloren. Netzwerkrelevante Veränderungen, auf welche durch

---

9 vgl. Benfer, M./ Verhaelen, B./ et al. (2021) Resilience Measures, S. 492.
10 vgl. Golan, M./ Jernegan, L./ et al. (2020) Resilience analytics in supply chain modeling, S. 223.
11 vgl. National Academies of Sciences, Engineering, and Medicine (2012) Disaster Resilience.
12 vgl. Hartkopf, M. (2013) Kontinuierliche Planung der Werksentwicklung, S. 36 - 39.
13 vgl. Schuh, G./ Gützlaff, A./ et al. (2020) Proactive Identification of Adaptation Needs, S. 69 - 70.
14 vgl. Lund, S./ Manyika, J./ et al. (2020) Risk, resilience and rebalancing, S. 17.
15 vgl. Lanza, G./ Ferdows, K./ et al. (2019) Global Production Networks, S. 836.
16 vgl. Bode, C./ Macdonald, J. (2017) Stages of Supply Chain Disruption Response, S. 860.
17 vgl. Ferdows, K. (2014) Global Production Network, S. 3.

eine Anpassung in der Netzwerkstruktur reagiert werden sollte, werden zu spät erkannt.[18] Die Wahrnehmung von Veränderungen ist dabei jedoch nicht ausreichend. Die Dynamik im Umfeld globaler Produktionsnetzwerke muss hinsichtlich ihrer Risiken analysiert und bewertet werden, um zielgerichtet reagieren zu können.[19] Aufgrund der Vielzahl an Konfigurationsmöglichkeiten globaler Produktionsnetzwerke ist die Auswahl einer geeigneten Anpassungsreaktion sehr komplex.[20] Empirisch ist ein Zusammenhang zwischen der Komplexität einerseits und der Verlangsamung der Wahrnehmung einer Veränderung sowie deren Analyse andererseits nachgewiesen.[21] Damit besteht ein hohes Potenzial zur Steigerung der Resilienz globaler Produktionsnetzwerke in der frühzeitigeren Wahrnehmung relevanter Veränderungen und im Verkürzen der Latenzzeit bis zur Ableitung des Anpassungsbedarfs.

Die Schaffung von Transparenz und Standardisierung ermöglicht die Handhabung der Komplexität sowie eine Verkürzung der Reaktionszeit.[22] Um die Netzwerkgestaltenden zur objektiven Bewertung der Ausgangssituation zu befähigen, kommt Unternehmensdaten eine wesentliche Rolle zu. Sie schaffen die notwendige Transparenz für fundierte Entscheidungen.[23] Der hohe Grad an Vernetzung und die allgegenwärtige Verfügbarkeit von Daten und Diensten eröffnen neue und vielversprechende Perspektiven für industrielle Systeme.[24] Zur Nutzung dieser Potenziale gilt es interaktive Hilfsmittel zu entwickeln, die beim Umgang mit großen Datenmengen unterstützen.[25] Interaktivität ist an dieser Stelle von entscheidender Bedeutung, da Entscheidungen in der Netzwerkgestaltung stets abhängig von Erfahrungswissen sind und eine vollständige Automatisierung der Entscheidungsfindung nicht zielführend ist.[26]

Zusammenfassend bedarf es einer Methodik, die bei der Verkürzung der Reaktionszeit globaler Produktionsnetzwerke auf Veränderungen unterstützt. Durch ein kontinuierliches Monitoring und die datenbasierte Analyse müssen netzwerkrelevante Ver-

---

[18] vgl. Lanza, G./ Ferdows, K./ et al. (2019) Global Production Networks, S. 836.

[19] vgl. Billing, C./ Bryson, J. (2019) Competitiveness and the Management of Risk, S. 424.

[20] vgl. Schuh, G./ Potente, T./ et al. (2014) Global Footprint Design, S. 433.

[21] vgl. Bode, C./ Macdonald, J. (2017) Stages of Supply Chain Disruption Response, S. 862.

[22] vgl. Schuh, G./ Prote, J.-P./ et al. (2018) Reduction of Decision Complexity, S. 246 - 253.

[23] vgl. Schuh, G./ Prote, J.-P./ et al. (2019) Gestaltung von Produktionsnetzwerken, S. 7 - 10.

[24] vgl. Müller, T./ Jazdi, N./ et al. (2021) Cyber-physical production systems, S. 549 - 554.

[25] vgl. Friedli, T./ Schuh, G./ et al. (2019) Next Level Production, S. 102.

[26] vgl. Tiwari, S./ Wee, H./ et al. (2018) Big data analytics, S. 319 - 330; Schuh, G./ Prote, J.-P./ et al. (2019) Gestaltung von Produktionsnetzwerken, S. 7.

änderungen frühzeitig identifiziert werden. Das Ableiten geeigneter Anpassungsbedarfe ist aufgrund der Vielzahl an Anpassungsmöglichkeiten in der Netzwerkkonfiguration komplex und zeitaufwendig. Durch eine anwendungs- und aufwandsgerechte Methode muss die Komplexität handhabbar sein und die Einleitung des Entscheidungsprozesses sowie der anschließenden Umsetzung beschleunigt werden.

1.2 Zielsetzung

Aufbauend auf der vorgestellten Problemstellung verfolgt die vorliegende Dissertation das übergeordnete Ziel, durch die Verkürzung der Reaktionszeit auf Veränderungen einen Beitrag zur Schaffung resilienter Produktionsnetzwerke zu leisten. Der Fokus liegt auf dem frühzeitigen Erkennen von Anpassungsbedarfen in der Gestaltung globaler Produktionsnetzwerke durch die Identifikation und Bewertung kontinuierlicher Veränderungen sowie die Vorauswahl möglicher Anpassungsalternativen als Entscheidungsunterstützung in der Netzwerkgestaltung. Diese Aspekte lassen sich wie folgt zusammenfassen:

Ziel des Forschungsvorhabens ist die Entwicklung einer anwendungsorientierten Methode zur Verkürzung der Reaktionszeit der Produktionsnetzwerkgestaltung auf Veränderungen, welche die frühzeitige Identifikation und Bewertung von netzwerkrelevanten Veränderungen sowie eine Vorauswahl möglicher Anpassungsalternativen in der Netzwerkgestaltung aus unternehmerischer Perspektive ermöglicht.

Um dieses Ziel zu erreichen, wird eine Methodik entwickelt, die sich aus den folgenden vier Teilmodellen zusammensetzt:

- Ein Beschreibungsmodell zur Schaffung von Transparenz über die Veränderungen im Produktionsnetzwerk
- Ein Entscheidungsmodell zur Analyse und Bewertung des Risikos bei Veränderungen im Produktionsnetzwerk
- Ein Erklärungsmodell zur Modellierung der Identifikation von Anpassungsbedarfen in der Netzwerkgestaltung
- Ein Entscheidungsmodell zur Ableitung und Priorisierung der Anpassungsalternativen in der Netzwerkgestaltung

Gemäß der explorativen Forschung nach KUBICEK zur erfahrungsgestützten Theoriebildung sind zur Absicherung des Forschungsprozesses Fragen an die Realität zu formulieren.[27] Die dieser Forschungsarbeit zugrunde liegende Forschungsfrage kann anhand der einleitenden Motivation und Zielstellung wie folgt formuliert werden:

Wie kann die Reaktionszeit bei der Anpassung von Produktionsnetzwerken an Veränderungen durch ein frühzeitiges und anwendungsgerechtes Erkennen von Anpassungsbedarfen verkürzt werden?

Durch die Beantwortung der Forschungsfrage soll es produzierenden Unternehmen ermöglicht werden, die Reaktionszeit auf Veränderungen in globalen Produktionsnetzwerken zu reduzieren. Anwendungsgerechte Methoden befähigen zur frühzeitigen Identifikation und Bewertung netzwerkrelevanter Veränderungen zum Aufzeigen von Handlungsnotwendigkeiten. Durch eine Modellierung der Identifikation von Anpassungsbedarfen und eine Methodik zur Ableitung und Priorisierung von konkreten Anpassungsalternativen wird zudem eine Möglichkeit geschaffen, trotz hoher Komplexität in der Netzwerkgestaltung mögliche Netzwerkszenarien zur Anpassung an die Veränderungen zu generieren. Die vorliegende Arbeit leistet damit einen Beitrag zum Exzellenzcluster „Internet of Production" (Förderkennzeichen: 390621612) der RWTH Aachen University. Der Cluster wird seit Januar 2019 von der Deutschen Forschungsgesellschaft (DFG) gefördert und verfolgt u. a. das Ziel, die Entscheidungsqualität trotz steigender Unsicherheit bei langfristigen Aufgaben des Produktionsmanagements zu erhöhen.[28] Im Fokus steht dabei die interdisziplinäre Zusammenarbeit zwischen Produktionswissenschaften und Informatik.

1.3 Forschungsmethodischer Rahmen der Arbeit

Die Zielstellung dieser Arbeit entstand durch die Tätigkeit des Autors als wissenschaftlicher Mitarbeiter der Gruppe „Globale Produktion" am Werkzeugmaschinenlabor WZL der RWTH Aachen University im Rahmen zahlreicher Beratungsprojekte bei Unternehmen der produzierenden Industrie. Einzuordnen ist die Arbeit damit in den Bereich der Ingenieurswissenschaften und sie steht im direkten Praxiszusammenhang, der in Kapitel 2.4 im Detail erläutert wird. Gemäß der Wissenschaftssystematik

[27] vgl. Kubicek, H. (1976) Heuristische Bezugsrahmen, S. 12 - 17.

[28] vgl. Schuh, G./ Prote, J.-P./ et al. (2019) Internet of Production, S. 539 - 540.

nach ULRICH UND HILL lässt sich die Arbeit in den Bereich der Realwissenschaften einordnen, welche sich wiederum in „reine“ Grundlagenwissenschaften und „angewandte“ Handlungswissenschaften unterteilen lassen.[29] Durch den ingenieurswissenschaftlichen Praxiszusammenhang, in dem diese Arbeit entstanden ist, wird sie dem Bereich der angewandten Handlungswissenschaften zugeordnet, welcher vornehmlich auf spezifische und praktische Ziele ausgerichtet ist. Der Fokus des wissenschaftlichen Fortschritts liegt dabei auf dem Verständnis sowie der Beherrschung der Realität und weniger auf dem Zuwachs an Erkenntnissicherung.[30] Zur Identifikation geeigneter Instrumente zur Beherrschung der Realität reichen deskriptive Ursache-Wirkungs-Relationen nicht mehr aus, sondern es bedarf der Ermittlung konkreter Ziel-Mittel-Relationen. Die Gewinnung von Erkenntnissen erfolgt dabei mithilfe von Simulationen, Tests und Experimenten und in Form einer abduktiven Schlussweise, das heißt, von Teileigenschaften wird auf das Zutreffen von Gesamteigenschaften geschlossen. Da das gewonnene Wissen nicht auf reine Kausalrelationen beruht, ist es nicht als deskriptiv, sondern normativ zu klassifizieren, wodurch die Erkenntnisgewinnung dieses Ansatzes immer eine Wertung des Autors beinhaltet.[31] Um die Subjektivität in diesem Zusammenhang zu begrenzen, werden nachfolgend das zugrunde liegende Vorverständnis des Autors und das methodische Vorgehen dargestellt.[32]

Das Vorverständnis des Autors wird entsprechend der iterativen Heuristik nach KUBICEK dargestellt.[33] In Kapitel 1.2 wurde zur Abbildung des Vorverständnisses bereits eine zentrale Forschungsfrage formuliert. Sie dient als Ausgangspunkt für die Gewinnung neuer Fragen, die das Verständnis erweitern. Ein heuristischer Bezugsrahmen setzt dazu die im Problemkontext vorhandenen Kategorien und Analyseeinheiten in Beziehung und unterstützt bei der Ableitung der weiteren Forschungsfragen. Der heuristische Bezugsrahmen für die vorliegende Dissertation ist in Abbildung 1-1 dargestellt.

[29] vgl. Ulrich, P./ Hill, W. (1976) Wissenschaftstheoretische Grundlagen, S. 305.
[30] vgl. Kubicek, H. (1976) Heuristische Bezugsrahmen, S. 7.
[31] vgl. Kornwachs, K./ Treugut, L. (2013) Technikwissenschaften, S. 22.
[32] vgl. Ulrich, P./ Hill, W. (1976) Wissenschaftstheoretische Grundlagen, S. 306.
[33] vgl. Kubicek, H. (1976) Heuristische Bezugsrahmen, S. 14.

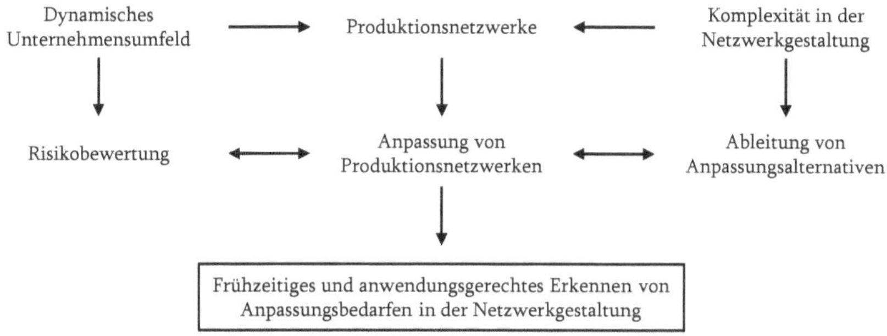

Abbildung 1-1: Heuristischer Bezugsrahmen

Zur Strukturierung des forschungsmethodischen Vorgehens können die Forschungsfrage sowie die definierten Ziele aus Kapitel 1.2 mithilfe des heuristischen Bezugsrahmens in weitere, untergeordnete Teilforschungsfragen gegliedert werden:

- Wie können netzwerkrelevante Kennzahlen zur Identifikation von Veränderungen bestimmt und nachvollziehbar für die Netzwerkgestaltenden visualisiert werden?
- Wie lassen sich netzwerkrelevante Kennzahlen hinsichtlich ihres Risikos in der Netzwerkgestaltung analysieren und bewerten?
- Wie können Anpassungsbedarfe über die Zuordnung von Kennzahlenentwicklungen zu möglichen Anpassungsformen identifiziert und anwendungsgerecht modelliert werden?
- Wie können mögliche Anpassungsalternativen basierend auf den Kennzahlenentwicklungen nachvollziehbar abgeleitet und priorisiert werden?

Zur Beantwortung dieser Forschungsfragen erfolgt in der vorliegenden Dissertation eine Orientierung am explorativen Forschungszyklus nach TOMCZAK (vgl. Abbildung 1-2). Auf Basis eines nicht hinreichend gelösten Problems aus der Praxis folgt das theoretische Verständnis, aus welchem Fragen an die Realität abgeleitet werden. Über die Sammlung von Daten kann darauf aufbauend ein neues Realitätsbild entwickelt werden. Das gewonnene Realitätsbild durchläuft eine kritische Reflexion, gefolgt von einer Differenzierung, Abstraktion oder einem Perspektivenwechsel, wodurch ein weiterentwickeltes theoretisches Verständnis erreicht werden kann.[34] Dieses iterative

[34] vgl. Tomczak, T. (1992) Forschungsmethoden, S. 84.

Vorgehen wird so lange wiederholt, bis genügend Verständnis vorhanden ist und die untersuchte Problemsituation beherrscht wird.[35]

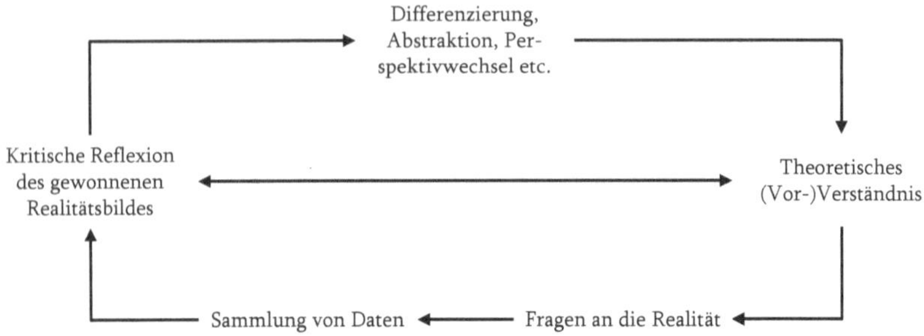

Abbildung 1-2: Explorativer Forschungszyklus nach TOMCZAK[36]

1.4 Aufbau der Arbeit

Der Aufbau der Arbeit basiert auf dem Vorgehen der angewandten Forschung nach ULRICH und dem zuvor beschriebenen praxisorientierten methodischen Rahmen. Dabei sind der wiederkehrende Bezug zur Praxis sowie die kontinuierliche Sicherstellung der Anwendbarkeit gegeben.[37] Abbildung 1-3 stellt die Struktur der vorliegenden Arbeit den Phasen nach ULRICH gegenüber.

---

[35] vgl. Kubicek, H. (1976) Heuristische Bezugsrahmen, S. 28 - 29.

[36] vgl. Tomczak, T. (1992) Forschungsmethoden, S. 84.

[37] vgl. Ulrich, H. (1984) Management, S. 192 - 194.

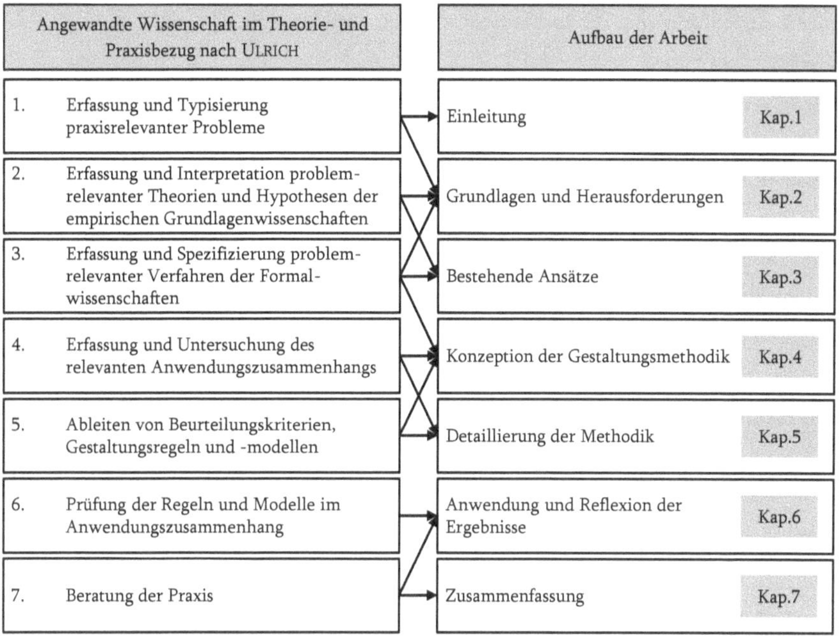

Abbildung 1-3: Phasen der angewandten Forschung und Aufbau der Arbeit[38]

Im ersten Kapitel werden einleitend die Motivation und Zielstellung der Dissertation vorgestellt. Darauf aufbauend werden die Forschungsmethodik und der Aufbau der Arbeit dargestellt.

Im zweiten Kapitel der Dissertation werden die relevanten Grundlagen vermittelt und der Betrachtungs- und Gestaltungsbereich beschrieben sowie eingegrenzt. Das umfasst die relevanten Grundlagen globaler Produktionsnetzwerke sowie insbesondere die Resilienz globaler Produktionsnetzwerke. Im Anschluss werden datenbasierte Verfahren im Risikomanagement vorgestellt und die Herausforderungen aus der Praxis abgeleitet.

Im dritten Kapitel wird der Handlungsbedarf aus der Praxis mit bestehenden wissenschaftlichen Ansätzen abgeglichen. Dazu werden Ansätze mit Fokus auf der strategischen und prozessualen Anpassung von Produktionsnetzwerken, Ansätze zur takti-

[38] vgl. Ulrich, H. (1984) Management, S. 193.

schen Anpassung von Produktionsnetzwerken, Ansätze zur Überwachung von Produktionsnetzwerken sowie Ansätze mit Betrachtung des Risikomanagements im Supply-Chain-Management analysiert. Die unterschiedlichen Ansätze werden bewertet und als Ergebnis wird der Forschungsbedarf abgeleitet.

Im vierten Kapitel werden die inhaltlichen und formalen Anforderungen an eine Methodik zur datenbasierten Früherkennung von Anpassungsbedarfen in globalen Produktionsnetzwerken hergeleitet und das Grobkonzept des Lösungsansatzes wird erarbeitet. Eine Ausdetaillierung der Methodik erfolgt im fünften Kapitel.

Das sechste Kapitel beschreibt die Anwendung und Reflexion der Methodik. Hierzu besteht die Validierung aus zwei Schritten. Zunächst erfolgt die Anwendung der Methodik zur Risikobewertung von Veränderungen anhand eines Fallbeispiels in der Praxis. Anschließend wird die automatisierte Generierung von Anpassungsbedarfen basierend auf Veränderungen anhand eines weiteren Fallbeispiels validiert. Zum Schluss dieses Kapitels wird die praktische Anwendung der Methodik kritisch reflektiert.

Im siebten Kapitel erfolgen abschließend die Zusammenfassung der Dissertation und ein Ausblick auf zukünftige Forschungsbedarfe.

2 Grundlagen und Herausforderungen des Betrachtungsbereichs

Im folgenden Kapitel werden die relevanten Grundlagen und Herausforderungen für die Themenstellung dieser Arbeit vorgestellt. In Kapitel 2.1 wird ausgehend von der in Kapitel 1 beschriebenen Ausgangssituation und Zielsetzung zunächst in das Themengebiet der globalen Produktion eingeführt. Kapitel 2.2 fokussiert die Resilienz globaler Produktionsnetzwerke. Die theoretischen Grundlagen des Risikomanagements werden in Kapitel 2.3 beschrieben. In Kapitel 2.4 wird schließlich der Handlungsbedarf aus der Praxis zusammengefasst.

2.1 Globale Produktionsnetzwerke

Die vorliegende wissenschaftliche Arbeit fokussiert den Betrachtungsbereich globaler Produktionsnetzwerke, welche aufgrund ihrer Komplexität und Dynamik besonderen Herausforderungen bezüglich ihrer Anpassungsfähigkeit unterliegen. Da abhängig von der Fragestellung Produktionsnetzwerke unterschiedlich betrachtet werden, erfolgt in Kapitel 2.1.1 zunächst eine Erläuterung der relevanten Begrifflichkeiten und Grundlagen. Der Aufbau sowie das Management von Produktionsnetzwerken werden in den Kapiteln 2.1.2 und 2.1.3 thematisiert. Abschließend wird die Leistungsfähigkeit von Produktionsnetzwerken in Kapitel 2.1.4 beschrieben.

2.1.1 Definition relevanter Begrifflichkeiten

Im Allgemeinen werden unter Produktionsnetzwerken die Produktionseinheiten eines oder mehrerer Unternehmen verstanden, die durch Lieferbeziehungen miteinander verbunden sind.[39] Die Produktionseinheiten sind dabei geografisch verteilt und

[39] vgl. Meyer, T. (2005) Globale Produktionsnetzwerke, S. 19.

sind neben Material- auch über Informations- und Finanzflüsse miteinander verflochten.[40] Der Begriff *Produktionsnetzwerk* ist in der Literatur jedoch nicht einheitlich definiert. Nach THOMAS sind die drei wesentlichen Differenzierungsmerkmale von Produktionsnetzwerken die Anzahl der beteiligten Organisationen im Netzwerk, die im Netzwerk durchgeführten Aktivitäten und die geografische Verteilung.[41] Zum einheitlichen Verständnis wird im Folgenden der Begriff *Produktionsnetzwerk* anhand der Differenzierungsmerkmale nach THOMAS beschrieben.

Zusätzlich zum ersten Differenzierungsmerkmal „Anzahl der beteiligten Organisationen im Netzwerk" wird nach RUDBERG UND OLHAGER die Anzahl der Standorte pro Organisation als Dimension herangezogen. Dadurch ergeben sich die vier Organisationsformen Einzelstandort, Supply-Chain, intraorganisationales Netzwerk und interorganisationales Netzwerk (vgl. Abbildung 2-1). Da die vorliegende Arbeit die Anwendbarkeit in einzelnen Unternehmen verfolgt, ist sie im Bereich der intraorganisationalen Netzwerke einzuordnen. Andere Organisationen, wie bspw. Zulieferer, werden als externe Einflüsse angesehen, die das interne Netzwerk beeinflussen, jedoch durch das Unternehmen aktiv nicht angepasst werden können.

Anzahl der Organisationen im Netzwerk	einer	**Anzahl der Standorte pro Organisation** → viele
viele	**Supply-Chain** (mehrere Organisationen, ein Standort)	**Interorganisationales Netzwerk** (mehrere Organisationen, mehrere Standorte)
eine	**Fabrik/Einzelstandort** (eine Organisation, ein Standort)	**Intraorganisationales Netzwerk** (eine Organisation, mehrere Standorte)

Abbildung 2-1: Organisationsformen von Produktionsnetzwerken[42]

Hinsichtlich der Differenzierung nach den durchzuführenden Aktivitäten werden Produktionsnetzwerke nach RUDBERG UND OLHAGER als Wertnetzwerke verstanden,

---

[40] vgl. Lanza, G./ Ferdows, K./ et al. (2019) Global Production Networks, S. 825.

[41] vgl. Thomas, S. (2013) Produktionsnetzwerksysteme, S. 24 - 27.

[42] i.A.a. Rudberg, M./ Olhager, J. (2003) Manufacturing networks, S. 35 - 36.

welche aus Anlagen für den Leistungserstellungsprozess bestehen.[43] Neben den Produktionsprozessen gibt es mit der Beschaffung, Distribution und Produktentwicklung weitere Aktivitäten im Produktionsnetzwerk, die jedoch nicht im Fokus dieser Arbeit stehen.[44]

Die Differenzierung nach der geografischen Verteilung innerhalb des Produktionsnetzwerks wird in der Literatur häufig mit der globalen Verteilung gleichgesetzt.[45] Eine hohe globale Verteilung weist einen Zusammenhang mit der Komplexität in Produktionsnetzwerken auf.[46] Entscheidungsunterstützungen für die Netzwerkkonfiguration besitzen somit bei Produktionsnetzwerken mit Standorten in verschiedenen Ländern eine besondere Relevanz.

Die vorliegende Arbeit beschäftigt sich mit dem frühzeitigen und anwendungsgerechten Erkennen von Anpassungsbedarfen in der Netzwerkgestaltung. Zur Identifikation der Anpassungsbedarfe wird stets die Perspektive des Unternehmens und nicht einzelner Standorte eingenommen. Das setzt voraus, dass die Produktionseinheiten des Netzwerks einer übergeordneten Unternehmens- sowie der sich daraus ableitenden Produktionsstrategie folgen (vgl. Kapitel 2.1.3).[47]

In Anlehnung an die Begriffsdefinition nach LANZA ET AL. sowie unter Berücksichtigung der beschriebenen Differenzierungsmerkmale soll im Rahmen dieser Arbeit die folgende Definition globaler Produktionsnetzwerke gelten:[48]

Globale Produktionsnetzwerke bestehen aus geografisch verteilten Produktionseinheiten eines Unternehmens, die durch Material-, Informations- und Finanzflüsse miteinander verbunden sind und einer gemeinsamen übergeordneten Unternehmensstrategie folgen.

2.1.2 Aufbau von Produktionsnetzwerken

Produktionsnetzwerke sind in der Praxis häufig historisch gewachsen und weisen komplexe Strukturen auf.[49] Die grundlegende Struktur eines Produktionsnetzwerks

---

[43] vgl. Rudberg, M./ Olhager, J. (2003) Manufacturing networks, S. 29 - 30.

[44] vgl. Skinner, W. (1996) Manufaturing Strategy, S. 13.

[45] vgl. Thomas, S. (2013) Produktionsnetzwerksysteme, S. 26 - 27.

[46] vgl. Coe, N./ Dicken, P./ et al. (2008) Global production networks, S. 279.

[47] vgl. Friedli, T./ Thomas, S./ et al. (2013) Management globaler Produktionsnetzwerke, S. 45.

[48] vgl. Lanza, G./ Ferdows, K./ et al. (2019) Global Production Networks, S. 825.

[49] vgl. Moser, E./ Stricker, N./ et al. (2016) Risk Efficient Migration, S. 104.

setzt sich aus verschiedenen Hierarchieebenen zusammen, die in der Literatur unterschiedlich definiert werden. WESTKÄMPER beschreibt bspw. sieben Systemebenen der Produktion, die von der Prozessebene über Arbeitsplätze, Fertigungszellen, Fertigungssystemen, Produktionssegmente und -standort bis zur Netzwerkebene verlaufen.[50]

Im Fokus dieser Arbeit steht die Identifikation von Anpassungsbedarfen in der Netzwerkgestaltung. Organisatorische Veränderungen innerhalb eines Produktionsstandortes sind dabei kein Schwerpunkt, sondern sind Forschungsgegenstand der Fabrikplanung.[51] Entsprechend werden die Systemebenen in Anlehnung an PROTE zu vier Ebenen zur Darstellung der Struktur von Produktionsnetzwerken aggregiert (vgl. Abbildung 2-2).[52]

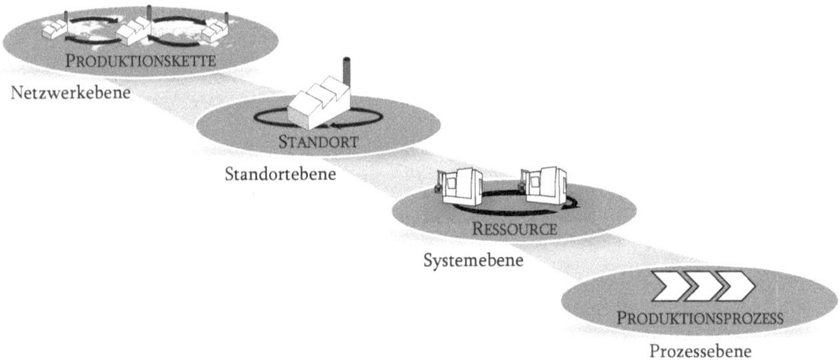

Abbildung 2-2: Aggregierte Strukturebenen eines Produktionsnetzwerks[53]

Auf höchster Ebene befindet sich die Netzwerkebene, welche alle an der Produktion beteiligten Werke sowie die Warenströme zwischen den Werken umfasst. Bei der Modellierung von Produktionsnetzwerken werden dabei die Standorte häufig als Knoten und die Warenströme als Kanten dargestellt.[54] Eine durchgehende Kante modelliert den Fluss eines Produktes oder einer Produktkomponente zwischen den Standorten. Dieser Fluss muss kontrolliert werden und die notwendigen Ressourcen für die Transformation der Objektströme müssen bereitgestellt werden. Eine solche

---

[50] vgl. Westkämper, E./ Decker, M. (2006) Organisation der Produktion, S. 55 - 58.
[51] vgl. Burggräf, P./ Schuh, G. (2021) Fabrikplanung, S. 2 - 3.
[52] vgl. Prote, J.-P. (2018) Verursachungsgerechte Bewertung von Standortalternativen, S. 17.
[53] i.A.a. Rodemann, N./ Niederau, M./ et al. (2021) Systematization of Adaptation Needs, S. 654.
[54] vgl. Merchiers, A. (2008) Bewertung globaler Standortstrukturalternativen, S. 70.

Gruppe von Kanten wird im Folgenden als Produktionskette bezeichnet, die im weiteren Verlauf der Arbeit der folgenden Definition folgt:[55]

Ein durchgängiger Fluss von Repetierfaktoren durch das System, welcher durch Kanten dargestellt wird. Eine Kante hat immer einen Knoten als Ziel und eine Transportart als Modus.

Die als Knoten beschriebenen Standorte werden auf der Ebene unterhalb der Netzwerkebene detaillierter betrachtet. Die einzelnen Knoten beeinflussen sich dabei gegenseitig und lassen sich nicht isoliert voneinander betrachten.[56] Im Kontext dieser Arbeit folgt der Standort der folgenden Begriffsdefinition:[57]

Eine nichtleere Menge an sich in Betrieb befindenden Ressourcen, die an einem geographischen Ort vorliegen.

Um die Vorgänge bei der Netzwerkkonfiguration zu modellieren, bietet die Standortebene noch keinen ausreichenden Detaillierungsgrad. Aus diesem Grund wird das bestehende Modell nochmals disaggregiert und auf der Systemebene betrachtet. Diese besteht aus Systemen, Segmenten und Zellen.[58] Im Rahmen dieser Arbeit werden auf der Systemebene primär die Ressourcen betrachtet. Diese sind entscheidend für den Fluss durch die Standorte und gleichzeitig der Grund für die Flüsse zwischen den Standorten. Eine Ressource stellt eine Menge von Betriebs-, Lager- und Fördermitteln dar und soll wie folgt definiert werden:[59]

Eine nichtleere Menge von Betriebs-, Lager- und Fördermitteln, die Fertigungsvorgänge ausführen. Die Eigenschaften einer Ressource sind eindeutig und können aggregiert werden.

Unterhalb der Systemebene befindet sich die Prozessebene, die alle wertschöpfenden und nicht wertschöpfenden Prozesse beinhaltet, die innerhalb eines Systems, eines Segmentes oder einer Zelle stattfinden.[60] Der Fokus dieser Arbeit liegt auf den Vorgängen innerhalb der Ressourcen und damit auf den Produktionsaktivitäten. Im Weiteren werden diese als Produktionsprozesse bezeichnet und wie folgt definiert:[61]

---

[55] vgl. Rodemann, N./ Niederau, M./ et al. (2021) Systematization of Adaptation Needs, S. 653.
[56] vgl. Shi, Y./ Gregory, M. (1998) International manufacturing networks, S. 199.
[57] vgl. Rodemann, N./ Niederau, M./ et al. (2021) Systematization of Adaptation Needs, S. 653.
[58] vgl. Prote, J.-P. (2018) Verursachungsgerechte Bewertung von Standortalternativen, S. 16 - 17.
[59] vgl. Rodemann, N./ Niederau, M./ et al. (2021) Systematization of Adaptation Needs, S. 654.
[60] vgl. Westkämper, E./ Decker, M. (2006) Organisation der Produktion, S. 57 - 58.
[61] vgl. Rodemann, N./ Niederau, M./ et al. (2021) Systematization of Adaptation Needs, S. 654.

Ein Transformationsprozess, bei dem aus Ausgangsstoffen unter Einsatz von Energie und bestimmten Produktionsmitteln oder durch weitere Verarbeitungsschritte Produkte oder Komponenten hergestellt werden. Der Prozess wird innerhalb einer Ressource durchgeführt und beschreibt die Vorgänge innerhalb einer Ressource.

2.1.3 Management globaler Produktionsnetzwerke

Nach der Definition und Beschreibung von Produktionsnetzwerken sollen im Folgenden deren Planung, Gestaltung und Steuerung in den Blick genommen werden. In der Literatur existieren dazu verschiedene Ansätze, von denen der Managementrahmen nach FRIEDLI stellvertretend herangezogen wird. Dieser besteht aus den drei Entscheidungsdimensionen Strategie, Konfiguration und Koordination (vgl. Abbildung 2-3). Die Strategie umfasst als übergeordnete Ebene die Bestimmung von Zielgrößen für die Produktion (z. B. Kosten, Innovation, Qualität) und wird aus der Unternehmensstrategie abgeleitet. Die Netzwerkkonfiguration fokussiert die physische Ausgestaltung des Produktionsnetzwerks sowie die Kompetenzverteilung der Standorte. Die Organisation aller Aktivitäten im Produktionsnetzwerk ist Inhalt der Koordination. Im Betrachtungsbereich dieser Arbeit liegen Anpassungen hinsichtlich der physischen Ausgestaltung des Produktionsnetzwerks, welche der Entscheidungsdimension der Konfiguration zugeordnet sind. Die Netzwerkkonfiguration unterteilt sich nach FRIEDLI in die sich gegenseitig beeinflussenden Bereiche Netzwerkstruktur, Spezialisierung, Ressourcen und interne Supply-Chain, die im Folgenden näher erläutert werden.[62]

[62] vgl. Friedli, T./ Thomas, S./ et al. (2013) Management globaler Produktionsnetzwerke, S. 45 - 61.

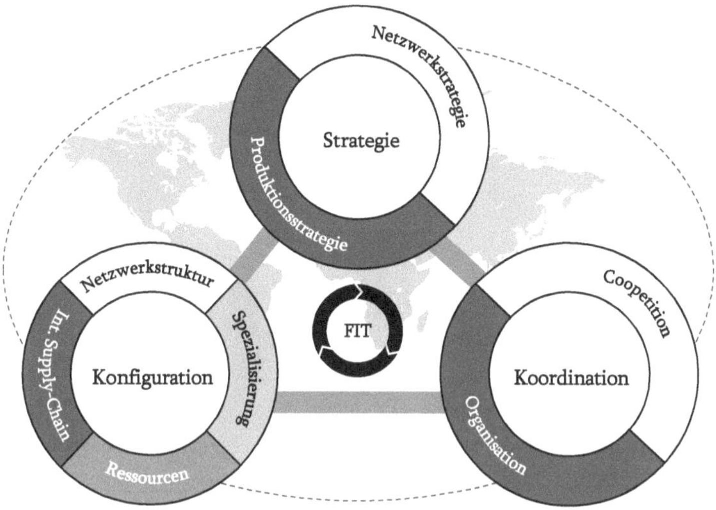

Abbildung 2-3: Managementrahmen für Produktionsnetzwerke nach FRIEDLI[63]

Netzwerkstruktur

In der Netzwerkstruktur werden Entscheidungen hinsichtlich der geografischen Verteilung der Standorte sowie der Verteilung der Kapazitäten innerhalb des Produktionsnetzwerks getroffen. Die Entscheidungsfindung ist dabei abhängig von der Markterfordernis und dem Kundenbedürfnis.[64] Ein zentrales Werk bietet beispielsweise die Möglichkeit, Skaleneffekte auszunutzen, mit dem Nachteil langer Lieferzeiten und hoher Logistikkosten.[65] Eine lokale Fertigung mit vielen kleinen Standorten ermöglicht hingegen eine schnellere und flexiblere Anpassung an Marktveränderungen.[66] Die Netzwerkstruktur beinhaltet darüber hinaus die Festlegung von Kapazitäten der einzelnen Produktionsstandorte sowie deren Verteilung.[67] Der Begriff der Kapazität ist als das Leistungsvermögen einer wirtschaftlichen oder technischen Einheit definiert, das in beliebiger Art, Größe und Struktur während eines Zeitintervalls verfügbar ist.[68] Die Kapazität eines produzierenden Unternehmens umfasst im Allgemeinen

---

63 vgl. Friedli, T./ Thomas, S./ et al. (2013) Management globaler Produktionsnetzwerke, S. 46.
64 vgl. Friedli, T./ Thomas, S./ et al. (2013) Management globaler Produktionsnetzwerke, S. 50.
65 vgl. Lanza, G./ Ferdows, K./ et al. (2019) Global Production Networks, S. 826.
66 vgl. Hayes, R./ Pisano, G./ et al. (2005) Operations, Strategy, and Technology, S. 142.
67 vgl. Schmaußer, T. (2011) Gestaltung globaler Produktionsnetzwerke, S. 40 - 43.
68 vgl. Kern, W. (1962) Messung industrieller Fertigungskapazitäten, S. 27.

die Anlagenkapazität und die personelle Kapazität, die nicht kurzfristig variabel sind und in der Planung berücksichtigt werden müssen.[69] Bei der im Rahmen dieser Arbeit angestrebten Identifikation von Anpassungsbedarfen in der Netzwerkgestaltung sind Entscheidungen sowohl hinsichtlich der geografischen als auch der kapazitativen Verteilung von Relevanz.

Spezialisierung

Im Bereich der Spezialisierung stehen Allokationsentscheidungen im Fokus, welche die Zuordnung von Produkten, Märkten und Kompetenzen zu Standorten beinhalten. Dazu ist zunächst eine Netzwerkspezialisierung festzulegen und auf Standortebene sind die notwendigen Standortrollen zu definieren.[70] Bei der Netzwerkspezialisierung wird nach SCHMENNER zwischen der produkt-, markt-, prozess- und flexibilitätsorientierten Strategie unterschieden.[71] Werden einem oder wenigen Standorten überschneidungsfrei bestimmte Produkte zugewiesen, wird eine produktorientierte Strategie verfolgt. Die marktorientierte Strategie verfolgt die konkrete Zuordnung von Standorten zu Märkten. Bei der prozessorientierten Strategie sind die Standorte auf einzelne Technologien spezialisiert, während sich Standorte bei der flexibilitätsorientierten Strategie für eine bestimmte Zeit auf Produkte, Prozesse oder Märkte fokussieren. Die einzelnen Strategien haben verschiedene Vor- und Nachteile und lassen sich im Netzwerk beliebig miteinander kombinieren.[72] In Abhängigkeit von der Netzwerkspezialisierung werden den einzelnen Standorten Kompetenzen zugeteilt.[73] Dazu gibt es in der Literatur eine Vielzahl an Modellen von Standortrollen, die im Folgenden nicht weiter ausdetailliert werden.[74] Für eine umfassende Übersicht sei auf FRÄNKEN verwiesen.[75] Im Rahmen dieser Arbeit ist die Unterkategorie Spezialisierung aufgrund ihrer starken Schnittstelle zur Unternehmensstrategie von untergeordnetem Interesse. Vielmehr gilt es innerhalb der Netzwerkstrategie und der gewählten Netzwerk- und Standortspezialisierungen geeignete Anpassungsbedarfe in der Netzwerkgestaltung zu identifizieren.

---

69 vgl. Kern, W. (1996) Handwörterbuch der Produktionswirtschaft, S. 874 - 876.
70 vgl. Friedli, T./ Thomas, S./ et al. (2013) Management globaler Produktionsnetzwerke, S. 51.
71 vgl. Schmenner, R. (1982) Multiplant Manufacturing Strategies, S. 77 - 78.
72 vgl. Friedli, T./ Thomas, S./ et al. (2013) Management globaler Produktionsnetzwerke, S. 51 - 52.
73 vgl. Christodoulou, P./ Fleet, D./ et al. (2007) Making the right things in the right places, S. 25.
74 vgl. Tykal, D. (2009) Die strategische Rolle von Produktionsstandorten, S. 50 - 54.
75 vgl. Fränken, B. (2022) Standortrollen in Produktionsnetzwerken.

Ressourcen

Entscheidungen der Produktionsausstattung der Standorte sowie der Investitionsstrategie zur Allokation von finanziellen Mitteln sind dem Bereich der Ressourcen zuzuordnen. Bei der technologischen Ausstattung sind der Produktmix, der die Heterogenität des Produktspektrums beschreibt, sowie der Grad der Automatisierung der Produktion zu berücksichtigen.[76] Letzteres steht in Abhängigkeit von der Stückzahl, der Produktvarianz und dem Lohnniveau.[77] Darüber hinaus ist die Technologieausstattung eines Produktionsstandortes abhängig von der im Unternehmen festgelegten Investitionsstrategie, dem Regelwerk, wie im Netzwerk in Technologien investiert wird. In dem Zusammenhang ist die Copy-paste-Strategie zu nennen, bei der bekannte Technologien und Produktionsanlagen an allen Standorten verwendet werden, wodurch eine hohe Flexibilität durch schnelle Verschiebung von Produktionsvolumen ermöglicht wird. Bei der lokalen Anpassungsstrategie erfolgt eine standortgerechte Technologieausstattung, bei der lokale Gegebenheiten berücksichtigt werden.[78] Im Rahmen dieser Arbeit werden Anpassungsbedarfe hinsichtlich der Produktionsausstattung der Standorte berücksichtigt. Die Wahl der Investitionsstrategie gehört nicht zum Betrachtungsbereich.

Interne Supply-Chain

Die interne Supply-Chain beinhaltet Entscheidungen in der Beschaffung, in internen Lieferbeziehungen sowie der Distribution.[79] Der Kern der Netzwerkgestaltung ist die Auslegung der internen Lieferbeziehungen, welche durch die Fragmentierung adressiert wird. Dabei wird zwischen horizontalen und vertikalen Strukturen differenziert und die Abhängigkeit der gewählten Netzwerkstrategie betrachtet. Eine horizontale Struktur besteht aus Werken, die eigenverantwortlich ganze Produkte herstellen. Bei der vertikalen Struktur sind interne Lieferströme notwendig, da die Herstellung eines Produktes über mehrere Standorte erfolgt.[80] Bei der Beschaffung wird allgemein zwischen den Beschaffungsformen der globalen, zentralen und lokalen Beschaffung unterschieden. Während die globale Beschaffung kostenoptimiert erfolgt und Lieferanten unabhängig von ihrem Standort gewählt werden, sind bei der lokalen Beschaffung

---

[76] vgl. Friedli, T./ Thomas, S./ et al. (2013) Management globaler Produktionsnetzwerke, S. 52 - 53.
[77] vgl. Slack, N./ Lewis, M. (2002) Operations Strategy, S. 260 - 265.
[78] vgl. Friedli, T./ Thomas, S./ et al. (2013) Management globaler Produktionsnetzwerke, S. 53 - 54.
[79] vgl. Friedli, T./ Thomas, S./ et al. (2013) Management globaler Produktionsnetzwerke, S. 54.
[80] vgl. Hayes, R./ Pisano, G./ et al. (2005) Operations, Strategy, and Technology, S. 147 - 152.

die Lieferanten in räumlicher Nähe, was beispielweise bei schwer transportierbaren Bauteilen von Vorteil ist. Bei der zentralen Beschaffung erfolgt im gesamten Netzwerk die Konzentration auf einige wenige Lieferanten, u. a. zur Mengenbündelung bei komplexen Bauteilen.[81] Auch in der Distribution gibt es verschiedene Ausgestaltungsformen, die zum Teil dem Bereich der Netzwerkkonfiguration zugeordnet sind. Dabei wird zwischen der Direktbelieferung, dem zentralen Logistikzentrum, verbrauchsnahen Lägern sowie der zentralen Konsolidierung mit verbrauchsnahen Lägern unterschieden.[82] Das interne Liefergeflecht zwischen den Standorten ist im Rahmen dieser Arbeit von besonderer Bedeutung. Die Beschaffung und Distribution werden hinsichtlich der Zuordnung von Absatzmärkten und Zulieferern zu Standorten aus einer konfigurativen Sicht betrachtet, jedoch werden keine Anpassungsbedarfe hinsichtlich einer Beschaffungs- oder Distributionsstrategie verfolgt.

Zuordnung der Entscheidungsdimensionen zu den Strukturebenen

Die beschriebenen und im Kontext dieser Arbeit relevanten Entscheidungsdimensionen der Netzwerkgestaltung werden im Folgenden den Strukturebenen aus Kapitel 2.1.2 zugeordnet und in Abbildung 2-4 zusammengefasst.

---

[81] vgl. Friedli, T./ Thomas, S./ et al. (2013) Management globaler Produktionsnetzwerke, S. 54 - 55.

[82] vgl. Jacob, F./ Meyer, T./ et al. (2006) Management globaler Produktionsnetzwerke, S. 297.

Betrachtungsebene	Entscheidungsdimension
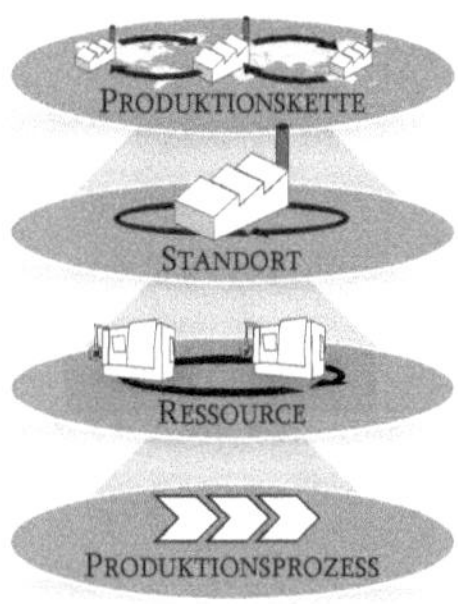	▪ **Transportbeziehungen** (internes Liefergeflecht zwischen Standorten sowie die Zuordnung von Beschaffungs- und Absatzmärkten zu Standorten) ▪ **Geografische Verteilung** (geografischer Ort der Standorte) ▪ **Kapazitätsverteilung** (Produkte- und Mengenallokation) ▪ **Technologische Ausstattung** (Ressourcen- und Prozessallokation)

Abbildung 2-4: Entscheidungsdimensionen der Produktionsnetzwerkgestaltung[83]

Planungsebenen globaler Produktionsnetzwerke

Neben der Einordnung der Entscheidungsdimensionen im Management globaler Produktionsnetzwerke entsprechend den Strukturebenen erfolgt auch eine Differenzierung hinsichtlich der Planungsebenen. In der Literatur werden Planungsvorgänge üblicherweise in strategische, taktische und operative Ebenen unterteilt.[84]

Die strategische Ebene betrachtet Planungen des oberen Managements und bezieht sich unter Berücksichtigung der Unternehmensphilosophie auf einen zeitlich langfristigen Betrachtungshorizont.[85] Im Kontext globaler Produktionsnetzwerke erfolgen in der strategischen Planung die Entwicklung einer Netzwerkstrategie sowie die Festlegung von Rahmenbedingungen und Zielen.[86] Dies beinhaltet grundlegende, langfristige Entscheidungen wie bspw. die Auswahl eines Produktionsstandorts und geeigneter Produktionstechnologien.[87] Die strategische Ebene definiert die strategischen Vorgaben, die in der Netzwerkgestaltung berücksichtigt werden müssen und an der sich die weiteren Planungen auf taktischer und operativer Ebene orientieren.[88]

Das Ziel der taktischen Planung ist die Festlegung konkreter Entscheidungsalternativen zur Erreichung der vorgegebenen Ziele aus der strategischen Planung.[89] In der

[83] i.A.a. Rittstieg, M. (2018) Leistungsfähigkeit von Produktionsstandorten, S. 19; Sager, B. (2019) Konfiguration globaler Produktionsnetzwerke, S. 13.

[84] vgl. Rushton, A./ Croucher, P./ et al. (2014) Logistics & Distribution Management, S. 19.

[85] vgl. Rushton, A./ Croucher, P./ et al. (2014) Logistics & Distribution Management, S. 20 - 22.

[86] vgl. Schuh, G./ Prote, J./ et al. (2017) Continuous Design of Production Networks, S. 448.

[87] vgl. Domschke, W./ Scholl, A./ et al. (1997) Produktionsplanung, S. 8.

[88] vgl. Schmaußer, T. (2011) Gestaltung globaler Produktionsnetzwerke, S. 48.

[89] vgl. Günther, H.-O. (2012) Produktion und Logistik, S. 27.

Gestaltung globaler Produktionsnetzwerke bedeutet das die konkrete Ausgestaltung einer Netzwerkstruktur, welche die Anforderungen der Netzwerkstrategie erfüllt.[90] Die in Abbildung 2-4 dargestellten Entscheidungsdimensionen sind im Wesentlichen als Aufgaben der Netzwerkkonfiguration zu verstehen und der taktischen Ebene zuzuordnen.

Die Ebene der operativen Planung umfasst die optimale Verwendung der verfügbaren Ressourcen des Unternehmens und somit die Gestaltung der abschließenden Umsetzung der konkreten Ziele und Vorgaben der taktischen Planung. Ziel ist es, die Potenziale aus den Vorgaben der taktischen Planung maximal auszuschöpfen.[91]

Zusammenfassend werden in Abbildung 2-5 die drei beschriebenen Ebenen hinsichtlich ihrer Differenzierung im Planungshorizont, im Aggregationsgrad, in der Managementebene und der Bedeutung für das Unternehmen dargestellt.

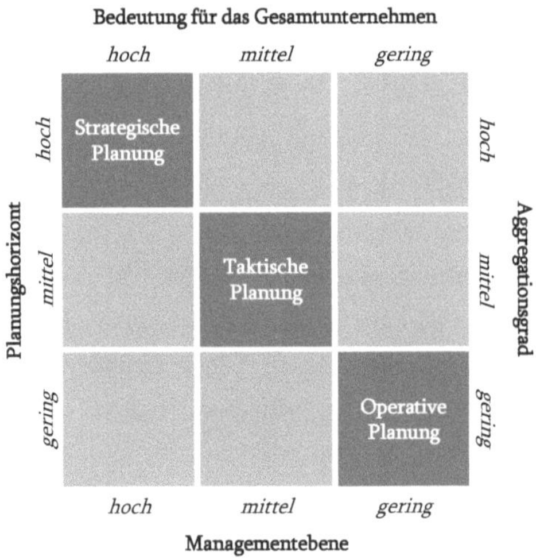

Abbildung 2-5: Planungsebenen in globalen Produktionsnetzwerken[92]

Der Fokus der vorliegenden Arbeit liegt auf dem taktischen Planungshorizont globaler Produktionsnetzwerke. Jedoch können die Ursachen der Anpassungsbedarfe auch strategische und operative Einflüsse aufweisen.

[90] vgl. Schuh, G./ Prote, J./ et al. (2017) Continuous Design of Production Networks, S. 448.

[91] vgl. Günther, H.-O. (2012) Produktion und Logistik, S. 27.

[92] i.A.a. Günther, H.-O. (2012) Produktion und Logistik, S. 26.

2.1.4 Kennzahlen zur Messung der Leistungsfähigkeit globaler Produktionsnetzwerke

Um das im vorangegangenen Kapitel beschriebene Management von globalen Produktionsnetzwerken erfolgreich durchzuführen, bedarf es einer näheren Betrachtung der Leistungsfähigkeit, welche in Kapitel 2.1.4.1 im Kontext globaler Produktionsnetzwerke definiert wird. Anschließend erfolgt in Kapitel 2.1.4.2 die Betrachtung von Kennzahlen als Steuerungs- und Überwachungsinstrument.

2.1.4.1 Grundlagen und Begriffsdefinitionen

Bei der Bewältigung von Aufgaben in der Unternehmensführung sind auf operativer, taktischer sowie strategischer Ebene Entscheidungen zu treffen, welche sich nur bei Kenntnis über den Ist-Zustand objektivieren lassen.[93] Im Kontext globaler Produktionsnetzwerke ist es daher notwendig, die Leistung zu messen.[94] Das Begriffsverständnis von Leistung ist in der Literatur teilweise inkonsistent.[95] Im Wesentlichen unterscheiden sich die Definitionen des Begriffs in der betrachteten Einheit (z. B. einzelne Person, Abteilungen, Bereiche, Geschäftseinheiten oder Unternehmen), den adressierten Stakeholdern (z. B. Lieferanten, Kunden, Beteiligte, Mitarbeitende) und der Perspektive, aus der die Leistung bewertet wird (z. B. intern vs. extern, finanziell, nachhaltig, operativ).[96] Grundsätzlich wird unter Leistung der Grad der Zielerreichung der von relevanten Stakeholdern definierten Anforderungen an eine Organisation verstanden. Laut KRAUSE ist Leistung stets durch Multidimensionalität geprägt und resultiert aus den Handlungen der Akteure in den Geschäftsprozessen.[97]

Im Kontext globaler Produktionsnetzwerke liefert LIEBETRAU eine Definition der strategischen Leistungsfähigkeit basierend auf einer umfangreichen Literaturanalyse (vgl. Abbildung 2-6). Hierbei werden Standortziele auf operativer Ebene aus der Produktionsstrategie abgeleitet. Diese basiert wiederum auf der Unternehmensstrategie und wird durch das Unternehmensumfeld beeinflusst. Somit definiert sich der Begriff

[93] vgl. Gottmann, J. (2019) Produktionscontrolling, S. 37.
[94] vgl. Arndt, T. (2018) Prozessqualität in globalen Produktionsnetzwerken, S. 29.
[95] vgl. Stricker, N. (2016) Robustheit verketteter Produktionssysteme, S. 11.
[96] vgl. Liebetrau, F. (2015) Strategic Performance Measurement, S. 10.
[97] vgl. Krause, O./ Mertins, K. (2006) Performance Management, S. 20.

Leistung im Kontext von Produktionsnetzwerken als Erfüllungsgrad der Produktionsstrategie unter Berücksichtigung von Umweltfaktoren.[98]

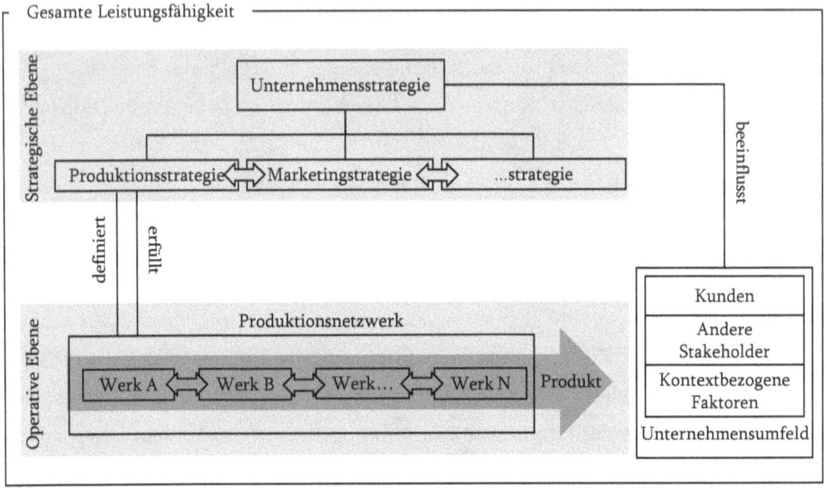

Abbildung 2-6: Leistungsfähigkeit globaler Produktionsnetzwerke[99]

Um den Forderungen einer ganzheitlichen Bewertung nachzukommen, muss die Leistung in globalen Produktionsnetzwerken multidimensional betrachtet werden.[100] In der Literatur lassen sich dazu unterschiedliche Leistungsdimensionen auffinden. Eine Analyse nach SAGER zeigt auf, dass finanziellen Zielgrößen dabei eine besondere Bedeutung zukommen (vgl. Abbildung 2-7).[101]

98 vgl. Liebetrau, F. (2015) Strategic Performance Measurement, S. 10 - 11.
99 i.A.a. Liebetrau, F. (2015) Strategic Performance Measurement, S. 11.
100 vgl. Chavez, R./ Yu, W./ et al. (2017) Manufacturing Capability, S. 33 - 46.
101 vgl. Sager, B. (2019) Konfiguration globaler Produktionsnetzwerke, S. 45.

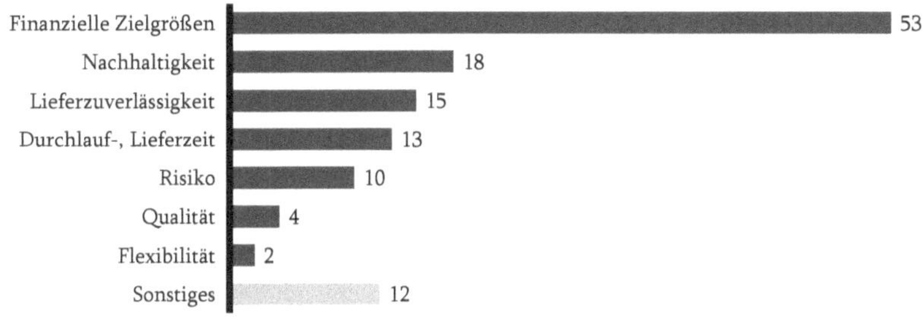

Abbildung 2-7: In der Literatur verwendete Zielgrößen der Netzwerkgestaltung[102]

Ziel dieser Arbeit ist die Identifikation von Anpassungsbedarfen in der Netzwerkgestaltung. Diese soll für verschiedene Zielgrößen, welche unternehmensspezifisch und abhängig von der Unternehmensstrategie gewählt werden müssen, anwendbar sein. Die in Abbildung 2-7 dargestellten Zielgrößen lassen sich dazu aggregieren und im Folgenden wird durch die Beschreibung der vier am häufigsten gewählten Leistungsdimensionen *Effizienz*, *Zeit*, *Qualität* und *Flexibilität* ein möglichst umfassendes Bild der bedeutendsten Leistungsdimensionen geschaffen.[103] Zusätzlich ergänzt wird die Leistungsdimension *ökologische Nachhaltigkeit*, welche auch in der Netzwerkgestaltung eine steigende Bedeutung eingenommen hat.[104] Der von SAGER identifizierten Zielgröße *Risiko* wird im Rahmen dieser Arbeit eine übergeordnete Rolle zugeteilt. Eine Betrachtung des Risikos kann in jeder der genannten Leistungsdimensionen erfolgen, was im späteren Verlauf der Arbeit ausdetailliert wird.

Effizienz

Unter Effizienz wird im Allgemeinen die Beurteilung der Beziehung zwischen der erbrachten Leistung und dem Ressourceneinsatz verstanden.[105] Die Produktivität wird häufig im Rahmen einer Effizienzbetrachtung herangezogen, da sie ein Maß für die Input-Output-Relation eines Systems darstellt.[106] Die Produktivität wird dabei auf Produkt-, Maschinen- und Standortebene gemessen sowie verschiedenste Betrachtungsräume wie Anlagen, Flächen, Mitarbeitende oder Durchsätze

---

[102] vgl. Sager, B. (2019) Konfiguration globaler Produktionsnetzwerke, S. 45.
[103] vgl. Verhaelen, B./ Mayer, F./ et al. (2021) A comprehensive KPI network, S. 642.
[104] vgl. Golini, R./ Longoni, A./ et al. (2014) Sustainability in global manufacturing networks.
[105] vgl. Thommen, J.-P. (2017) Allgemeine Betriebswirtschaftslehre, S. 46.
[106] vgl. Gladen, W. (2014) Performance Measurement, S. 50.

umfassen.[107] In der Produktion wird Effizienz häufig auch anhand von Kosten gemessen, mit dem Ziel, diese mit einem möglichst geringen finanziellen Aufwand zu betreiben.[108] Im Rahmen dieser Arbeit sind neben Produktivitätskennzahlen somit auch wirtschaftliche Kennzahlen in der Leistungsdimension Effizienz zu betrachten.

Qualität

Qualität wird aus acht verschiedenen Perspektiven wahrgenommen: Leistung, Ausstattung, Zuverlässigkeit, Konformität, Langlebigkeit, Wartungsfreundlichkeit, Ästhetik und wahrgenommene Qualität.[109] Produktionsqualität im Speziellen beschreibt die Fähigkeit des Unternehmens, die gewünschten Mengen an Produkten entsprechend den Kundenerwartungen rechtzeitig zu liefern und gleichzeitig die Ressourcenauslastung minimal zu halten.[110] Im Kontext der Produktion hat die Perspektive der Konformität somit die größte Bedeutung und zielt darauf ab, Produkte zuverlässig und gleichbleibend nach den festgelegten Spezifikationen herzustellen.[111] Im Rahmen dieser Arbeit wird die Dimension Qualität somit auf die Aspekte Produktqualität und Liefertreue heruntergebrochen.

Zeit

Neben der Zuverlässigkeit, die bereits in der Dimension Qualität berücksichtigt wurde, ist für die Kundenbelieferung der Aspekt Geschwindigkeit von entscheidender Bedeutung.[112] Kürzere Lieferzeiten stellen einen strategisch wichtigen Wettbewerbsfaktor dar und tragen zum Unternehmenserfolg bei.[113] Im Allgemeinen ist Lieferzeit definiert als Zeit zwischen Auftragseingang und Auslieferung des Auftrags.[114] Der zu betrachtende Umfang bei der Erfassung der Lieferzeit ist davon abhängig, ob es sich um eine Auftrags- oder Lagerfertigung handelt.[115] Im Falle der Auftragsfertigung ist neben der reinen Lieferzeit auch die Durchlaufzeit in der Produktion von großer Bedeutung.[116] Für beide Fertigungstypen ist im Kontext der

---

[107] vgl. Verband Deutscher Maschinen- und Anlagenbau (2009) Manufacturing Execution Systems, S. 14 - 19; Rittstieg, M. (2018) Leistungsfähigkeit von Produktionsstandorten, S. 25 - 30.

[108] vgl. Swink, M./ Narasimhan, R./ et al. (2005) Manufacturing Practices and Strategy Integration, S. 432.

[109] vgl. Garvin, D. (1987) Eight Dimensions of Quality, S. 104 - 107.

[110] vgl. Colledani, M./ Tolio, T./ et al. (2014) Design and management, S. 773.

[111] vgl. Ward, P. (1996) Configurations of Manufacturing Strategy, S. 600.

[112] vgl. Ward, P. (1996) Configurations of Manufacturing Strategy, S. 600.

[113] vgl. Lödding, H. (2016) Verfahren der Fertigungssteuerung, S. 22.

[114] vgl. Wiendahl, H.-P. (1997) Fertigungsregelung, S. 12 - 16.

[115] vgl. Lödding, H. (2016) Verfahren der Fertigungssteuerung, S. 21 - 22.

[116] vgl. Thomas, S. (2013) Produktionsnetzwerksysteme, S. 54.

Netzwerkgestaltung die Transportzeit eine entscheidende Stellgröße, welche durch Produktallokationsentscheidungen und die Zuordnung von Kundenmärkten zu Standorten beeinflusst wird (vgl. Kapitel 2.1.3). Die Transportzeit berücksichtigt dabei sowohl die Lieferzeit von Lieferanten zum Unternehmen als auch Zeiten für den internen Transport zwischen Unternehmensstandorten sowie die Lieferzeit bis zum Kunden.[117] Im Rahmen dieser Arbeit werden innerhalb der Dimension *Zeit* die Aspekte Durchlaufzeit und Transportzeit berücksichtigt.

Flexibilität

Unter Flexibilität wird im Allgemeinen die Fähigkeit eines Systems verstanden, sich schnell an veränderte Umweltbedingungen anzupassen.[118] Teilweise wird die genannte Definition ergänzt um den Aspekt, dass die Anpassung mit möglichst geringem finanziellem Aufwand erfolgt.[119] Aufgrund der sich ständig ändernden Rahmenbedingungen ist Flexibilität ein entscheidender Wettbewerbsfaktor für Unternehmen.[120] Unterteilen lässt sich Flexibilität in die folgenden sieben Kategorien: Produktions-, Maschinen-, Arbeits-, Maschinenhandling-, Routing-, Volumen- und Mixflexibilität.[121] Im Kontext der standortübergreifenden Produktion wird Flexibilität häufig als Fähigkeit verstanden, Produkte an mehreren Standorten fertigen und Kapazitäten beliebig zwischen diesen verschieben zu können.[122] Darunter fällt die Volumenflexibilität, welche die Fähigkeit beschreibt, unterschiedliche Volumina, abhängig von den Kundenbedarfen, wirtschaftlich und effektiv zu fertigen.[123] Im Rahmen dieser Arbeit sind neben der Volumen- auch die Varianten- und Transportvolumenflexibilität von Bedeutung. Erstere betrachtet die Fähigkeit, Produkte mit unterschiedlichen Qualitätsmerkmalen zu fertigen. Die Transportvolumenflexibilität beschreibt die Fähigkeit des Prozesses, sich an kurzfristige Veränderungen der Kundennachfrage anzupassen.[124]

---

117 vgl. Arndt, T. (2018) Prozessqualität in globalen Produktionsnetzwerken, S. 69 - 75.

118 vgl. Slack, N./ Lewis, M. (2017) Operations Strategy, S. 59.

119 vgl. Seebacher, G./ Winkler, H. (2014) Flexibility in discrete manufacturing, S. 344.

120 vgl. Tan, K./ Lim, K. (2019) Impact of Manufacturing Flexibility, S. 325.

121 vgl. Zhang, Q./ Vonderembse, M./ et al. (2003) Manufacturing flexibility, S. 177.

122 vgl. Wittek, K. (2013) Standortübergreifende Programmplanung, S. 31.

123 vgl. Parker, R./ Wirth, A. (1999) Manufacturing flexibility: Measures and relationships, S. 430.

124 vgl. Arndt, T. (2018) Prozessqualität in globalen Produktionsnetzwerken, S. 73 - 74.

Ökologische Nachhaltigkeit

Nachhaltigkeit ist ein bedeutender Einflussfaktor auf Produktionsnetzwerke, der in der Netzwerkgestaltung berücksichtigt werden muss.[125] Nachhaltigkeit hat im Kontext der Produktion auch in der Literatur an Bedeutung gewonnen und wird definiert als ein komplexes Verhaltensmuster, zu dem sich jede Produktionsorganisation entwickeln sollte.[126] MOLDAVSKA UND MARTINSEN definieren dazu eine Vielzahl an Kriterien wie z. B. die Sicherstellung der sozialen Gerechtigkeit und Weiterbestehen der Organisation, die Verringerung der Wasser- und Luftverschmutzung oder die faire Behandlung von Lieferanten und Mitarbeitenden.[127] Aufgrund der global verteilten Produktionsstätten und der damit verbundenen Transportwege nimmt die ökologische Nachhaltigkeitsdimension im Kontext der Netzwerkgestaltung eine zentrale Rolle ein. Für den Produktionsbereich schlägt die OECD acht Nachhaltigkeitsindikatoren vor: Wasser-, Energieverbrauch, Anteil erneuerbarer Energien, Treibhausemissionen, Rückstände, Luft-, Wasserverschmutzung und Landnutzung.[128] Im Rahmen dieser Arbeit werden die Nachhaltigkeitsindikatoren berücksichtigt, auf welche durch Entscheidungen in der Netzwerkgestaltung eine Reaktion möglich ist. Das betrifft Veränderungen in Transportrouten und -mengen und die dadurch verursachten CO_2-Emissionen. Über die Auswahl der Produktionsstandorte ist außerdem die Beeinflussung standortspezifischer Faktoren, wie beispielsweise der Anteil erneuerbarer Energien, möglich.

2.1.4.2 Kennzahlen

Um den momentanen Zustand der beschriebenen Leistungsdimensionen sichtbar zu machen, bedarf es Kennzahlen, die durch ihre transparente Darstellung die gezielte Identifikation von Ursachen und Wirkzusammenhängen ermöglichen.[129] Die dadurch geschaffene Objektivität dient als Entscheidungsunterstützung zur Erreichung von Unternehmenszielen. Bei der Generierung von Kennzahlen sind Informationen notwendig. Es ist ein optimaler Kompromiss zwischen der Übersichtlichkeit und dem Detailgrad von Informationen anzustreben. Grundsätzlich lassen sich Kennzahlen als numerische Größen charakterisieren, die relevante und umfangreiche Sachverhalte in

[125] vgl. Lanza, G./ Ferdows, K./ et al. (2019) Global Production Networks, S. 823 - 824.
[126] vgl. Moldavska, A./ Welo, T. (2017) Sustainable manufacturing and its definitions, S. 745 - 754.
[127] vgl. Moldavska, A./ Martinsen, K. (2018) Defining Sustainable Manufacturing, S. 93 - 97.
[128] vgl. OECD (2011) Sustainable Manufacturing Toolkit, S. 8.
[129] vgl. Gottmann, J. (2019) Produktionscontrolling, S. 37.

einfacher und verdichteter Form darstellen.[130] Betriebliche Kennzahlen werden im unternehmerischen Sinne nach vielfältigen Kriterien untergliedert, von denen die im Kontext dieser Arbeit relevanten im Folgenden erläutert werden.[131] Aus einer statistischen Betrachtungsweise lassen sich Kennzahlarten in relative und absolute Kennzahlen unterteilen.[132] Absolute Kennzahlen (z. B. Gesamtkosten) stellen die Anzahl an Elementen einer statistischen Masse oder den Wert der Merkmalsausprägung dar und geben somit Auskunft über die Größe eines Sachverhaltes. Sie werden durch Einzelwerte, Summen, Differenzen oder Mittelwerte dargestellt. Ohne Vergleich mit anderen Kennzahlen sind absolute Kennzahlen jedoch von geringer Aussagekraft. Relative Kennzahlen bzw. Verhältniskennzahlen (z. B. Qualitätsrate) bilden den Quotienten zweier statistischer Massen und verknüpfen somit Sachverhalte. Relative Kennzahlen lassen sich nach der sachlogischen Art der Beziehung in Gliederungszahlen, Beziehungszahlen und Messzahlen (Indexzahlen) untergliedern. Gliederungszahlen (z. B. Personalkosten / Gesamtkosten) geben den Anteil einer Größe an einer Gesamtmenge an. Verhältnisse zwischen ungleichartigen Zahlen verschiedener Grundgesamtheiten stellen Beziehungszahlen (z. B. Deckungsbeitrag / Umsatz) dar. Hierbei wird zwischen dem Zähler und dem Nenner des Quotienten eine Ursache-Wirkungs-Beziehung angenommen.[133] Da relative Kennzahlen, im Gegensatz zu absoluten Kennzahlen, eine eigenständige Interpretation erlauben, weisen sie in der Regel eine höhere Aussagekraft auf.[134] Die statistische und sachlogische Klassifikation von Kennzahlen ist in Abbildung 2-8 dargestellt.

130 vgl. Gladen, W. (2014) Performance Measurement, S. 11 - 22.

131 vgl. Tavasli, S. (2008) Six Sigma Performance, S. 172 - 177.

132 vgl. Delfmann, W./ Reihlen, M./ et al. (2003) Prozessorientierte Logistik-Leistungsrechnung, S. 39 - 41.

133 vgl. Gladen, W. (2014) Performance Measurement, S. 14 - 17.

134 vgl. Gottmann, J. (2019) Produktionscontrolling, S. 48.

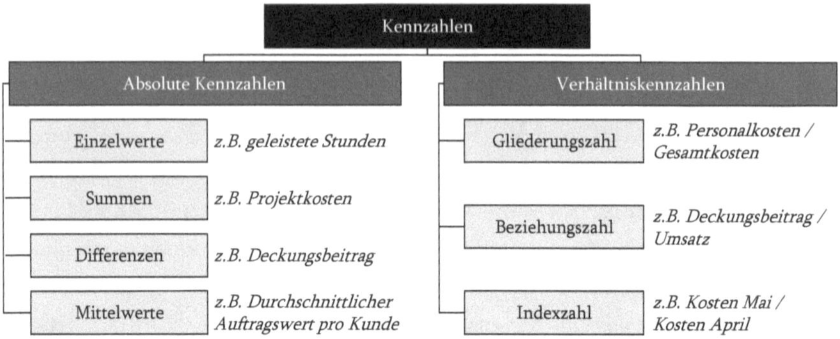

Abbildung 2-8: Klassifikation von Kennzahlen[135]

Zudem werden Kennzahlen in strategische und operative Kennzahlen unterteilt.[136] Strategische Kennzahlen bzw. Effektivitätskennzahlen (z. B. Lieferflexibilität) sind auf einen langfristigen Zeithorizont und strategische Ziele der Organisation ausgelegt. Dahingegen werden operative Kennzahlen zur Effizienzmessung genutzt, fokussieren das kurz- bis mittelfristige Tagesgeschäft des Unternehmens, z. B. zur Bewertung der Wirtschaftlichkeit logistischer Aktivitäten.[137] Ebenso stellt der Zeitbezug ein Differenzierungsmerkmal von Kennzahlen dar. Diese lassen sich sowohl vergangenheitsbezogen (Ist-Kennzahlen) als auch zukunftsorientiert (Soll-Kennzahlen) ausrichten.[138] Für weitere Systematisierungsmöglichkeiten betriebswirtschaftlicher Kennzahlen sei auf MEYER verwiesen.[139]

Hinsichtlich ihrer Funktion dienen Kennzahlen in der Produktion als Führungsinstrument, zur Messung von Werten und Zuständen oder als Unterstützung der Produktionsstrategie (vgl. Abbildung 2-9). Als Führungsinstrumente ermöglichen Kennzahlen die Koordination und Steuerung der Produktion. Koordinationskennzahlen werden anhand von Zielwerten und deren Erreichungsgrad visualisiert und analysiert. Steuernde Kennzahlen dienen der Transferierung von Managementvorgaben durch Leistungskontrollen. Als Messinstrument lassen sich Kennzahlen zur Dokumentation und Kontrolle einsetzen. Die Dokumentation beinhaltet Informationen, welche nicht direkt beeinflussbar, aber zur Entscheidungsfindung relevant sind. Ein Monitoring

135 i.A.a. Fiedler, R. (2020) Controlling von Projekten, S. 188.
136 vgl. Werner, H. (2020) Supply Chain Management, S. 411.
137 vgl. Liebetrau, F. (2015) Strategic Performance Measurement, S. 12 - 14.
138 vgl. Tavasli, S. (2008) Six Sigma Performance, S. 173.
139 vgl. Meyer, C. (2011) Betriebswirtschaftliche Kennzahlen.

unterstützt bei Entscheidungen, indem Verläufe und Trends abgebildet und dargestellt werden und sich Maßnahmen ableiten lassen. Die Kontrolle mittels Kennzahlen beinhaltet sowohl eine Leistungskontrolle als auch eine Funktionskontrolle der Anlagen und Prozesse. Sie dient der frühzeitigen Identifikation und Analyse von Veränderungen. Bei der Unterstützung der Produktionsstrategie stellen Kennzahlen die Grundlage zur Entscheidungsfindung oder ermöglichen interne und externe Benchmarks von Prozessen, Anlagen, Produktionsbereichen oder auch Standorten.[140]

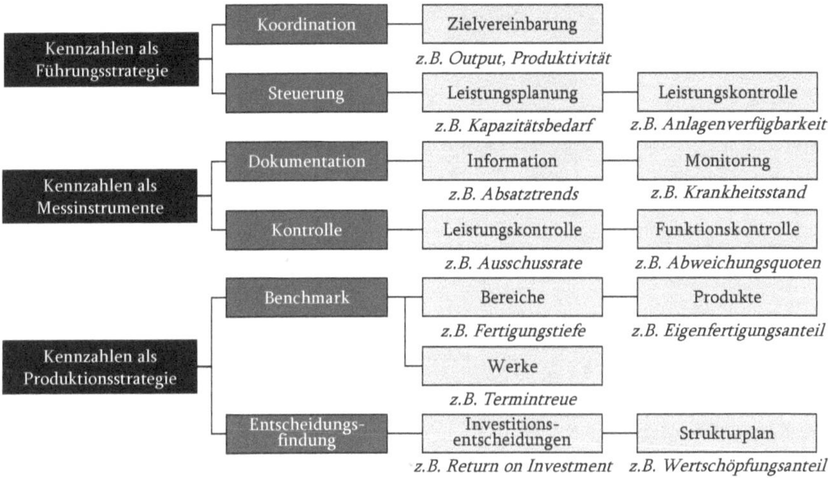

Abbildung 2-9: Funktionen von Kennzahlen[141]

Im Fokus der vorliegenden Arbeit steht die Früherkennung von Anpassungsbedarfen in der Gestaltung globaler Produktionsnetzwerke. Dazu sind sowohl vergangenheitsorientierte Kennzahlen zur Bestimmung von Ursachengrößen und Entwicklungen als auch zukunftsorientierte Kennzahlen zur Prognose und Früherkennung relevant.[142] Das bezieht Kennzahlen sämtlicher beschriebenen Funktionen ein. Bei der Gestaltung globaler Produktionsnetzwerke sind die Funktionsbereiche Beschaffung, Logistik, Produktion und Absatz von besonderer Relevanz (vgl. Kapitel 2.1.3) und werden in den Betrachtungsbereich aufgenommen. Es werden sowohl strategische und globale

140 vgl. Gottmann, J. (2019) Produktionscontrolling, S. 39 - 40.
141 i.A.a. Gottmann, J. (2019) Produktionscontrolling, S. 39.
142 vgl. Gladen, W. (2014) Performance Measurement, S. 33.

als auch operative und spezifische Kennzahlen abgedeckt. Aufgrund der höheren Aussagekraft relativer Kennzahlen werden diese in der Untersuchung bevorzugt. Im Folgenden werden relevante Kennzahlen der vorgestellten Leistungsdimensionen (vgl. Kapitel 2.1.4.1) beschrieben. Die Auswahl erfolgte basierend auf Projekterfahrungen des Autors, der im Rahmen eines Arbeitskreises zum Thema *globale Produktionsnetzwerke* mit Unternehmen unterschiedlicher Branchen für die Netzwerkgestaltung relevante Kennzahlen erarbeitete. Für eine vollständige Auflistung möglicher Kennzahlen sei u. a. auf die Arbeiten von DIETZ, ARNDT, RITTSTIEG und HWANG ET AL. verwiesen.[143]

Effizienz

Tabelle 2.1: Kennzahlen der Leistungsdimension Effizienz

Kategorie	Mögliche Kennzahl	Formel
Produktivität	Kapazitätsauslastung in %	$KA = \frac{Tatsächliche\ Produktionsmenge}{Maximale\ Produktionsmenge}$
Kosten	Fertigungskosten in EUR	$FK = \frac{FEK + FGK + SEK}{PM}$

Die Kapazitätsauslastung *KA* setzt die tatsächliche Produktionsmenge und die maximal verfügbare Kapazität ins Verhältnis.[144] Bei den Kapazitäten handelt es sich um Maschinen, Mitarbeitende oder auch Lager und die Kennzahl ist entsprechend dem Kontext anzupassen.

Die Fertigungskosten *FK* bilden zusammen mit den Materialkosten die Herstellkosten und setzen sich aus den Fertigungseinzelkosten *FEK* (z. B. Löhne), Fertigungsgemeinkosten *FGK* (z. B. Arbeitsvorbereitung) sowie Sondereinzelkosten der Fertigung *SEK* (z. B. Vorrichtungen) zusammen.[145] Zur besseren Vergleichbarkeit beispielsweise zwischen Standorten, die unterschiedliche Mengen einer Variante herstellen, eignet sich

---

143 vgl. Dietz, M. (2017) Kennzahlensysteme für Produktionsnetzwerke; Arndt, T. (2018) Prozessqualität in globalen Produktionsnetzwerken; Rittstieg, M. (2018) Leistungsfähigkeit von Produktionsstandorten; Hwang, G./ Han, J.-H./ et al. (2020) An Integrated Key Performance Measurement.

144 vgl. Dietz, M. (2017) Kennzahlensysteme für Produktionsnetzwerke, S. 296.

145 vgl. Plinke, W./ Rese, M./ et al. (2015) Industrielle Kostenrechnung, S. 123; Daum, A./ Greife, W./ et al. (2018) BWL für Ingenieurstudium und -praxis, S. 52.

eine Verhältniskennzahl. Hierzu wird die Summe der Fertigungskosten mit der produzierten Menge einer Einheit *PM* ins Verhältnis gesetzt.[146]

Qualität

Tabelle 2.2: Kennzahlen der Leistungsdimension Qualität

Kategorie	Mögliche Kennzahl	Formel
Produktionsqualität	Qualitätsrate in %	$QR = \frac{Gutmenge}{produzierte\ Menge}$
Liefertreue	Liefertermintreue in %	$LTT = \frac{AnzAuf\ mit\ LTA_{UG} \leq LTA \leq LTA_{OG}}{AnzAuf}$

Die Qualitätsrate *QR* stellt den Anteil an allen produzierten Teilen dar, der den Prozess ohne Fehler oder Beanstandungen durchläuft, und wird über das Verhältnis der Gutmenge zur produzierten Menge berechnet.[147] Die Gutmenge beinhaltet alle fehlerfreien Produkte ohne sichtbare oder funktionale Schäden, die alle vom Kunden gestellten Anforderungen erfüllen und einwandfrei funktionieren.[148]

Die Liefertermintreue *LTT* gibt den prozentualen Anteil der innerhalb einer definierten Liefertermintoleranz gelieferten Aufträge an. Die Anzahl an Aufträgen *AnzAuf* innerhalb der Liefertermintoleranz weist eine Lieferterminabweichung *LTA* zwischen einer festgelegten Unter- und Obergrenze der zulässigen Lieferterminabweichung auf (LTA_{UG} bzw. LTA_{OG}).[149]

Zeit

Tabelle 2.3: Kennzahlen der Leistungsdimension Zeit

Kategorie	Mögliche Kennzahl	Formel
Produktion	Produktionsdurchlaufzeit in min	$DZ = BZ + LZ$
Transport	Transportzeit in h	$TZ = WEB - WAB$

[146] vgl. Gottmann, J. (2019) Produktionscontrolling, S. 166.

[147] vgl. Verband Deutscher Maschinen- und Anlagenbau (2009) Manufacturing Execution Systems, S. 23.

[148] vgl. Gottmann, J. (2019) Produktionscontrolling, S. 109.

[149] vgl. Lödding, H. (2016) Verfahren der Fertigungssteuerung, S. 27.

Die Produktionsdurchlaufzeit *DZ* beschreibt, wie lange ein Produkt benötigt, um alle Produktionsschritte zu durchlaufen. Dazu zählen auch die Liege- und Transportzeiten zwischen den Produktionsschritten. Sie errechnet sich aus der Summe der Bearbeitungszeiten des Produkts an allen Prozessen *BZ* sowie der Liegezeiten zwischen allen Prozessen sowie in Wareneingangs- und Fertigwarenlagern *LZ*.[150]

Die Transportzeit *TZ* umfasst die Dauer vom Verlassen eines Produktes des Warenausgangs an einem Standort bis zum Verbuchen des Wareneingangs im zweiten Standort bzw. zum Eintreffen beim Kunden.[151] Somit bildet sich die Transportzeit aus der zeitlichen Differenz der Wareneingangsbuchung *WEB* und dem Verlassen des Ausgangslagers *WAB*.

Flexibilität

Tabelle 2.4: Kennzahlen der Leistungsdimension Flexibilität

Kategorie	Mögliche Kennzahl	Formel
Volumen	Volumenflexibilität in %	$VoF = \frac{vPZ - gPZ}{BZ}$
Varianten	Variantenflexibilität	$VaF = AnzQM$
Transportvolumen	Transportvolumenflexibilität	$TF = vTK - gTV$

Die Volumenflexibilität *VoF* beschreibt die Anpassungsfähigkeit an kurzfristige Schwankungen in der Kundennachfrage. Sie wird durch das Verhältnis zwischen der Differenz der verfügbaren *vPZ* und geplanten Produktionszeit *gPZ* und der Bearbeitungszeit *BZ* ausgedrückt.[152]

Unter der Variantenflexibilität *VaF* wird die Fähigkeit verstanden, Produkte mit unterschiedlichen Qualitätsmerkmalen zu fertigen. Die Flexibilität steigt bei höherer Anzahl herstellbarer Qualitätsmerkmale, weshalb die Variantenflexibilität anhand der Anzahl der herstellbaren Qualitätsmerkmale *AnzQM* quantifiziert wird.[153]

---

[150] vgl. Gottmann, J. (2019) Produktionscontrolling, S. 122.

[151] vgl. Arndt, T. (2018) Prozessqualität in globalen Produktionsnetzwerken, S. 74.

[152] vgl. Arndt, T. (2018) Prozessqualität in globalen Produktionsnetzwerken, S. 186.

[153] vgl. Arndt, T. (2018) Prozessqualität in globalen Produktionsnetzwerken, S. 186.

Die Transportvolumenflexibilität *TF* beschreibt die Fähigkeit, sich bei der Auslieferung an kurzfristige Veränderungen der Kundennachfrage anzupassen. Die Berechnung erfolgt anhand des zusätzlichen Volumens, welches sich aufgrund freier Transportkapazitäten ohne eine signifikante Fixkostensteigerung transportieren lässt. Das freie Transportvolumen wird anhand der Differenz zwischen der verfügbaren Transportkapazität *vTK* und dem geplanten Transportvolumen *gTV* errechnet.[154]

Ökologische Nachhaltigkeit

Tabelle 2.5: Kennzahlen der Leistungsdimension ökologische Nachhaltigkeit

Kategorie	Mögliche Kennzahl	Formel
Luftverschmutzung	CO_2-Emissionen in $kgCO_2$/Jahr	$CO_2 = CO_{2,P} + CO_{2,T}$
Energie	Anteil erneuerbarer Energien in %	$EE = \frac{Verwendete\ erbeuerbare\ Energien}{Gesamtenergiebedarf}$

CO_2-Emissionen setzen sich im Kontext globaler Produktionsnetzwerke aus Emissionen durch die Produktion $CO_{2,P}$ und den Transportemissionen $CO_{2,T}$ zusammen. Die Emissionen aus der Produktion berücksichtigen die freigesetzten Emissionen aus den Produktionsprozessen, welche abhängig vom Energiemix an den Standorten variieren. Die Höhe der CO_2-Emissionen durch Transporte wird beeinflusst von Transportvolumen, -strecke und dem gewählten Transportmedium.[155]

Aufgrund unterschiedlicher Energiemixe in verschiedenen Ländern beeinflussen Netzwerkentscheidungen, wie beispielsweise die Verlagerung energieintensiver Produktionsprozesse, den Anteil erneuerbarer Energien am Energiebedarf des Unternehmens. Der Anteil erneuerbarer Energien *EE* ist daher eine geeignete Kennzahl für die Netzwerkgestaltenden und lässt sich durch Division der Menge verwendeter erneuerbarer Energien und durch den Gesamtenergiebedarf errechnen.[156]

[154] vgl. Arndt, T. (2018) Prozessqualität in globalen Produktionsnetzwerken, S. 190.

[155] vgl. Rinaldi, M./ Caterino, M./ et al. (2021) Technology selection in green supply chains.

[156] vgl. Kourkoumpas, D.-S./ Benekos, G./ et al. (2018) Key environmental and energy performance indicators, S. 385 - 394.

2.1.4.3 Visualisierung von Kennzahlen

Um notwendige Erkenntnisse aus Kennzahlen zu beziehen, ist eine einfache und schlüssige Visualisierung erforderlich. Die zu wählende Art der Visualisierung ist davon abhängig, welche Interpretationen aus den ermittelten Werten gezogen werden sollen.[157] Bei der Vermittlung von Daten und Informationen entsprechend den menschlichen Fähigkeiten unterstützt die Methode der Datenvisualisierung.[158] Visualisierungen werden in unterschiedliche Kategorien hinsichtlich ihrer Form und Funktion eingeteilt. Bei der Form wird zwischen statischen und interaktiven Visualisierungen unterschieden. Statische Visualisierungen stellen alle Information auf einmal bereit, wohingegen interaktive dem Nutzenden die Möglichkeit geben, interaktive Optionen innerhalb der Grafik zu wählen, beispielsweise durch Klicks, Swipes oder Hovers. Die Funktionen lassen sich in erklärende und entdeckende Visualisierungen einteilen. Bei den erklärenden werden dem Nutzenden die Hauptaussagen direkt präsentiert, dagegen wird er von entdeckenden Visualisierungen zur Meinungsbildung oder wenigstens zum Nachdenken angeregt.[159]

Die in dieser Arbeit genutzten Visualisierungen haben eine erklärende Funktion und beinhalten statische, aber auch interaktive Elemente. Mit ihnen soll dem Netzwerkplanenden direkt ersichtlich sein, welche Kennzahlenveränderungen relevant sind für die Netzwerkgestaltung.

Im Folgenden wird ein Überblick über die unterschiedlichen Visualisierungsmöglichkeiten gegeben und erläutert, welche Form der Visualisierung für welche Kennzahl genutzt wird. Nach SCHWABISH lassen sich abhängig von den gewünschten Erkenntnissen die Visualisierungsmöglichkeiten in folgende Kategorien einteilen: Vergleich, Zeitverlauf, Verteilung, Geodaten, Beziehung oder Anteil (vgl. Abbildung 2-10).[160]

---

[157] vgl. Gottmann, J. (2019) Produktionscontrolling, S. 80.
[158] vgl. Azzam, T./ Evergreen, S. (2013) Data visualization, S. 9.
[159] vgl. Schwabish, J. (2021) Better data visualizations, S. 53 - 63.
[160] vgl. Schwabish, J. (2021) Better data visualizations, S. 67 - 309.

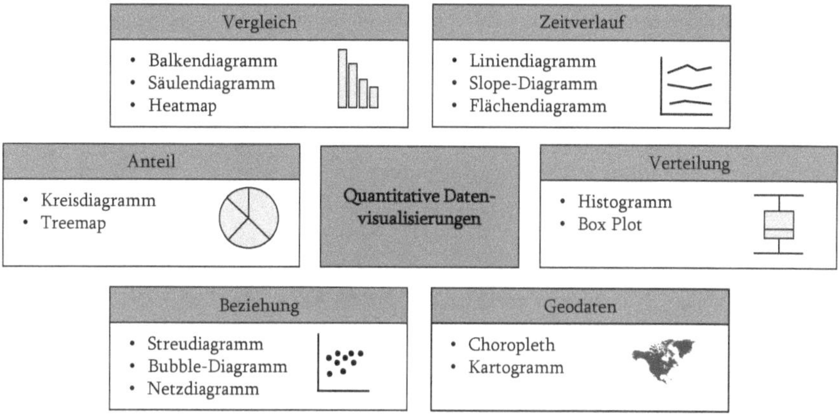

Abbildung 2-10: Visualisierungsmöglichkeiten[161]

Vergleich

Visualisierungen der Kategorie *Vergleich* unterstützen den Anwendenden dabei, Werte kategorienübergreifend zu vergleichen. Beispiele für die Visualisierung dieser Kategorie sind Balken- und Säulendiagramme sowie Heatmaps, welche jeweils auch die Möglichkeit bieten innerhalb einer Kategorie Vergleiche anzustellen.[162]

Zeitverlauf

Die Kategorie *Zeitverlauf* wird genutzt, um Veränderungen über die Zeit hinweg aufzuzeigen. Dazu wird häufig das Liniendiagramm eingesetzt. Werden nicht alle Datenpunkte innerhalb eines Zeitraums benötigt, um eine zeitliche Veränderung zu verdeutlichen, stellt das Slope-Diagramm eine Alternative dar. Im Gegensatz zum Liniendiagramm wird nur einen Anfangs- und Endpunkt gewählt und die beiden Ausprägungen miteinander verbunden. Eine weitere Möglichkeit sind Flächendiagramme, die auf Liniendiagrammen aufbauen, jedoch wird hierbei die Fläche unter der Linie ausgefüllt.[163]

Verteilung

Zur Visualisierung von Verteilungen und statistischen Unsicherheiten eignen sich Diagramme aus der Kategorie *Verteilung*. Eines der grundlegendsten Diagramme dieser

---

[161] i.A.a. Schwabish, J. (2021) Better data visualizations, S. 67 - 309.
[162] vgl. Schwabish, J. (2021) Better data visualizations, S. 67 - 131.
[163] vgl. Schwabish, J. (2021) Better data visualizations, S. 133 - 177.

Art sind Histogramme. Bei ihnen werden Klassen oder Zahlenbereiche gebildet. Daraufhin wird jedem Datenpunkt ein Bereich zugeordnet und die Anzahl der in einer Klasse auftretenden Datenpunkte bestimmt die Höhe der einzelnen Balken, die aufgebaut werden. Das Box-Plot ermöglicht es, einige statistische Kennzahlen gleichzeitig in einem Diagramm unterzubringen, indem die Datenmengen in Quartile eingeteilt werden.[164]

Geodaten

Geografische Daten lassen sich mit Grafiken aus der Kategorie *Geodaten* visualisieren. Zu erwähnen sind hier Choroplethenkarten. Sie bilden eine Weltkarte, in der einzelne Gebiete eine Farbe bzw. Sättigung erhalten, um ein gewisses Verhältnis zur Verteilungsdichte aufzuzeigen. Bei Kartogrammen wird von der festgelegten geografischen Struktur abgewichen. Über die Anpassung der Größe oder der Umrisse eines Staates an die Datenlage lassen sich Informationen anschaulich transportieren.[165]

Beziehung

Mit Visualisierungen der Kategorie *Beziehung* werden Zusammenhänge zwischen Variablen aufgezeigt. Das Streudiagramm ist eine der gängigsten Formen, um Korrelationen zwischen zwei Variablen darzustellen. Mithilfe des Bubble-Diagramms wird über die Größe einer Bubble das Ausmaß einer dritten Variablen integriert. Über das Netzdiagramm mit seiner spinnennetzartigen Form werden mehrere Variablen über die vom Mittelpunkt nach außen führenden Achsen abgebildet.[166]

Anteil

Bei den *Anteil*-Diagrammen werden die prozentualen Verteilungen eines Gesamtraums visualisiert. Zu ihnen gehören u. a. Kreisdiagramme und die Treemap. Die Treemap bietet im Vergleich zum Kreisdiagramm den Vorteil, dass sich längere Beschriftungen einfacher darstellen lassen. Die anteilsmäßig größten Kategorien werden in der oberen linken Ecke angeordnet, die kleinsten in der unteren rechten Ecke, wodurch sich eine gleichmäßige Abstufung der Gewichtungen ergibt.[167]

Neben den beschriebenen quantitativen Visualisierungen gibt es außerdem Abbildungen zur Vermittlung qualitativer Daten. Meistens sind es Ergebnisse aus Interviews,

---

[164] vgl. Schwabish, J. (2021) Better data visualizations, S. 179 - 215.

[165] vgl. Schwabish, J. (2021) Better data visualizations, S. 217 - 248.

[166] vgl. Schwabish, J. (2021) Better data visualizations, S. 249 - 287.

[167] vgl. Schwabish, J. (2021) Better data visualizations, S. 289 - 309.

Gruppenarbeiten oder Umfragen und sie bestehen in der Regel nur aus einzelnen Wörtern, Sätzen oder Zeichnungen.[168] Im Rahmen dieser Arbeit geht es um die Visualisierung quantitativer Kennzahlen, weshalb qualitative Abbildungen an dieser Stelle nicht weiter beschrieben werden.

Zur Vermittlung größerer Mengen an Informationen eignen sich interaktive Datenvisualisierungen. Diese ermöglichen es den Anwendenden, die Darstellung selbst zu beeinflussen und die für sie relevanten Daten zu extrahieren. Gleichzeitig bergen interaktive Darstellungen die Gefahr der Überforderung der Anwendenden sowie der Verwässerung von Informationen. Die einfache Bedienbarkeit sowie das zielgruppengerechte Eingrenzen der Möglichkeiten sind daher wesentliche Grundregeln, die es bei der Erstellung interaktiver Datenvisualisierungen zu befolgen gilt.[169]

2.2 Resilienz globaler Produktionsnetzwerke

Im Keynote-Paper führender Wissenschaftler im Bereich der globalen Produktion wird Resilienz als einer von drei Trends für Handlungsbedarfe in der Gestaltung und Steuerung globaler Produktionsnetzwerke identifiziert. Die Anpassungszeit und Veränderbarkeit werden als wesentliche Befähiger von Resilienz hervorgehoben.[170] Zum weiteren Verständnis wird im folgenden Kapitel 2.2.1 zunächst der Resilienzbegriff erläutert. Darauffolgend werden in Kapitel 2.2.2 und Kapitel 2.2.3 die Anpassungstreiber sowie die Anpassung globaler Produktionsnetzwerke beschrieben.

2.2.1 Definition des Resilienzbegriffs

Der Resilienzbegriff hat seinen Ursprung in der Entwicklungstheorie der Sozialpsychologie und findet inzwischen Anwendung in den verschiedensten Fachbereichen, wie auch in der Produktion und dem Supply-Chain-Management.[171] Es gibt eine Vielzahl an Definitionen, von denen die der National Academy of Science (NAS) die gesamtheitlichste Definition darstellt.[172] Die NAS beschreibt Resilienz als Fähigkeit, sich

[168] vgl. Schwabish, J. (2021) Better data visualizations, S. 311 - 325.
[169] vgl. Kahl, T./ Zimmer, F. (2020) Interaktive Datenvisualisierung, S. 71 - 87.
[170] vgl. Lanza, G./ Ferdows, K./ et al. (2019) Global Production Networks, S. 835.
[171] vgl. Ponomarov, S./ Holcomb, M. (2009) Concept of supply chain resilience, S. 125.
[172] vgl. Golan, M./ Jernegan, L./ et al. (2020) Resilience analytics in supply chain modeling, S. 223.

auf tatsächliche oder potenzielle widrige Ereignisse vorzubereiten und einen Lösungsweg zu planen, sie aufzufangen, sich von ihnen zu erholen oder sich erfolgreicher an sie anzupassen.[173]

Die Definitionen im Kontext globaler Produktionsnetzwerke unterscheiden sich vor allem hinsichtlich der Abgrenzung des Resilienzbegriffs zu verwandten Begriffen wie *Robustheit*, *Agilität*, *Wandlungsfähigkeit* und *Flexibilität*. HINGST ET AL. stellen dazu umfangreiche Definitionen sowie die Gemeinsamkeiten und Unterschiede der Begriffe vor. Schlussendlich lassen sich die Erkenntnisse darauf herunterbrechen, dass sich Resilienz und Robustheit auf die negativen Aspekte beziehen, während Agilität und Wandlungsfähigkeit positiv konnotiert sind. Flexibilität lässt sich beiden Gruppen zuordnen.[174] An dieser Stelle sei angemerkt, dass alle genannten Begriffe in der Literatur inkonsistent verwendet und definiert werden.[175]

Im Rahmen dieser Arbeit wird untersucht, wie Veränderungen im Produktionsnetzwerk frühzeitig identifiziert und mögliche Anpassungsbedarfe abgeleitet werden können. Der Begriff *Resilienz* nimmt damit eine deutlich höhere Ebene ein, unter die sich die anderen Begriffe unterordnen lassen. Die Resilienz im Produktionsnetzwerk wird sowohl durch eine höhere Agilität als auch eine höhere Robustheit des Systems gesteigert, weshalb in der vorliegenden Arbeit eine Orientierung an der Definition von WIELAND UND WALLENBERG erfolgt. Sie definieren Robustheit und Agilität als die beiden zentralen Resilienzmechanismen, welche im Folgenden im Detail beschrieben werden (vgl. Abbildung 2-11).[176]

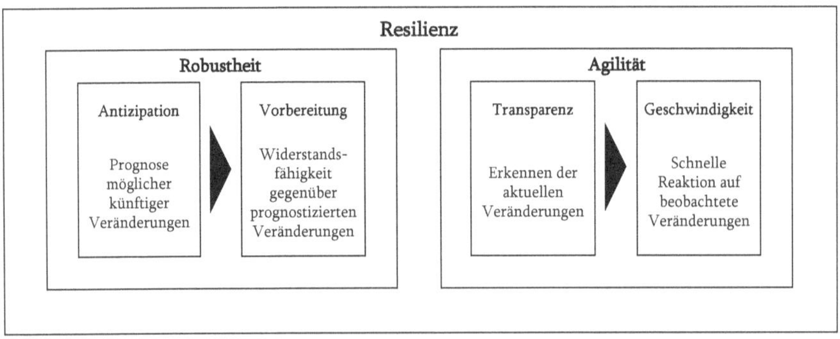

---

[173] vgl. National Academies of Sciences, Engineering, and Medicine (2012) Disaster Resilience.
[174] vgl. Hingst, L./ Park, Y.-B./ et al. (2021) Life Cycle Oriented Of Changeability, S. 16 - 19.
[175] vgl. Moser, E. (2018) Migrationsplanung globaler Produktionsnetzwerke, S. 14.
[176] vgl. Wieland, A./ Wallenburg, C. (2013) The influence of relational competencies, S. 304.

Abbildung 2-11: Resilienzmechanismen nach WIELAND UND WALLENBERG[177]

Robustheit

Robustheit stellt die Fähigkeit dar, Veränderungen zu widerstehen, ohne den Ausgangszustand anpassen zu müssen.[178] Zur Erlangung von Robustheit ist die Antizipation potenzieller zukünftig eintretender Veränderungen notwendig. Um eine stabile Situation aufrechtzuerhalten, erfolgt eine Vorbereitung auf die antizipierten Veränderungen. Die Robustheit ist damit ein proaktiver Resilienzmechanismus.[179]

Agilität

Agilität wird in der Literatur als Oberbegriff für andere Begriffe im Kontext der Veränderungsfähigkeit in der Produktion verstanden.[180] Die am häufigsten verwendeten Begriffe und ihre Einordnung nach Produkt- und Produktionslevel sind in Abbildung 2-12 dargestellt.

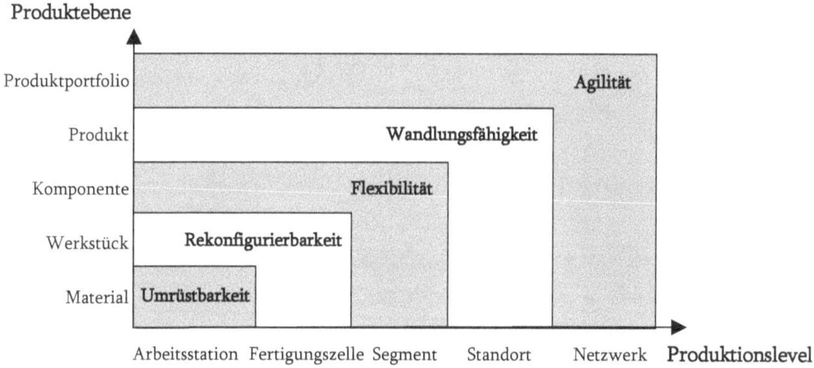

Abbildung 2-12: Klassen der Veränderungsfähigkeit nach WIENDAHL ET AL.[181]

Agilität bildet damit einen übergeordneten Rahmen und ermöglicht die Veränderungsfähigkeit auf Produktionsnetzwerkebene. Nach AYS ist Agilität definiert als Fähigkeit, strategisch, schnell und wirtschaftlich effizient sowohl erwartete als auch unerwartete Veränderungen in seinem Umfeld zu erkennen und auf diese bestmöglich

---

[177] vgl. Wieland, A./ Wallenburg, C. (2013) The influence of relational competencies, S. 304.

[178] vgl. Wieland, A./ Wallenburg, C. (2012) Dealing with supply chain risks, S. 890.

[179] vgl. Wieland, A./ Wallenburg, C. (2013) The influence of relational competencies, S. 304.

[180] vgl. Wiendahl, H.-P./ Reichardt, J./ et al. (2015) Handbook Factory Planning, S. 108 - 109.

[181] vgl. Wiendahl, H.-P./ ElMaraghy, H./ et al. (2007) Changeable Manufacturing - Classification, S. 786.

zu reagieren.[182] Zur Erlangung von Agilität ist somit Transparenz über aktuelle Veränderungen erforderlich, um anschließend schnell auf die beobachteten Veränderungen zu reagieren und zu einer stabilen Situation zurückzukehren. Agilität ist im Gegensatz zu Robustheit ein reaktiver Resilienzmechanismus.[183]

Neben einer proaktiven und reaktiven Dimension von Resilienz wird in der Literatur synonym von einer passiven und aktiven Fähigkeit von Systemen gesprochen, um sowohl Veränderungen zu tolerieren als auch sich an diese anzupassen. BENFER ET AL. entwickeln in diesem Rahmen und basierend auf einer umfangreichen Literaturrecherche fünf Mechanismen, welche die Resilienz von Produktionsnetzwerken beeinflussen:[184]

- **Anfälligkeit**: Ausmaß, in dem äußere Einflüsse auf das System einwirken. Systeme können ihre Anfälligkeit oder Verwundbarkeit verringern, indem sie die störenden Einflüsse, denen sie ausgesetzt sind, reduzieren. Weniger anfällige Systeme verhalten sich folglich robuster.
- **Stabilität:** Ausgleich äußerer Einflüsse durch innere Mechanismen des Systems, wie z. B. Flexibilität. Stabile Systeme sind zwar Veränderungen unterworfen, können aber diese Einflüsse tolerieren, ohne ihren Zustand zu verändern.
- **Geschwindigkeit**: Fähigkeit des Systems, schnell einen anderen Zustand zu erreichen, wenn eine Entscheidung für eine Veränderung getroffen wurde.
- **Spanne**: Ausmaß der Veränderungsfähigkeit eines Systems, sich angesichts von Störungen durch Zustandsänderungen anzupassen. Sie beschreibt die Grenzen des Zustandsraums eines Systems.
- **Sensitivität**: Fähigkeit des Systems, Umweltveränderungen wahrzunehmen, sich an diese schnell anzupassen und die Richtung seiner eigenen Veränderung zu bestimmen. Sensitive Systeme nehmen Bedrohungen wahr, lange bevor diese störende Auswirkungen auf sie haben.

Zusammenfassend lässt sich die Resilienz eines Systems durch die Einleitung von Maßnahmen steigern, welche die *Anfälligkeit* eines Systems auf Veränderungen senken, die *Stabilität* oder die *Anpassungsgeschwindigkeit* des Systems steigern, die *Spanne* möglicher Zustände des Systems erweitern oder die *Sensitivität* erhöhen, um

182 vgl. Ays, J. (2021) Gestaltung agiler Produktionsnetzwerke, S. 44.
183 vgl. Wieland, A./ Wallenburg, C. (2013) The influence of relational competencies, S. 304.
184 vgl. Benfer, M./ Verhaelen, B./ et al. (2021) Resilience Measures, S. 503 - 504.

zukünftige Veränderungen wahrzunehmen und sich daran anzupassen. In Anlehnung an LANZA ET AL. zeigt Abbildung 2-13 ein Beispiel, wie die fünf Mechanismen zur Steigerung der Resilienz beitragen.[185]

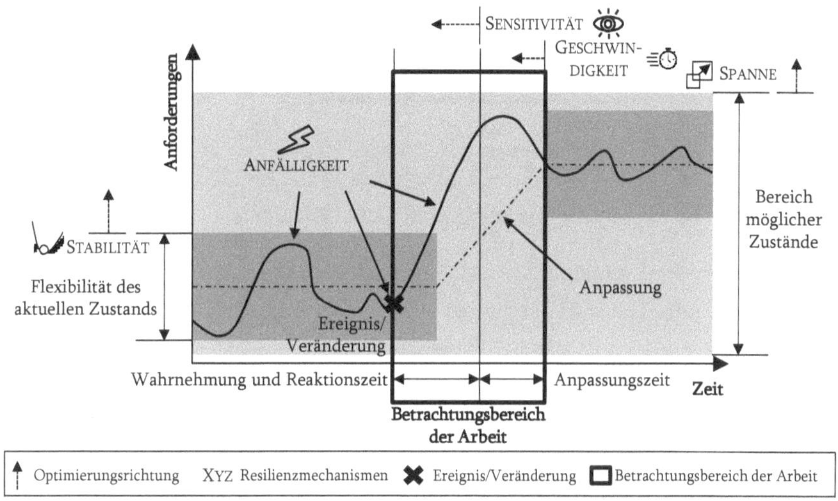

Abbildung 2-13: Mechanismen zur Steigerung der Resilienz nach BENFER ET AL.[186]

Im Rahmen dieser Arbeit ist vor allem die *Sensitivität* von entscheidender Bedeutung. Relevante Veränderungen im Produktionsnetzwerk sollen frühzeitig identifiziert und geeignete Anpassungsbedarfe abgeleitet werden. Durch das Vorschlagen von Anpassungsalternativen für den Netzwerkgestaltenden soll darüber hinaus die Anpassungszeit verkürzt werden, wodurch auch der Resilienzmechanismus *Geschwindigkeit* an Bedeutung gewinnt. Die Verzögerung zwischen dem Auftreten eines Ereignisses bzw. einer relevanten Veränderung und der notwendigen Anpassung wird *Hysterese* genannt und untergliedert sich in drei Phasen (vgl. Abbildung 2-14).[187] Die erste Phase umfasst die Zeit zwischen dem Auftreten einer Veränderung und der Wahrnehmung der Veränderung. Die zweite Phase bildet die Latenzzeit von der Wahrnehmung der Veränderung bis zur Identifizierung eines geeigneten Anpassungsbedarfs. Die letzte Phase der Hysterese entspricht der Latenzzeit zwischen der Identifizierung eines Anpassungsbedarfs und der Umsetzung der Anpassung. In dieser Planungslatenz werden

[185] vgl. Lanza, G./ Ferdows, K./ et al. (2019) Global Production Networks, S. 836.
[186] vgl. Benfer, M./ Verhaelen, B./ et al. (2021) Resilience Measures, S. 504.
[187] vgl. Ferdows, K. (2014) Global Production Network, S. 3.

Informationen gesammelt und analysiert sowie Entscheidungen getroffen und umgesetzt.[188]

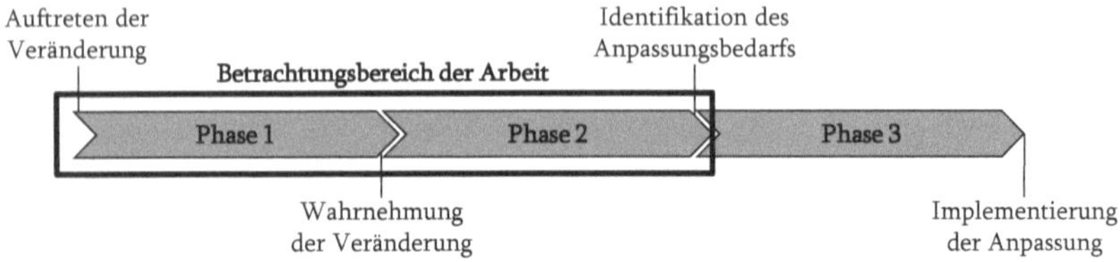

Abbildung 2-14: Phasen der Hysterese nach LANZA ET AL.[189]

Der Fokus der vorliegenden Dissertation liegt auf der beschleunigten Wahrnehmung von Veränderungen und der Identifikation geeigneter Anpassungsbedarfe und umfasst somit die ersten beiden Phasen der Hysterese.

2.2.2 Anpassungstreiber globaler Produktionsnetzwerke

Auf Produktionsnetzwerke wirkt eine Vielzahl an Einflussfaktoren, die Anpassungen in der Netzwerkstruktur erfordern.[190] In der Literatur sind vor allem im Bereich Wandlungsfähigkeit von verschiedenen Autoren umfangreiche Auflistungen von Einflussfaktoren zu finden.[191] Dabei erfolgt eine Klassifizierung nach unterschiedlichen Kriterien. Besonders häufig wird zwischen internen und externen Einflussfaktoren sowie beeinflussbaren und nicht beeinflussbaren Faktoren unterschieden.[192] Ebenso sind Aufteilungen nach Standort- und Prozessfaktoren sowie in orts-, branchen- und unternehmensabhängige Faktoren vorzufinden.[193] Häufig erfolgt eine Klassifizierung der Einflussfaktoren nach übergeordneten gesellschaftlichen Kategorien wie beispielsweise Märkte, Faktorkosten, Logistik, Kultur und Politik.[194]

---

[188] vgl. Lanza, G./ Ferdows, K./ et al. (2019) Global Production Networks, S. 836.

[189] vgl. Lanza, G./ Ferdows, K./ et al. (2019) Global Production Networks, S. 836.

[190] vgl. Váncza, J. (2016) Production Networks, S. 2 - 3.

[191] Siehe beispielsweise Moser, R. (2014) Strategische Planung globaler Produktionsnetzwerke, S. 91, Prote, J.-P. (2018) Verursachungsgerechte Bewertung von Standortalternativen, S. 28, vgl. Neuner, C. (2009) Konfiguration internationaler Produktionsnetzwerke, S. 275 - 279; Ays, J. (2021) Gestaltung agiler Produktionsnetzwerke, S. 263 - 273.

[192] vgl. Neuner, C. (2009) Konfiguration internationaler Produktionsnetzwerke, S. 73; Häusling, A. (2018) Agile Organisationen, S. 17 - 23.

[193] vgl. Abele, E. (2006) Handbuch globale Produktion, S. 38; Neuner, C. (2009) Konfiguration internationaler Produktionsnetzwerke, S. 153.

[194] vgl. Yang, S./ Peukert, S./ et al. (2021) Design for X, S. 119.

Im Kontext dieser Arbeit eignet sich eine Einteilung der Anpassungstreiber nach Wettbewerbern, Kunden und Lieferanten eines Unternehmens in Anlehnung an PORTER.[195] Da auch externe Einflüsse Anpassungen in der Netzwerkgestaltung erfordern, ist eine ergänzende Kategorie für das Umfeld einzubeziehen. Zur Umfeldanalyse eignen sich die PEST-, PESTLE- oder STEP-Analyse. Welche der Analysen am geeignetsten ist, hängt von der Branche und Situation ab. Da die PESTLE-Analyse eine Erweiterung gegenüber der PEST-sowie STEP-Analyse darstellt, wird diese im Folgenden gewählt. um das Unternehmensumfeld in Kategorien einzuteilen:[196]

- Politische Faktoren („Political“)
- Ökonomische Faktoren („Economical“)
- Soziokulturelle Faktoren („Sociological“)
- Technologische Faktoren („Technology“)
- Rechtliche Faktoren („Legal“)
- Umweltfaktoren („Environmental“)

Aus den Kategorien nach PORTER sowie der PESTLE-Analyse lässt sich der folgende Betrachtungsrahmen für die Arbeit bilden (vgl. Abbildung 2-15).[197]

---

[195] vgl. Porter, M. (1980) Competitive strategy, S. 4.

[196] vgl. Steuernagel, A. (2017) Strategische Unternehmenssteuerung, S. 61 - 67.

[197] Die Einteilung orientiert sich an Vorarbeiten des Autors, vgl. Rodemann, N./ Ays, J./ et al. (2019) Influencing factors, S. 567.

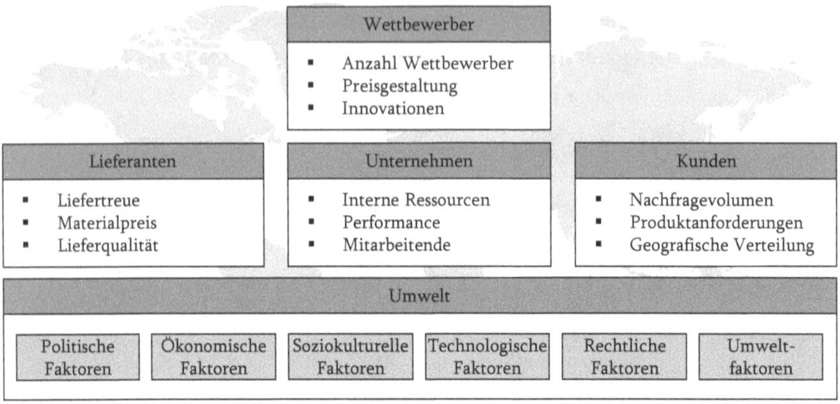

Abbildung 2-15: Klassifizierung der Anpassungstreiber

2.2.3 Anpassung globaler Produktionsnetzwerke

In Kapitel 2.2.2 wurde die Notwendigkeit zur Anpassung globaler Produktionsnetzwerke beschrieben. Die größte Herausforderung ist dabei die hohe Netzwerkkomplexität, auf welche in den Kapiteln 2.1.2 und 2.1.3 in Form des Aufbaus und Managements globaler Produktionsnetzwerke eingegangen wurde. Verschiedene Autoren haben sich mit dieser Thematik befasst. SCHUH ET AL. entwickeln einen Referenzprozess für die kontinuierliche Gestaltung globaler Produktionsnetzwerke (vgl. Abbildung 2-16).

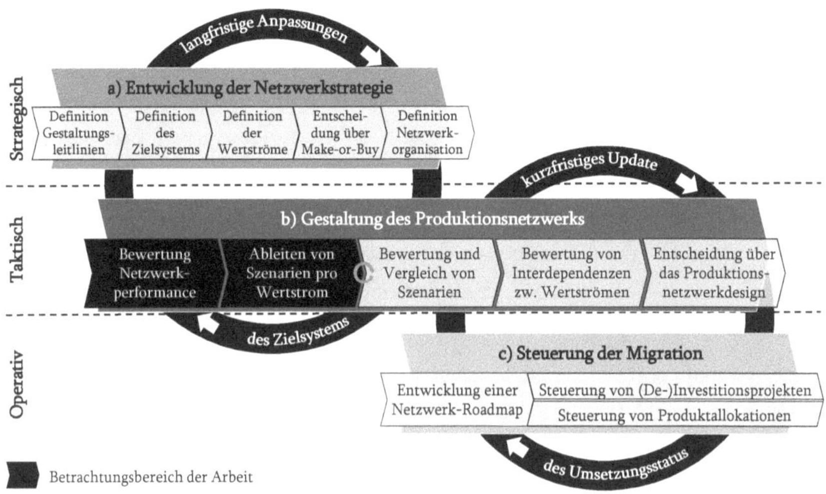

Abbildung 2-16: Referenzprozess für die kontinuierliche Netzwerkgestaltung[198]

Der Referenzprozess verläuft iterativ über die strategische, taktische und operative Planungsebene. Auf der strategischen Planungsebene wird die Netzwerkstrategie entwickelt, welche in konkrete Vorgaben für die Netzwerkgestaltung, beispielsweise in Form von Make-or-Buy-Entscheidungen oder Gestaltungsleitlinien, überführt wird. Auf taktischer Ebene erfolgt über die Bewertung der Netzwerkperformance und die Entwicklung von Netzwerkszenarien schließlich die Entscheidung über die Produktionsnetzwerkgestaltung. Diese wird auf operativer Planungsebene gesteuert und umgesetzt.[199]

Die Anpassung der Netzwerkstruktur erfolgt auf der taktischen Ebene, in welche die vorliegende Arbeit einzuordnen ist. Auslöser für die Anpassung der Netzwerkgestaltung ist demnach die Bewertung der Netzwerkperformance, die anhand der Erfüllung der strategischen Vorgaben gemessen wird. Ein Anpassungs- bzw. Handlungsbedarf liegt im Allgemeinen bei einer Abweichung des Ist-Zustandes von einem gewünschten Zustand vor.[200] Diese Abweichungen werden durch Einflussfaktoren hervorgerufen (vgl. Kapitel 2.2.2) und werden über Kennzahlen gemessen (vgl. Kapitel 2.1.4.2).[201]

---

[198] vgl. Schuh, G./ Prote, J./ et al. (2017) Continuous Design of Production Networks, S. 448.
[199] vgl. Schuh, G./ Prote, J./ et al. (2017) Continuous Design of Production Networks, S. 447 - 449.
[200] vgl. Grünig, R./ Kühn, R. (2009) Entscheidungsverfahren für komplexe Probleme, S. 41.
[201] vgl. Sager, B./ Hawer, S./ et al. (2016) Performance Measurement System, S. 61 - 66.

Die Früherkennung von Anpassungsbedarfen meint in diesem Zusammenhang die frühzeitige Identifikation von Entwicklungen der Kennzahlen, auf welche in Form von Anpassungen der Netzwerkkonfiguration zu reagieren ist. Basierend auf der Bewertung der Netzwerkperformance werden mögliche Netzwerkszenarien abgeleitet. Das Ziel der Arbeit ist es dabei, durch eine datenbasierte Identifikation von Anpassungsbedarfen dem Netzwerkgestaltenden automatisiert mögliche Anpassungsalternativen vorzuschlagen. Diese sind im Anschluss im Detail zu bewerten. Die Evaluierung sowie die anschließende Migrationssteuerung sind nicht mehr Teil der vorliegenden Arbeit.

Die hohe Komplexität durch die Vielzahl an Anpassungsmöglichkeiten erfordert eine Systematisierung der Anpassungsformen in der Netzwerkstruktur.[202] In Vorarbeiten des Autors wurde dazu analog zu den in Kapitel 2.1.2 beschriebenen Systemebenen eine Morphologie zur Beschreibung von Anpassungsbedarfen in der Gestaltung von Produktionsnetzwerken entwickelt (vgl. Abbildung 2-17).[203]

Objekttyp	Anpassungsform				
Produktionskette	Keine Veränderung	Ramp-up	Veränderung	Ramp-down	
Standort	Keine Veränderung	Eröffnung	Vergrößerung	Verkleinerung	Schließung
Ressource	Keine Veränderung	Inbetriebnahme	Modifikation	Stilllegung	
Produktionsprozess	Bekannt	Neu			

Abbildung 2-17: Morphologie zur Beschreibung von Anpassungsbedarfen[204]

Die Morphologie beschreibt mögliche Zustände, die ein Objekttyp über seinen Lebenszyklus annimmt.[205] Ein Standort lässt sich beispielsweise eröffnen, vergrößern, verkleinern oder schließen. Mithilfe dieser Morphologie lässt sich somit ein Anpassungsbedarf in der Netzwerkgestaltung über die diskreten Zustände der vier Objekttypen beschreiben. Bei der Eröffnung eines neuen Standorts wird beispielsweise die

202 vgl. Schuh, G./ Prote, J.-P./ et al. (2018) Reduction of Decision Complexity, S. 246 - 253.
203 vgl. Rodemann, N./ Niederau, M./ et al. (2021) Systematization of Adaptation Needs, S. 655 - 656.
204 vgl. Rodemann, N./ Niederau, M./ et al. (2021) Systematization of Adaptation Needs, S. 656.
205 vgl. Rodemann, N./ Niederau, M./ et al. (2021) Systematization of Adaptation Needs, S. 655.

Produktionskette verändert, da der neue Standort in die Wertschöpfung integriert wird. Bei der Eröffnung des Standorts werden Ressourcen in Betrieb genommen. Der Fertigungsvorgang ist im Netzwerk neu oder bekannt. Möglicherweise sind weitere Anpassungen an bestehenden Standorten durch die Eröffnung des neuen Standorts erforderlich, die sich in gleicherweise durch die Morphologie darstellen lassen. Ein Anpassungsbedarf, der durch die eingeführte Systematik beschrieben ist, wird im weiteren Verlauf der Arbeit als Anpassungsfall bezeichnet. Eine Anpassungsalternative stellt für die Netzwerkgestaltenden eine Möglichkeit dar das Produktionsnetzwerk anzupassen und besteht aus einem oder mehreren Anpassungsfällen.

2.3 Datenbasierte Verfahren im Risikomanagement

Die in Kapitel 2.2.2 beschriebenen Anpassungstreiber unterscheiden sich hinsichtlich des Risikos für das betreffende Unternehmen sowie für die Netzwerkgestaltung im Speziellen.[206] Das Risikomanagement wurde in der Vergangenheit deshalb zunehmend als geeignete Methode zur Sicherstellung der Leistungsfähigkeit in einem volatilen Unternehmensumfeld erkannt.[207] Im Folgenden sollen die relevanten Begrifflichkeiten definiert werden (vgl. Kapitel 2.3.1), bevor die grundlegenden Methoden der Risikobewertung (vgl. Kapitel 2.3.2) sowie zur Prognose (vgl. Kapitel 2.3.3) beschrieben werden. Darauffolgend werden die vorhandenen Daten im Produktionsnetzwerk erläutert, welche die Grundlage zur Durchführung der beschriebenen Methoden im Kontext dieser Arbeit darstellen (vgl. Kapitel 2.3.4). Abschließend werden die Grundlagen interaktiver Optimierung erläutert (vgl. Kapitel 2.3.5).

2.3.1 Definition relevanter Begrifflichkeiten

Eine allgemeine Definition des Risikobegriffs ist in ISO 31000:2018 zu finden. Risiko entspricht demnach der Auswirkung von Ungewissheit auf Ziele. Nach dieser Definitionsauslegung schließt der Risikobegriff anders als im üblichen Sprachgebrauch nicht nur negative, sondern auch positive Veränderungen ein.[208] Entscheidungen unter Risiken sind dabei jedoch nicht mit Entscheidungen unter Unsicherheit gleichzusetzen. Unsicherheit ist definiert als bewusst wahrgenommener Mangel an Sicherheit oder an

---

[206] vgl. Rodemann, N./ Ays, J./ et al. (2019) Influencing factors, S. 567 - 568.

[207] vgl. Kamalahmadi, M./ Parast, M. (2016) Principles of enterprise and supply chain resilience, S. 116 - 133.

[208] vgl. Deutsches Institut für Normung (2018) ISO 31000:2018, S. 7.

Reliabilität und Validität. Mögliche Szenarien mit ihren Auswirkungen sind bei Entscheidungen unter Unsicherheit nicht oder nicht vollständig bekannt. Außerdem ist für die Szenarien keine Angabe von Eintrittswahrscheinlichkeiten möglich. Bei Entscheidungen unter Risiko dagegen sind Informationen über die möglichen zukünftigen Szenarien wie auch ihre potenziellen Eintrittswahrscheinlichkeiten vorhanden.[209] In Abbildung 2-18 sind die unterschiedlichen Grade von Unsicherheit bzw. die Möglichkeiten der Prognose dargestellt. Im Kontext globaler Produktionsnetzwerke ist eine eindeutige Beschreibung der zukünftigen Verläufe der in Kapitel 2.2.2 beschriebenen Einflussfaktoren nicht möglich. Die zukünftigen Verläufe der Einflussfaktoren verlaufen in einer beschreibbaren Spannbreite von möglichen Ausprägungen, deren Eintrittswahrscheinlichkeit bestimmbar ist. Beim Eintreten außergewöhnlicher Einzelereignisse liegt keine Möglichkeit der Prognose vor.

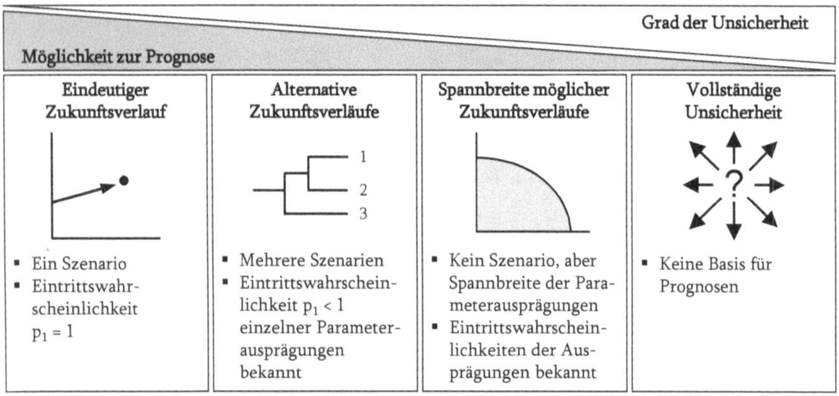

Abbildung 2-18: Unterschiedliche Grade von Unsicherheit[210]

Das Risikomanagement beschäftigt sich sowohl mit Entscheidungen unter Unsicherheit als auch unter Risiko.[211] Nach ISO 31000:2018 wird Risikomanagement definiert als koordinierte Aktivitäten zur Lenkung und Steuerung einer Organisation in Bezug auf Risiken. Ein Risikomanagementprozess soll dazu als integraler Bestandteil des Managements und der Entscheidungsfindung dienen und in der Praxis iterativ angewendet werden (vgl. Abbildung 2-19).[212]

---

[209] vgl. Romeike, F./ Hager, P. (2020) Erfolgsfaktor Risiko-Management 4, S. 58.
[210] i.A.a. Romeike, F. (2018) Risikomanagement, S. 12.
[211] vgl. Romeike, F./ Hager, P. (2020) Erfolgsfaktor Risiko-Management 4, S. 58.
[212] vgl. Deutsches Institut für Normung (2018) ISO 31000:2018, S. 7 - 17.

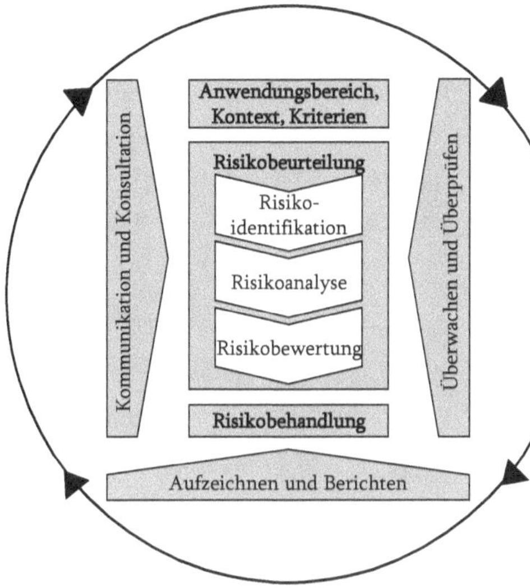

Abbildung 2-19: Risikomanagementprozess nach ISO 31000:2018[213]

Im Kontext dieser Arbeit ist vor allem die Risikobeurteilung als Kern des Risikomanagements von Bedeutung. Diese setzt sich aus den Bestandteilen Risikoidentifikation, Risikoanalyse und Risikobewertung zusammen. Die Risikoidentifikation dient dem Zweck, Risiken mithilfe aktueller Informationen zu erkennen und zu beschreiben, die einer Organisation helfen oder diese daran hindern könnten, ihre Ziele zu erreichen. Die anschließende Risikoanalyse umfasst die Betrachtung von Unsicherheiten, Ursachen, Auswirkungen, Wahrscheinlichkeiten, Ereignissen, Szenarien, Steuerungen und deren Wirksamkeit. Bei der Risikobewertung wird schlussendlich die Entscheidung getroffen, an welchen Stellen zusätzliche Aktionen zum Umgang mit Risiken erforderlich sind.[214]

In der vorliegenden Dissertation erfolgt eine Orientierung an den Definitionen aus der ISO 32000:2018 und Risiko wird sowohl als Gefahr negativer Entwicklungen wie auch als Chance zum Übertreffen angestrebter Unternehmensziele verstanden.

---

[213] vgl. Deutsches Institut für Normung (2018) ISO 31000:2018, S. 16.
[214] vgl. Deutsches Institut für Normung (2018) ISO 31000:2018, S. 19 - 21.

2.3.2 Methoden der Risikobewertung

Quantitativ wird Risiko häufig durch den Erwartungswert verstanden, das heißt als Produkt aus der Höhe des möglichen Verlustes, Schadens oder Gewinns und der Wahrscheinlichkeit seines Eintretens.[215] Da es sich hierbei nur um einen Mittelwert handelt, werden im Folgenden weitere praxisrelevante Risikomaße vorgestellt:

Standardabweichung

Mithilfe der Standardabweichung $\sigma(X)$ für eine unsichere Ergebnisgröße werden positive und negative Abweichungen vom Erwartungswert $E(X)$ erfasst. Die Standardabweichung dient beispielsweise für Preismodelle als Risikomaß und berechnet sich über folgende Formel (2.1):

$$\sigma(X) = \sqrt{E(X - E(X))^2} \tag{2.1}$$

Aus der Standardabweichung lässt sich der Variationskoeffizient $V(X)$ ableiten (vgl. Formel (2.2):

$$V(X) = \frac{\sigma(X)}{E(X)} \tag{2.2}$$

Durch den Variationskoeffizienten lassen sich die Schwankungen um den Erwartungswert ausdrücken, die im allgemeinen Sprachgebrauch als Volatilität beschrieben werden.[216]

Value at Risk

Bei der Methode des Value at Risk wird die maximale Schadenshöhe bei vorgegebener Eintrittswahrscheinlichkeit $(1\text{-}\alpha)$ für einen definierten Zeitraum abgeschätzt. Häufig wird auch der Conditional Value at Risk, auch bekannt als Expected Shortfall, als Weiterentwicklung des Value at Risk angewendet. Dabei wird die Schadenshöhe quantifiziert, welche das Unternehmen bei einer Überschreitung der Risikoeintrittswahrscheinlichkeit $(1\text{-}\alpha)$ zu tragen hat. Der Conditional Value at Risk ist als Mittelwert jener Schadenshöhe zu interpretieren, die über dem Value at Risk liegt.[217]

---

[215] vgl. Lasch, R. (2021) Strategisches und operatives Logistikmanagement, S. 302.

[216] vgl. Romeike, F./ Hager, P. (2020) Erfolgsfaktor Risiko-Management 4, S. 184 - 185.

[217] vgl. Zirkler, B./ Nobach, K./ et al. (2019) Projektcontrolling, S. 62 - 63.

Maximum Drawdown

Die Risikokennzahl Maximum Drawdown beziffert den historischen Maximalverlust in einem bestimmten Zeitraum und stellt somit ein asymmetrisches Risikomaß dar. Ausgeschlossen sind dabei mögliche zukünftige Szenarien, die in der Vergangenheit noch nicht eingetreten sind.[218]

Risikodarstellung

Zum Reporting von Risiken wird häufig die Risikomatrix oder auch Risk-Map/Risikoportfolio als Darstellungsform gewählt. Dabei werden typischerweise die Eintrittswahrscheinlichkeit sowie das Schadensausmaß über zwei Achsen dargestellt und Risiken in die Matrix eingetragen, wodurch eine Vergleichbarkeit der Risiken ermöglicht wird. Voraussetzung dazu ist, dass sich die Risiken sinnvoll durch eine Schadenshöhe und Eintrittswahrscheinlichkeit darstellen lassen.[219] In Abbildung 2-20 ist eine Risikomatrix abgebildet. In der Praxis werden häufig qualitative Beschreibungen genutzt, um die Risiken hinsichtlich der Eintrittswahrscheinlichkeit und Schadenshöhe in Klassen einzuteilen, z. B. sehr gering bis sehr hoch bzw. unbedeutend bis existenzbedrohend. In der vorliegenden Arbeit wird ein quantitativer Ansatz gewählt, der in Kapitel 5.2 im Detail beschrieben wird.

[218] vgl. Romeike, F./ Hager, P. (2020) Erfolgsfaktor Risiko-Management 4, S. 189 - 190.
[219] vgl. Mahnke, A. (2020) Betriebliches Risikomanagement, S. 53 - 54.

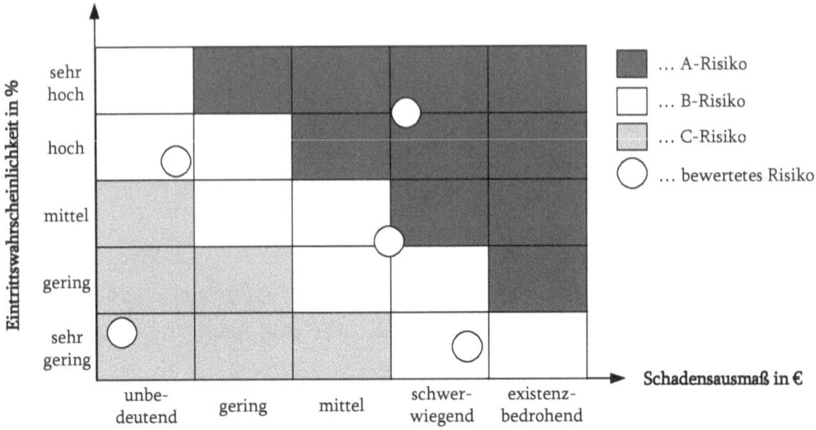

Abbildung 2-20: Beispiel einer Risikomatrix[220]

2.3.3 Prognoseverfahren

Wie in Kapitel 2.3.2 beschrieben ist die Risikobewertung abhängig von der Eintrittswahrscheinlichkeit der Veränderung. Risiken beziehen sich demnach auf ein in der Zukunft liegendes, möglicherweise eintretendes Ereignis. Grundsätzlich wird an dieser Stelle zwischen kontinuierlichen und diskontinuierlichen bzw. diskreten Risiken unterschieden. Diskontinuierliche Risiken treten plötzlich und unerwartet auf.[221] Mögliche Beispiele sind sogenannte „Black-Swan-Events" wie Naturkatastrophen, Pandemien oder politische Ereignisse, die mit Auswirkungen auf das Produktionsnetzwerk verbunden sind.[222] Kontinuierliche Risiken weisen hingegen eine stetige Entwicklung auf und lassen sich im Gegensatz zu diskontinuierlichen Risiken mithilfe datenbasierter Verfahren prognostizieren.[223]

Eines der fundamentalsten Prognoseverfahren kontinuierlicher Werte stellen Regressionsverfahren dar.[224] Sie verfolgen das Ziel, anhand einer Anzahl an Inputfaktoren

---

[220] vgl. Lasch, R. (2021) Strategisches und operatives Logistikmanagement, S. 332.
[221] vgl. Trkman, P./ McCormack, K. (2009) Supply chain risk, S. 251.
[222] vgl. Aggarwal, R./ Bohinc, J. (2012) Black swans, S. 41 - 42.
[223] vgl. Trkman, P./ McCormack, K. (2009) Supply chain risk, S. 251; Hartkopf, M. (2013) Kontinuierliche Planung der Werksentwicklung, S. 36.
[224] vgl. Han, J. (2012) Data mining, S. 328.

den Wert eines Outputfaktors vorherzusagen, und lassen sich hinsichtlich ihrer Linearität klassifizieren.[225] Lineare Verfahren identifizieren eine lineare funktionale Abhängigkeit zwischen den Input- und Outputfaktoren.[226] Sie sind anfälliger gegen Ausreißer, ermöglichen jedoch eine schnelle Prognose zukünftiger Werte.[227] Liegt keine lineare Abhängigkeit zwischen den Faktoren vor, steht eine Vielzahl an nicht-linearen Funktionen, wie z. B. polynomiale, logistische oder log-lineare, zur Verfügung.[228] Eine Besonderheit stellen universell approximierende Verfahren dar, wie z. B. künstliche neuronale Netze. Sie bestehen aus einer sequenziellen Verkettung verschiedener linearer und nicht-linearer Funktionen.[229]

Zur Bewertung der gewählten Regressionsverfahren stehen verschiedene Bewertungsmethoden zur Verfügung, von denen die wesentlichen in Tabelle 2.6 dargestellt sind. y_i stellt den tatsächlichen Wert der Zielvariable dar, $\hat{y}_i$ den prognostizierten Wert und $\bar{y}$ den durchschnittlichen Wert der Variable.

Tabelle 2.6: Bewertungsmethoden von Regressionsverfahren[230]

Kategorie	Formel
Mean absolute error (MAE)	$\frac{1}{m}\sum_{i=1}^{m} \lvert\hat{y}_i - y_i\rvert$
Mean absolute percentage error (MAPE)	$\frac{1}{m}\sum_{i=1}^{m} \left\lvert\frac{\hat{y}_i - y_i}{y_i}\right\rvert$
Bestimmtheitsmaß R^2	$1 - \frac{\sum_{i=1}^{m} \lvert y_i - \hat{y}_i\rvert^2}{\sum_{i=1}^{m} \lvert y_i - \bar{y}\rvert^2}$

2.3.4 Daten im Produktionsnetzwerk

Zur Anwendung der in Kapitel 2.3.3 beschriebenen Prognoseverfahren im Kontext globaler Produktionsnetzwerke bedarf es Daten aus den bestehenden IT-Systemen im

---

225 vgl. Cady, F. (2017) The data science handbook, S. 153.

226 vgl. Runkler, T. (2020) Data Analytics, S. 69.

227 vgl. Aggarwal, C. (2017) Outlier Analysis, S. 5; Runkler, T. (2020) Data Analytics, S. 69.

228 vgl. Cios, K./ Kurgan, L./ et al. (2007) Data Mining.

229 vgl. Runkler, T. (2020) Data Analytics, S. 75 - 80.

230 vgl. Witten, I. (2011) Data mining, S. 180 - 181; Cady, F. (2017) The data science handbook, S. 159 - 160; Lingitz, L./ Gallina, V./ et al. (2018) Lead time prediction, S. 1054 - 1055.

Unternehmen. Daten sind im Allgemeinen definiert als durch Syntax verbundene Zeichen, die durch einen Kontext zu Informationen werden.[231] Informationen wiederum ermöglichen das Generieren von Wissen und helfen bei der Entscheidungsfindung.[232] Die Daten in produzierenden Unternehmen werden nach Management-, Maschinen-, Anwender-, Produkt- und öffentlichen Daten klassifiziert. Die genannten Datenarten werden in unterschiedlichen IT-Systemen des Unternehmens erzeugt und gespeichert. Managementdaten sind Daten, die von Fertigungsinformationssystemen gesammelt werden.[233] Dazu zählt u. a. das Enterprise-Resource-Planning (ERP) für die Erfassung und Verwaltung von Betriebsressourcen sowie das Manufacturing-Execution-System (MES) zur Unterstützung der Feinplanung und -steuerung.[234] Im Kontext dieser Arbeit ebenfalls relevant sind Supply-Chain-Management-Systeme für die Verwaltung von Lieferketten.[235] Maschinendaten beziehen sich u. a. auf die Leistung, die Betriebsbedingungen und die Wartungshistorie von Produktionsanlagen und können manuell oder durch Sensorik erfasst werden. Anwenderdaten beschreiben die Benutzerpräferenzen gegenüber Produkten/Dienstleistungen sowie das Benutzerverhalten.[236] Daten über das Produkt sind im Product-Lifecycle-Management(PLM)-System zu finden, welches Daten über den gesamten Lebenszyklus eines Produkts enthält.[237] Öffentliche Daten sind externe Datensätze, z. B. zur zivilen Infrastruktur, zu wissenschaftlichen Entwicklungen oder Umweltschutz.[238]

2.3.5 Interaktive Optimierung

Optimierung ermöglicht durch computergestützte Techniken Lösungen für ein mathematisches Modell eines realen Entscheidungsproblems zu finden. Häufig ist für die Anwendenden die Lösung des Modells nicht transparent. Viele Entscheidungsprobleme in der Praxis erfordern jedoch ein aktives Eingreifen der Anwendenden.[239] Eine

---

[231] vgl. Probst, G./ Raub, S./ et al. (2012) Wissen managen, S. 16.

[232] vgl. Aamodt, A./ Nygård, M. (1995) Different roles and mutual dependencies, S. 198 - 200.

[233] vgl. Tao, F./ Qi, Q./ et al. (2018) Data-driven smart manufacturing, S. 159.

[234] vgl. Schuh, G./ Stich, V. (2012) Produktionsplanung und -steuerung, S. 197; Schuh, G./ Schmidt, C. (2014) Produktionsmanagement, S. 282 - 283.

[235] vgl. Mertens, P. (2009) Integrierte Informationsverarbeitung, S. 268 - 270.

[236] vgl. Tao, F./ Qi, Q./ et al. (2018) Data-driven smart manufacturing, S. 159.

[237] vgl. Mertens, P. (2009) Integrierte Informationsverarbeitung, S. 262 - 263.

[238] vgl. Tao, F./ Qi, Q./ et al. (2018) Data-driven smart manufacturing, S. 159.

[239] vgl. Liu, J./ Dwyer, T./ et al. (2021) Supporting the Problem-Solving Loop, S. 1764 - 1765.

angemessene Einbindung der Anwendenden ermöglicht eine Verbesserung des Optimierungsmodells, um dem realen Problem gerecht zu werden sowie ein besseres Verständnis der Anwendenden für die Ergebnisse des Optimierungsmodells. Durch interaktive Optimierung lassen sich damit effiziente Optimierungsmodelle in effektive Entscheidungshilfen verwandeln.[240] MEIGNAN ET AL. schlagen eine Klassifizierung interaktiver Optimierungsmodelle vor, welche in Abbildung 2-21 dargestellt ist.

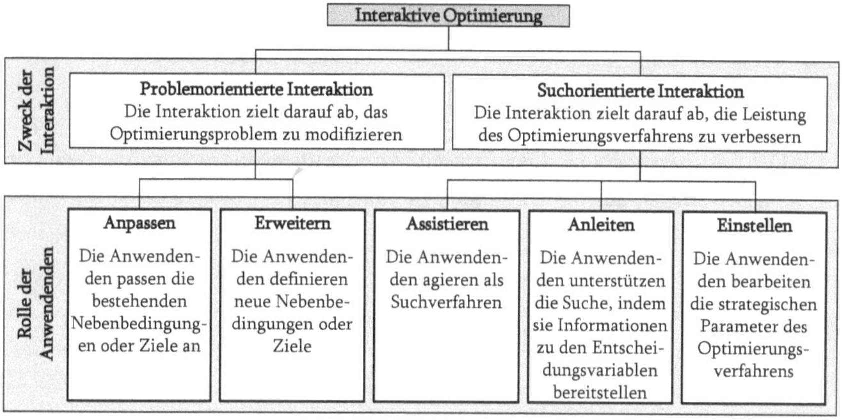

Abbildung 2-21: Klassifizierung interaktiver Optimierungsmodelle[241]

Im Rahmen der vorliegenden Dissertation erfolgt eine Einbindung der Netzwerkgestaltenden bei der Ableitung von Anpassungsalternativen. Dabei wird auf verschiedene Rollen der Anwendenden bei der interaktiven Optimierung nach MEIGNAN ET AL. zurückgegriffen.

2.4 Handlungsbedarf in der Praxis

Kurze Anpassungszeiten auf Veränderungen sind eine Voraussetzung für resiliente Produktionsnetzwerke und ein wichtiger Wettbewerbsfaktor für Unternehmen.[242] Durch das frühzeitige Erkennen von Anpassungsbedarfen lassen sich die oftmals zu

[240] vgl. Meignan, D./ Knust, S./ et al. (2015) A Review and Taxonomy of Interactive Optimization, S. 3.
[241] vgl. Meignan, D./ Knust, S./ et al. (2015) A Review and Taxonomy of Interactive Optimization, S. 28.
[242] vgl. Moser, E./ Stricker, N./ et al. (2016) Risk Efficient Migration, S. 104 - 109; Lanza, G./ Ferdows, K./ et al. (2019) Global Production Networks, S. 838 - 840.

langen Anpassungszeiten produzierender Unternehmen verkürzen.[243] Zur systematischen Herleitung der dabei entstehenden Herausforderungen erfolgt im Folgenden eine Orientierung an den Phasen der in Kapitel 2.2.1 beschriebenen Hysterese. Zur effizienten Bewältigung der ersten Phase der Hysterese, der Zeit bis zur Wahrnehmung einer Veränderung, ist die Schaffung von Transparenz von entscheidender Bedeutung.[244] Häufig fehlt es in produzierenden Unternehmen jedoch an einer Übersicht über die entscheidenden internen und externen Veränderungen, woraus die erste zentrale Herausforderung der mangelnden Transparenz über relevante Veränderungen in globalen Produktionsnetzwerken abgeleitet wird.[245] Die erste Herausforderung wird in Kapitel 2.4.1 ausdetailliert. Eine schlichte Identifikation von Veränderungen ist jedoch nicht ausreichend. Identifizierte Veränderungen müssen auch hinsichtlich ihrer Auswirkungen auf das Unternehmen analysiert und bewertet werden.[246] Die Kenntnis über die Auswirkungen von Veränderungen im Produktionsnetzwerk wird in Kapitel 2.4.2 als zweite zentrale Herausforderung thematisiert. In der darauffolgenden zweiten Phase der Hysterese, der Zeit bis zur Ableitung des Anpassungsbedarfs, erfolgt die Bestimmung einer Gegenmaßnahme auf eine identifizierte Veränderung. Die dritte zentrale Herausforderung besteht dabei in der Handhabung der Komplexität in Hinblick auf die Vielzahl an Möglichkeiten, die sich in der Netzwerkgestaltung ergeben, welche in Kapitel 2.4.3 ausdetailliert wird.

2.4.1 Mangelnde Transparenz über relevante Veränderungen in globalen Produktionsnetzwerken

Die erste zentrale Herausforderung bei der Netzwerkgestaltung ist die mangelnde Transparenz über relevante Veränderungen in globalen Produktionsnetzwerken. Veränderungen werden häufig erst dann wahrgenommen, wenn bereits ein Schaden eingetreten ist.[247] Die Schaffung von Transparenz ermöglicht eine Reduktion der Anpassungszeit von der Identifikation einer Veränderung bis zur Implementierung einer Gegenmaßnahme.[248] In globalen Produktionsnetzwerken ist das notwendige Maß an

---

[243] vgl. Stich, V./ Schröer, T./ et al. (2021) Wertschöpfungsnetzwerke, S. 21 - 22.
[244] vgl. Wilson, G. (2021) Realising end-to-end transparency.
[245] vgl. Schuh, G./ Gützlaff, A./ et al. (2020) Proactive Identification of Adaptation Needs, S. 70 - 72.
[246] vgl. Steier, G./ Benfer, M./ et al. (2022) Decision support models, S. 1434.
[247] vgl. Ferdows, K. (2018) Managing Global Operations, S. 395.
[248] vgl. Schuh, G./ Prote, J.-P./ et al. (2018) Reduction of Decision Complexity, S. 246 - 253; Lanza, G./ Ferdows, K./ et al. (2019) Global Production Networks, S. 839.

Transparenz jedoch meist nicht gegeben und wird zusätzlich durch den hohen Grad an Fragmentierung erschwert.[249] Mangelnde Transparenz über Prozesse und Daten ist die Hauptherausforderung bei der Umsetzung von Nachhaltigkeitszielen der Unternehmen.[250] Auch in den Leistungsdimensionen Effizienz, Qualität, Zeit und Flexibilität liegen hohe Potenziale in der Schaffung von Transparenz.[251] Hohes Potenzial liegt beispielsweise beim Umgang mit Material- und Lieferengpässen, welche nach einer Erhebung des ifo-Instituts für 73 % der Unternehmen ein Produktionshindernis darstellen.[252] Auswertungen im Zuge der COVID-19 Pandemie zeigen, dass Unternehmen, die sich mit Transparenz in der Supply-Chain beschäftigt haben, die Krise besser bewältigen konnten.[253] Durch eine Verbesserung der Informationsflüsse lassen sich Veränderungen frühzeitig erkennen und Unternehmen haben die Möglichkeit zur schnelleren Reaktion.[254] Die multinationalen Standorte globaler Produktionsnetzwerke sind sich häufig ihres Einflusses auf Netzwerkebene nicht bewusst und die Methoden der Leistungsbemessung variieren zwischen den Standorten.[255] Mithilfe von Kennzahlen wird der momentane Zustand sämtlicher Bereiche und Prozesse transparent gemacht und es lässt sich eine zielgerichtete Netzwerktransformation einleiten.[256] Es fehlt jedoch an einer systematischen Erfassung und Bewertung der relevanten Einflussfaktoren und Kennzahlen im Kontext globaler Produktionsnetzwerke.[257] Von Bedeutung ist dabei auch eine Berücksichtigung verschiedener und insbesondere auch externer Gestaltungsgrößen.[258] Die beschriebene Aufgabe lässt sich anhand der Herausforderung *Identifikation relevanter Veränderungen interner und externer Faktoren* zusammenfassen.

Zur Schaffung der notwendigen Transparenz aller relevanten Zieldimensionen mithilfe von Kennzahlen ist die Erfassung von Daten erforderlich.[259] Sie ermöglichen es,

[249] vgl. Wiezorrek, A. (2017) Konfiguration von globalen Wertschöpfungsnetzwerken, S. 4.
[250] vgl. International Data Corporation (2022) IT & Sustainability.
[251] vgl. Wilson, G. (2021) Realising end-to-end transparency.
[252] vgl. Wohlrabe, K. (2022) Aktuelle Entwicklungen bei Materialengpässen, S. 35.
[253] vgl. Bode, C./ Bogaschewsky, R./ et al. (2021) Supply Management Research, S. 23.
[254] vgl. Landesagentur für neue Mobilitätslösungen (2022) Studie: Zukunftsfähige Lieferketten, S. 206 - 207.
[255] vgl. Costa Ferreira Junior, S./ Fleury, A. (2018) Performance assessment process model, S. 1916 - 1919.
[256] vgl. Gottmann, J. (2019) Produktionscontrolling, S. 37; Lanza, G./ Schuh, G./ et al. (2020) Transformation globaler Produktionsnetzwerke, S. 198.
[257] vgl. Wiezorrek, A. (2017) Konfiguration von globalen Wertschöpfungsnetzwerken, S. 4.
[258] vgl. Schmitz, T. (2018) Kalibrierte Kostenmodellierung, S. 58.
[259] vgl. Gottmann, J. (2019) Produktionscontrolling, S. 41 - 42.

Erkenntnisse in Echtzeit abzuleiten, und bilden die Basis für eine Entscheidungsunterstützung.[260] Obwohl die Menge erhobener Daten in Unternehmen jährlich enorm ansteigt, liegen diese den Entscheidenden häufig nicht aufbereitet vor, um bei Entscheidungen zu unterstützen.[261] Zur interpretierbaren Aufbereitung der Daten eignen sich spezifische Visualisierungen der Kennzahlen sowie von deren Entwicklungen.[262] Besonders interaktive Visualisierungen ermöglichen es den Anwendenden, Kernaussagen und Muster in Daten schnell zu identifizieren. Herausfordernd ist dabei vor allem die anwendungsgerechte Gestaltung der Visualisierungen, ohne die Anwendenden zu überfordern.[263] In der Praxis sind solche anwendungsgerechten Visualisierungen im Kontext der globalen Produktion jedoch häufig nicht gegeben.[264] Zum einen mangelt es an der geeigneten Definition des Aggregationslevels und der notwendigen Daten der zu visualisierenden Kennzahlen und zum anderen gibt es selten eine rationale Auswahl einer geeigneten Visualisierungsart.[265] Eine weitere Herausforderung ist daher die *Visualisierung der identifizierten Veränderungen zur Interpretation durch die Netzwerkgestaltenden.*

2.4.2 Unzureichende Kenntnis über die Auswirkungen von Veränderungen auf das Produktionsnetzwerk

Die zweite zentrale Herausforderung besteht in der unzureichenden Kenntnis über die Auswirkungen von Veränderungen auf das globale Produktionsnetzwerk. Die Rahmenbedingungen produzierender Unternehmen sind volatil und unsicher.[266] In der Praxis sind die Folgen sich verändernder Einflussfaktoren kaum abschätzbar, was zum einen auf die fehlende Quantifizierung des Schadensausmaßes von Veränderungen und zum anderen auf das mangelnde Wissen über Wirkzusammenhänge zurückzuführen ist.[267] Laut einer Studie gibt nur jedes vierte Unternehmen an über einen

---

[260] vgl. Klement, P./ Auktor, G./ et al. (2023) Framework for Achieving Sustainability and Resilience, S. 3665.

[261] vgl. Witthohn, C. (2019) Konfiguration globaler Produktionsnetzwerke, S. 44; Steven, M./ Klünder, T. (2020) Big Data, S. 10.

[262] vgl. Weissgerber, T./ Winham, S./ et al. (2019) Reveal, Don't Conceal, S. 1506 - 1517.

[263] vgl. Kahl, T./ Zimmer, F. (2020) Interaktive Datenvisualisierung, S. 71 - 73.

[264] vgl. Remling, D. (2022) Performance management, S. 87 - 90.

[265] vgl. Parsons, P. (2022) Understanding Data Visualization, S. 671; Remling, D. (2022) Performance management, S. 36 - 37.

[266] vgl. Sinha, D./ Sinha, S. (2020) Managing in a VUCA World, S. 17 - 21.

[267] vgl. Ferdows, K. (2018) Managing Global Operations, S. 394 - 395; Anbumozhi, V./ Kimura, F. (2020) Advancing Supply Chain Resilience, S. 319 - 322.

guten Überblick über mögliche Risiken in der Supply-Chain zu verfügen. Mehr als die Hälfte der befragten Unternehmen sieht sich überhaupt nicht in der Lage das Schadensausmaß zu bewerten und nur 6 % quantifizieren den finanziellen Schaden von Risiken in der Supply-Chain.[268] Zum Verständnis der Dynamik im Umfeld globaler Produktionsnetzwerke ist eine Kenntnis über die Auswirkungen möglicher Risiken jedoch notwendig.[269] Deshalb besteht die Herausforderung in der *Quantifizierung möglicher Schadenspotenziale von Veränderungen.*

Die in Kapitel 2.2.2 beschriebene Vielzahl an internen und externen Faktoren mit Wirkung auf die Netzwerkstruktur ist mit Unsicherheiten behaftet. In der Praxis mangelt es trotz hoher Kostenrelevanz an der Erfassung von Unsicherheiten und ihrer Berücksichtigung in der Netzwerkkonfiguration.[270] Ursächlich dafür ist die große Menge an Einflussfaktoren, Daten und verschiedenen Datenformate und -granularitäten, die einen erheblichen Aufwand in der Prognose von Datenverläufen mit sich bringen.[271] Softwaregestützte Systeme leisten eine Abhilfe Wahrscheinlichkeiten für einen Schadenseintritt zu bestimmen, werden jedoch nur von ca. 30 % der produzierenden Unternehmen eingesetzt und beziehen sich häufig nur auf einzelne Risiken, bspw. den Ausfall von Maschinen oder Lieferanten.[272] Durch die Bestimmung der Eintrittswahrscheinlichkeit von möglichen Veränderungen lässt sich die Unsicherheit in der Bestimmung der Auswirkungen berücksichtigen. Für das unternehmensspezifische Produktionsnetzwerk relevante Veränderungen lassen sich mithilfe von Eintrittswahrscheinlichkeiten bewerten und hinsichtlich ihrer Relevanz priorisieren. Daher besteht die Herausforderung in der *Bestimmung der Relevanz von Veränderungen unter Berücksichtigung von Unsicherheit.*

[268] vgl. Bundesverband Materialwirtschaft, Einkauf und Logistik e. V. (BME) (2020) Supply Chain Risk, S. 21.
[269] vgl. Landesagentur für neue Mobilitätslösungen (2022) Studie: Zukunftsfähige Lieferketten, S. 195.
[270] vgl. Schmitz, T. (2018) Kalibrierte Kostenmodellierung, S. 57 - 58.
[271] vgl. Schuh, G./ Gützlaff, A./ et al. (2021) Pre-selection of Suitable Regression Methods, S. 749 - 756.
[272] vgl. Stich, V./ Schröer, T./ et al. (2021) Wertschöpfungsnetzwerke, S. 23 - 24.

2.4.3 Fehlende Unterstützung im Umgang mit der Komplexität möglicher Anpassungen der Netzwerkstruktur

Die fehlende Unterstützung im Umgang mit der Komplexität möglicher Anpassungen der Netzwerkstruktur stellt die dritte zentrale Herausforderung dar. Globale Produktionsnetzwerke sind sehr komplexe und dynamische Systeme.[273] Eine steigende Anzahl der berücksichtigten Standorte, Produkte und Ressourcen geht mit einem enormen Wachstum an Möglichkeiten in der Netzwerkanpassung einher.[274] Die Handhabung der daraus entstehenden Komplexität stellt eine große Herausforderung für die Netzwerkgestaltung produzierender Unternehmen dar.[275] Empirische Studien zeigen, dass eine steigende Komplexität in der Supply-Chain die Phasen der Erkennung von Störungen in der Lieferkette sowie die Störungsdiagnose erheblich erschwert und verlangsamt.[276] Zur Handhabung der Komplexität der Anpassungsalternativen in der Netzwerkgestaltung eignet sich eine Systematisierung der Handlungsmöglichkeiten.[277] Neben der hohen Anzahl an möglichen Anpassungen in der Netzwerkkonfiguration wird die Auswahl infrage kommender Anpassungsalternativen zusätzlich durch die fehlende Kenntnis über die Zusammenhänge zwischen den Einflussfaktoren erschwert.[278] Auch die Verknüpfung zwischen den identifizierten Veränderungen von Kennzahlen und Einflussfaktoren und möglichen Anpassungsalternativen ist häufig unklar.[279] Die *Systematisierung möglicher Anpassungsalternativen in der Netzwerkkonfiguration* stellt damit die erste Herausforderung zum Umgang mit der Komplexität dar.

Um die Latenzzeit in der zweiten Hysteresephase, der Identifikation eines Anpassungsbedarfs, trotz der hohen Komplexität zu verkürzen, eignen sich Informationssysteme, mit denen sich Veränderungen frühzeitig identifizieren und notwendige Maßnahmen einleiten lassen.[280] Ein Großteil der Unternehmen greift allerdings in der

[273] vgl. Váncza, J. (2016) Production Networks, S. 1.
[274] vgl. Schuh, G./ Potente, T./ et al. (2014) Global Footprint Design, S. 433.
[275] vgl. Bode, C./ Bogaschewsky, R./ et al. (2021) Supply Management Research, S. 24.
[276] vgl. Bode, C./ Macdonald, J. (2017) Stages of Supply Chain Disruption Response, S. 862.
[277] vgl. Rodemann, N./ Niederau, M./ et al. (2021) Systematization of Adaptation Needs, S. 650 - 659.
[278] vgl. Schuh, G./ Gützlaff, A./ et al. (2020) Proactive Identification of Adaptation Needs, S. 70 - 72.
[279] vgl. Wiezorrek, A. (2017) Konfiguration von globalen Wertschöpfungsnetzwerken, S. 4.
[280] vgl. Landesagentur für neue Mobilitätslösungen (2022) Studie: Zukunftsfähige Lieferketten, S. 195 - 196.

Netzwerkgestaltung nicht auf solche Systeme und deren Daten zurück.[281] In den meisten Unternehmen werden nach der Identifikation von Entwicklungen mögliche Gegenmaßnahmen manuell und mit großem Aufwand abgeleitet.[282] Zur Erarbeitung möglicher Lösungen werden häufig einzelne Mitarbeitende zu *Task-Forces* zusammengesetzt, um mögliche Netzwerkszenarien zu erarbeiten, zu analysieren und den Entscheidenden zu präsentieren.[283] Datenbasierte Entscheidungsunterstützungen bieten jedoch ein großes Potenzial, die Netzwerkgestaltenden bei der Auswahl von Anpassungsalternativen zu unterstützen.[284] Dabei muss die Aufbereitung der Informationen für die Anwendenden nachvollziehbar gestaltet sein, um das notwendige Vertrauen in die Informationen zu schaffen. Studien zeigen, dass andernfalls die strategische Entscheidungsfindung auf Basis einer umfangreichen Datengrundlage daran häufig scheitert.[285] Es besteht somit die Herausforderung der *Vorauswahl und Priorisierung von Anpassungsalternativen für die Netzwerkgestaltenden.*

2.5 Zwischenfazit: Ableitung des Handlungsbedarfs aus der Praxis

In den vorangegangenen Kapiteln wurde aufgezeigt, dass in der Praxis trotz der hohen Relevanz einer Verkürzung der Anpassungszeit globaler Produktionsnetzwerke eine Früherkennung von Anpassungsbedarfen in der Netzwerkkonfiguration in der Praxis an den identifizierten Herausforderungen scheitert. Diese sind in Abbildung 2-22 zusammengefasst.

[281] vgl. Stich, V./ Schröer, T./ et al. (2021) Wertschöpfungsnetzwerke, S. 23 - 24.
[282] vgl. Wiezorrek, A. (2017) Konfiguration von globalen Wertschöpfungsnetzwerken, S. 66 - 67.
[283] Projekterfahrung des Autors
[284] vgl. Steier, G./ Benfer, M./ et al. (2022) Decision support models, S. 1433 - 1437.
[285] vgl. Merendino, A./ Dibb, S./ et al. (2018) Big data, big decisions, S. 71 - 74.

Herausforderung	Beschreibung
Transparenz über relevante Veränderungen	▪ Identifikation relevanter Veränderungen interner und externer Faktoren ▪ Visualisierung der identifizierten Veränderungen zur Interpretation durch die Netzwerkgestaltenden
Kenntnis über die **Auswirkungen** von Veränderungen	▪ Quantifizierung möglicher Schadenspotenziale von Veränderungen ▪ Bestimmung der Relevanz von Veränderungen unter Berücksichtigung von Unsicherheit
Handhabung der **Komplexität** möglicher Netzwerkanpassungen	▪ Systematisierung möglicher Anpassungsalternativen in der Netzwerkkonfiguration ▪ Vorauswahl und Priorisierung von Anpassungsalternativen für die Netzwerkgestaltenden

Abbildung 2-22: Herausforderungen in der Praxis

Die Herausforderungen werden in Kapitel 3 als Anforderungen an bestehende Lösungsansätze verwendet, um das Forschungsdefizit herzuleiten. Aus den Herausforderungen aus der Praxis und dem Forschungsdefizit ergeben sich die Anforderungen an die im Rahmen dieser Arbeit entwickelte Methode in Kapitel 4.

3 Bestehende Ansätze

Aufbauend auf dem vorangegangenen Kapitel 2 zur Beschreibung der Grundlagen und des Betrachtungsbereichs sowie zur Darstellung des Handlungsbedarfs aus der Praxis werden im folgenden Kapitel bestehende Ansätze vorgestellt und analysiert. Zunächst erfolgt dazu in Kapitel 3.1 die Beschreibung der Anforderungen an bestehende Ansätze. Im Anschluss werden in Kapitel 3.2 ausgewählte Ansätze vorgestellt und in Kapitel 3.3 hinsichtlich ihrer Defizite diskutiert. Abschließend werden in Kapitel 3.4 der Forschungs- und Handlungsbedarf abgeleitet.

3.1 Anforderungen an bestehende Ansätze

Abgeleitet aus dem in Kapitel 2.5 beschriebenen Handlungsbedarf in der Praxis ergeben sich Anforderungen an eine datenbasierte Früherkennung von Anpassungsbedarfen in der Gestaltung globaler Produktionsnetzwerke. Die Anforderungen werden in die drei Kategorien objektbereichsbezogene, methodische sowie ziel- und anwendungsspezifische Anforderungen eingeteilt. Um eine transparente Bewertung des Forschungsstandes zu ermöglichen, werden im Folgenden die Bewertungsrichtwerte vorgestellt.

3.1.1 Objektbereichsbezogene Anforderungen

Die Anforderungen des Objektbereichs definieren, was ein Ansatz betrachten soll. Im Rahmen der vorliegenden Arbeit werden globale Produktionsnetzwerke als intraorganisationale Netzwerke verstanden, wie es in Kapitel 2.1.1 beschrieben wurde. Die erste Anforderung wird daher zur Abgrenzung möglicher überbetrieblicher Ansätze formuliert als *Betrachtung intraorganisationaler Netzwerke*. Die Anforderung gilt als erfüllt, wenn ein betrachteter Ansatz innerbetriebliche Netzwerke fokussiert. Eine teilweise Erfüllung ist möglich, sofern Teile der aufgestellten Netzwerkdefinition Berücksichtigung finden.

Die zu treffenden Entscheidungen zur Anpassung globaler Produktionsnetzwerke beziehen sich auf die in Kapitel 2.1.2 beschriebenen Strukturebenen. Aggregiert lassen sich diese als Prozess-, System-, Standort- und Netzwerkebene zusammenfassen. Eine vollständige Erfüllung der Anforderung *durchgängige Betrachtung der Netzwerkstrukturebenen* ist gegeben, wenn alle Strukturebenen berücksichtigt werden. Die ausschließliche Betrachtung einzelner Ebenen stellt eine teilweise Erfüllung der Anforderung dar.

3.1.2 Methodische Anforderungen

Die methodischen Anforderungen bewerten, inwiefern ein Ansatz die aufgestellten Herausforderungen aus der Praxis löst, und weisen damit einen engen Bezug zu den Handlungsbedarfen in Kapitel 2.5 auf. Die Anforderung der *Berücksichtigung interner und externer Einflussfaktoren* überprüft zunächst, ob ein Ansatz die Vielzahl möglicher Anpassungstreiber aus Kapitel 2.2.2 beinhaltet oder nur für ausgewählte Faktoren geeignet ist. Zur Schaffung von Transparenz werden darüber hinaus *anwendungsgerechte Visualisierungen von Kennzahlenverläufen* benötigt, um den Einbezug der Anwendenden sicherzustellen. Zur Analyse von eintretenden Veränderungen ist eine *Quantifizierung möglicher Schadenspotenziale* notwendig. Diese Anforderung untersucht, inwiefern ein Ansatz Methoden bereitstellt, um Veränderungen im Produktionsnetzwerk hinsichtlich ihrer ökonomischen Auswirkungen zu bewerten. Die Anforderung der *Relevanzbestimmung von Veränderungen unter Unsicherheit* überprüft darüber hinaus, ob die Eintrittswahrscheinlichkeit bei der Priorisierung von Veränderungen berücksichtigt wird. Anhand der Anforderung der *aufwandsgerechten Datenmodellierung* wird überprüft, ob Methoden eingesetzt werden, die den Aufwand in der Modellierung von Produktionsnetzwerken sowie ihrer Umgebung reduzieren und sich somit für den Einsatz in der Praxis eignen. Schlussendlich wird durch die methodische Anforderung *Vorauswahl und Priorisierung von Anpassungsalternativen* bewertet, inwiefern den Netzwerkgestaltenden Möglichkeiten zur Anpassung der Netzwerkstruktur in Form einer Entscheidungsunterstützung zur Verfügung gestellt werden. Die methodischen Anforderungen gelten als vollständig erfüllt, wenn der jeweilige Ansatz die zugehörigen Anforderungen als Motivation verwendet und eine Begründung über die Erfüllung der Anforderung vorliegt. Eine teilweise Erfüllung der Anforderung liegt besteht, wenn die Anforderungen zwar nicht genannt werden, im Ansatz jedoch Methoden vorhanden sind, welche diesen zumindest teilweise gerecht werden. Sofern kein Bezug zu einer der beschriebenen Anforderungen vorliegt, gilt diese als nicht erfüllt.

3.1.3 Ziel- und anwendungsspezifische Anforderungen

Mithilfe der Ziel- und anwendungsspezifischen Anforderungen wird überprüft, inwiefern die ausgewählten Ansätze das in dieser Arbeit adressierte Ziel im unternehmerischen Kontext verfolgen. Das Ziel dieser Arbeit ist in Kapitel 1.2 definiert und besteht in der *Verkürzung der Reaktionszeit der Produktionsnetzwerkgestaltung auf Veränderungen*. Darüber hinaus wird ein anwendungsorientierter Ansatz verfolgt, um den Netzwerkgestaltenden eines produzierenden Unternehmens eine *datenbasierte und interaktive Entscheidungsunterstützung* zur Verfügung zu stellen, die als ergänzendes Tool die Anwendenden beim Ausführen planerischer Tätigkeiten unterstützt. Finden sich das Ziel dieser Arbeit sowie die Entwicklung einer datenbasierten Entscheidungsunterstützung in der Motivation der zu untersuchenden Ansätze wieder, gilt die Anforderung als erfüllt. Wird ein teilweise abweichendes Ziel verfolgt oder eine Methodik nur unzureichend anwendungsgerecht für die Praxis entwickelt, ist die Anforderung teilweise erfüllt. In anderen Fällen wird die Anforderung nicht erfüllt.

3.2 Vorstellung bestehender Ansätze

Nachdem die Anforderungen an bestehende Ansätze beschrieben worden sind, werden im Folgenden bestehende Ansätze resilienter Produktionsnetzwerke durch datenbasierten Früherkennung vorgestellt und analysiert. Die relevanten Ansätze sind in vier Themengebiete geclustert. Die Zuordnung der Cluster ist nicht exklusiv zu verstehen, sondern als Hilfestellung für die Lesenden gedacht. Kapitel 3.2.1 beschäftigt sich mit Ansätzen zur Anpassung globaler Produktionsnetzwerke, welche einer strategischen Ebene zuzuordnen sind oder in denen Prozessmodelle zur Netzwerkanpassung vorgestellt werden. In Abgrenzung dazu stehen in Kapitel 3.2.2 Ansätze im Fokus, bei denen eine taktische Anpassung von Produktionsnetzwerken angestrebt wird. Als drittes Themengebiet werden in Kapitel 3.2.3 Ansätze zur Überwachung von globalen Produktionsnetzwerken analysiert. Ansätze zur Risikobewertung, die zumeist dem Bereich Supply-Chain-Management zuzuordnen sind, finden sich in Kapitel 3.2.4

wieder. Die ausgewählten Ansätze stellen einen Querschnitt des aktuellen Forschungsstandes dar. In jedem der beschriebenen Cluster wird zusätzlich auf aktuelle systematische Literaturrecherchen verwiesen, wodurch die Vollständigkeit der betrachteten Ansätze sichergestellt ist.

3.2.1 Strategische und prozessuale Ansätze zur Anpassung von Produktionsnetzwerken

Im Folgenden werden Ansätze, die sich mit der Anpassung globaler Produktionsnetzwerke auf einer strategischen Ebene beschäftigen, vorgestellt und analysiert. Ergänzend werden Ansätze betrachtet, welche Prozesse zur Netzwerkanpassung beschreiben. Einen umfassenden Überblick über bestehende Ansätze liefern die Arbeiten von STEIER ET AL., LANZA ET AL. und CHENG ET AL.[286]

3.2.1.1 Ansatz nach CHRISTODOULOU ET AL. (2007)

Der vom Institute for Manufacturing der Universität Cambridge veröffentlichte Ansatz fokussiert die Verankerung der Konfiguration als strategisch angelegten Geschäftsprozess. Entwickelt wurde der Ansatz aus der Motivation heraus, dass in der Praxis häufig ein robuster, umfassender und wiederholbarer Prozess für die Konfiguration von globalen Produktionsnetzwerken fehlt. Dazu beschäftigen sich CHRISTODOULOU ET AL. zunächst mit den Ursachen von Anpassungsmaßnahmen und schlagen eine Identifikation der externen und internen Treiber des Wandels mithilfe des Roadmapping-Verfahrens vor. Dabei werden (Technology-)Push- und (Market-)Pull-Kräfte abgebildet, die als Leitlinien für die Entwicklung des Netzwerkes fungieren. Von besonderer Bedeutung ist dabei für CHRISTODOULOU ET AL. die Integration der Mitarbeitenden in den Veränderungsprozess. In einem zweiten Schritt wird das Produktportfolio für das Produktionsnetzwerk definiert. In diesem Zusammenhang werden Make-or-Buy-Entscheidungen anhand der zwei Dimensionen „strategische Bedeutung“ und „Effektivität der Zulieferer“ bewertet. Darauf basierend erfolgt besonders eine Auseinandersetzung mit Risiken verbunden mit Outsourcing und es wird ein Framework zur Entscheidungsfindung vorgestellt. Anschließend wird die eigent-

[286] vgl. Cheng, Y./ Farooq, S./ et al. (2015) International manufacturing network; Lanza, G./ Ferdows, K./ et al. (2019) Global Production Networks; Steier, G./ Benfer, M./ et al. (2022) Decision support models.

liche Konfiguration mithilfe eines mehrstufigen Verfahrens durchgeführt. Zur Komplexitätsreduktion der Konfigurationsmaßnahmen werden Produkte zu Produktgruppen zusammengefasst. Die Konfiguration erfolgt durch ein Verfahren, das u. a. die Definition von Standortrollen, Bestimmung von Zielszenarien, Evaluation der strategischen Auswirkungen und das Testen auf Unsicherheiten und Risiken beinhaltet. Abschließend werden Migrationsprozesse beschrieben. Explizit hervorgehoben werden Produktionsverlagerungen innerhalb des Netzwerkes, welche deutlich häufiger durchgeführt werden als Standortverlagerungen oder -eröffnungen und deshalb kontinuierlich betrachtet werden müssen.[287]

Bewertung

Der beschriebene Ansatz beschäftigt sich sehr praxisnah auf einer strategischen Ebene mit der Anpassung der Netzwerkkonfiguration. Hier wird die genaue Kenntnis über relevante interne und externe Faktoren hervorgehoben, jedoch nicht weiter detailliert. Ebenso ist die Risikoanalyse ein Teil des vorgeschlagenen Prozesses, ohne dass die Ermittlung von Eintrittswahrscheinlichkeiten oder Schadenshöhen genauer beschrieben würde. Die Entwicklung interaktiver und datenbasierter Entscheidungsunterstützungen steht nicht im Betrachtungsbereich des Ansatzes.

3.2.1.2 Ansatz nach WIEZORREK (2017)

In ihrer Dissertation beschreibt WIEZORREK ein Vorgehen zur kundenorientierten Konfiguration globaler Wertschöpfungsnetzwerke unter Berücksichtigung einer steigenden Fragmentierung und zunehmender Autonomie von Wertschöpfungsprozessen. Für die Entwicklung der Methodik werden vier Grundprinzipien definiert: Verwendung eines integrierten Top-down-bottom-up-Ansatzes, Berücksichtigung von Ursache-Wirkungs-Zusammenhängen zwischen Standort- sowie Einflussfaktoren und globalen Zielgrößen, Optimierung auf ganzheitlicher Ebene und Konfiguration als permanenter Prozess. Die auf diesen Grundprinzipien basierende Methodik beinhaltet die Beschreibung, Analyse und Bewertung der Ausgangssituation, die Entscheidung für eine Konfigurationsmaßnahme sowie deren Umsetzung und das anschließende Monitoring. Die entwickelte Methodik wird als logistisches Assistenzsystem vorgestellt, um einen bereichsübergreifenden und echtzeitnahen Informationsaus-

[287] vgl. Christodoulou, P./ Fleet, D./ et al. (2007) Making the right things in the right places, S. 4 - 40.

tausch zwischen mehreren Entscheidungsträgern zu ermöglichen. Es stellt einen permanent zu durchlaufenden Entscheidungsprozess dar. WIEZORREK nennt als ersten Schritt die Definition des Betrachtungsraums, welcher durch die Identifikation der relevanten Produkte bestimmt wird und auch die Betrachtung von Lieferanten und Kunden beinhaltet. Durch die darauffolgende Zustandserfassung erfolgt eine Beschreibung der Wertschöpfungsaktivitäten und Erfassung von Bewertungsgrößen innerhalb des Betrachtungsraums. Idealerweise wird der Zustand kontinuierlich überprüft, um Anpassungen frühzeitig zu erkennen. Als Bewertungsgrößen dienen die Zielgrößen Qualität, Zeit und Kosten, deren Beitrag zur Erreichung der globalen Zielsetzungen und Kundenanforderungen ermittelt wird. Der Zustand wird anschließend bewertet und mögliche Maßnahmen werden auf ihre Wirksamkeit überprüft, sodass eine zielgerichtete Konfiguration von Netzwerkstrukturalternativen erfolgt. Das Vorgehen beinhaltet auch die Bewertung, Auswahl sowie letztendliche Umsetzung einer Netzwerkstrukturalternative, welche jedoch nicht im Fokus der Arbeit stehen.[288]

Bewertung

Im beschriebenen Ansatz wird die fehlende Transparenz über Veränderungen im Produktionsnetzwerk durch das Aufstellen eines Bewertungssystems verfolgt. Angaben zur Erfassung und Aufbereitung der Bewertungsgrößen sowie eine Risikoanalyse erfolgen nicht. Mögliche Netzwerkkonfigurationsalternativen werden abgeleitet und bewertet mit dem Ziel, die Anpassungszeit in der Netzwerkgestaltung zu verkürzen. Die Entwicklung interaktiver und datenbasierter Entscheidungsunterstützungen steht dabei jedoch nicht im Fokus.

3.2.1.3 Ansatz nach SAGER (2019)

Im Rahmen seiner Dissertation entwickelt SAGER eine Methode zur Konfiguration globaler Produktionsnetzwerke mit dem Ziel der Optimierung des Prozessablaufs bei gleichzeitiger Erhöhung der erreichbaren Lösungsqualität. Der Lösungsansatz besteht dabei aus einer Kombination eines Prozessmodells mit einem multikriteriellen Optimierungsmodell. Die entwickelte Methodik besteht aus sieben Prozessschritten, die im Folgenden erläutert werden (vgl. Abbildung 3-1).[289]

---

[288] vgl. Wiezorrek, A. (2017) Konfiguration von globalen Wertschöpfungsnetzwerken, S. 5 - 152.

[289] vgl. Sager, B. (2019) Konfiguration globaler Produktionsnetzwerke, S. 6 - 62.

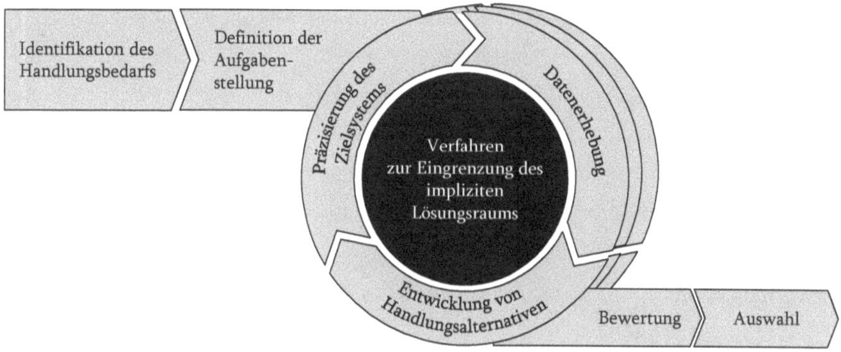

Abbildung 3-1: Konfiguration globaler Produktionsnetzwerke nach SAGER[290]

Im ersten Schritt erfolgt die Identifikation des Handlungsbedarfs. Hierbei unterscheidet SAGER zwischen der internen Überwachung der Leistungsparameter des Produktionsnetzwerks sowie der nach außen gerichteten Beobachtung der Systemumgebung. Zur internen Leistungsmessung erfolgt die Ableitung von strategischen und operativen Kennzahlen.[291] Hierzu eignen sich nach SAGER Performance-Measurement-Systems (PMS), wobei auf ein geeignetes PMS aus einer früheren Veröffentlichung des Autors verwiesen wird.[292] Durch eine kontinuierliche Überwachung der strategischen und operativen Kennzahlen sowie durch den Abgleich mit definierten Eingriffsgrenzen lassen sich Handlungsbedarfe identifizieren. Gleichzeitig sollen durch die Beobachtung des Netzwerkumfelds umweltinduzierte Handlungsbedarfe aufgedeckt werden. Der zweite Schritt der Methodik definiert die Aufgabenstellung, indem zunächst das Aggregationsniveau der Modellierung festgelegt wird und Entscheidungsdimensionen ausgewählt werden. Zudem müssen zur Aufspannung des impliziten Lösungsraums Planungsrestriktionen sowie Zielgrößen festgelegt werden, um so eine Bewertung von Handlungsalternativen zu ermöglichen. Im dritten Schritt erfolgt die Datenerhebung, welche den ersten Teil des iterativen Zyklus zur Eingrenzung des implizierten Lösungsraums darstellt. Die Datenerhebung erfolgt entsprechend dem zuvor festgelegten Aggregationsniveau. Jedoch wird für die Konfiguration von Produktionsnetzwerken eine übergeordnete Datenklassifizierung vorgenommen, anhand derer Anforderungen für die Datenerhebung abgeleitet werden. Die Entwicklung von

[290] vgl. Sager, B. (2019) Konfiguration globaler Produktionsnetzwerke, S. 66.
[291] vgl. Sager, B. (2019) Konfiguration globaler Produktionsnetzwerke, S. 118 - 122.
[292] vgl. Sager, B./ Hawer, S./ et al. (2016) Performance Measurement System, S. 61 - 66.

Handlungsalternativen bildet den vierten Schritt der Methodik. Diese können mit dem Input der Datenerhebung automatisiert entwickelt werden und bieten entscheidungsunterstützende Informationen über erreichbare Zielwerte, die sich weiter präzisieren lassen. Nach Abschluss des iterativen Vorgehens der Schritte drei bis fünf und der dadurch erreichten Eingrenzung der Handlungsempfehlungen erfolgen im sechsten und siebten Schritt der Methodik die Bewertung und Auswahl der Handlungsalternativen.[293]

Bewertung

SAGER verweist in seiner Dissertation auf vorher veröffentlichte Performance-Measurement-Systeme, welche relevante Kennzahlen abbilden. Die Ableitung eines Handlungsbedarfs wird aufgezeigt, jedoch nicht ausreichend ausdetailliert. Die Verkürzung der Anpassungszeit steht dabei nicht im Fokus. Eine anwendungsgerechte Visualisierung sowie Risikoanalyse der Veränderungen erfolgen nicht. Durch ein iteratives Vorgehen werden Handlungsalternativen aufgespannt und bewertet.

3.2.1.4 Weitere Ansätze

Im Bereich der strategischen und prozessualen Netzwerkanpassungen sind weitere Ansätze einzuordnen. In erster Linie ist hier der in Kapitel 2.2.3 beschriebene Prozess zur kontinuierlichen Netzwerkgestaltung nach SCHUH ET AL. zu nennen, in welchen sich die vorliegende Arbeit einordnen lässt.[294] Das Erkennen von Handlungsbedarfen wird im vorgeschlagenen Prozess über die Bewertung der Netzwerkperformance berücksichtigt, jedoch nicht ausdetailliert.

Auf strategischer Ebene werden in einigen Ansätzen vor allem kapazitative Fragestellungen in der Netzwerkgestaltung behandelt. LIEBECK nimmt eine strategische Perspektive ein und berücksichtigt sowohl markt- als auch ressourcenseitige Aspekte in der Netzwerkgestaltung in Abhängigkeit von relevanten qualitativen, quantitativen und monetären Standortfaktoren.[295] SPRENGER ET AL. entwickeln einen Ansatz zur robusten und adaptierbaren Entscheidungsfindung zur Konfiguration von Produktionsnetzwerken. Der Fokus liegt dabei jedoch lediglich auf der Absatzprognose und dem

---

[293] vgl. Sager, B. (2019) Konfiguration globaler Produktionsnetzwerke, S. 119 - 132.
[294] vgl. Schuh, G./ Prote, J./ et al. (2017) Continuous Design of Production Networks, S. 448.
[295] vgl. Liebeck, T. (2009) Markt- und ressourcenorientierter Ansatz, S. 61 - 136.

Erkennen von Anpassungsbedarfen durch die Transparenz über die Auslastung im Produktionsnetzwerk.[296]

Eine ganzheitlichere strategische Sichtweise nehmen u. a. JUSTUS und AYS ein. Der Ansatz nach JUSTUS ermöglicht eine strategieorientierte Netzwerkkonfiguration. Anpassungsbedarfe in der Netzwerkgestaltung werden dabei jedoch in Form von umfangreichen Strategie- und Strukturaudits durchgeführt, weshalb eine Anwendbarkeit in der Praxis nur mit erheblichem Umfang und nicht datenbasiert gegeben ist.[297] AYS hingegen fokussiert sich auf die Gestaltung agiler Produktionsnetzwerke und damit auf einen Teilbereich von Resilienz. Im Fokus steht dabei die Abwägung zwischen Kosten und der Einführung agilitätsbefähigender Maßnahmen und weniger die passende Reaktion auf Veränderungen im Produktionsnetzwerk.[298]

3.2.2 Ansätze zur taktischen Anpassung globaler Produktionsnetzwerke

Neben den im vorangegangenen Kapitel beschriebenen strategischen und prozessualen Ansätzen zur Anpassung globaler Produktionsnetzwerke sind in der Literatur auch Ansätze auf taktischer Ebene zu finden. Einen umfassenden Überblick über bestehende Ansätze liefern die Übersichten von OLHAGER ET AL. und KRISTIANTO ET AL.[299]

3.2.2.1 Ansatz nach MOSER (2014)

MOSER entwickelt in seiner Dissertation eine Methodik zur strategischen Planung eines Produktionsnetzwerks und zur Bestimmung des Wandlungsbedarfs und -zeitpunkts. Zur Berücksichtigung der multidimensionalen Unsicherheit im Unternehmensumfeld und der multikriteriellen und dynamischen Bewertung der Netzwerkkonfiguration beschreibt MOSER in seiner Methodik drei Module: Im Optimierungsmodul erfolgen die multikriterielle Bewertung und Optimierung globaler Produktionsnetzwerke. Dazu werden die Produkte mit den erforderlichen Produktionsprozessen und Technologien, die Standorte, Kunden sowie Lieferanten und Transportbeziehungen als Objekte modelliert. Die Objekte werden gemeinsam mit ihren Attributen,

[296] vgl. Sprenger, P./ Parlings, M./ et al. (2014) Robust Manufacturing Footprint Decisions, S. 43 - 46.

[297] vgl. Justus, A. (2009) Management globaler Produktionsnetzwerke, S. 95.

[298] vgl. Ays, J. (2021) Gestaltung agiler Produktionsnetzwerke, S. 117 - 206.

[299] vgl. Olhager, J./ Pashaei, S./ et al. (2015) Design of global production; Kristianto, Y./ Gunasekaran, A./ et al. (2017) Building the "Triple R".

z. B. die Transportzeit, zur Berechnung von Zielkriterien herangezogen und zur multikriteriellen Optimierung genutzt. Die Zielkriterien sind Kosten, Lieferzeit, Qualität, Flexibilität, Koordination, Marktnähe und Standortqualifikation. Das Unsicherheitsmodul ermöglicht die Szenarienbildung von Wandlungstreibern sowie die quantitative Modellierung zukünftiger Entwicklungen. Dazu erfolgt zunächst eine Sammlung von Wandlungstreibern, von welchen mithilfe einer Vernetzungs- und Relevanzanalyse die Schlüsseltreiber identifiziert werden. Im Anschluss erfolgen mögliche Zukunftsprojektionen, welche durch Szenarienworkshops erstellt werden. Mit der Ablaufsteuerung lassen sich anschließend zukünftige Entwicklungen mittels der Monte-Carlo-Methode simulieren und der Wandlungsbedarf und -zeitpunkt während des betrachteten Planungshorizonts bestimmen. Als konkretes Ergebnis entsteht eine Verteilungsfunktion für die Wandlungszeitpunkte, mit der die Planungssicherheit globaler Produktionsunternehmen erhöht wird.[300]

Bewertung

MOSER erstellt in seiner Dissertation eine umfassende Liste an Wandlungstreibern, welche interne und externe Faktoren beinhalten, und identifiziert durch eine Vernetzungs- und Relevanzanalyse die Schlüsselfaktoren. Eine anwendungsgerechte Visualisierung der Veränderungen oder die Verknüpfung zu konkreten Unternehmensdaten erfolgt dabei nicht. Über die stochastische Modellierung der Schlüsseltreiber wird die Eintrittswahrscheinlichkeit berücksichtigt. Die Schadenspotenziale werden dabei nicht konkret quantifiziert. Ergebnis der Modellierung ist die Darstellung eines Wandlungsbedarfs sowie -zeitpunktes. Eine klare Benennung möglicher Risiken sowie die Einbeziehung der Entscheidenden durch interaktive Tools werden nicht verfolgt.

3.2.2.2 Ansatz nach GÖLZER ET AL. (2015)

Aus der Motivation heraus, Produktionsnetzwerke kontinuierlich an dynamische Rahmenbedingungen anzupassen, entwickeln GÖLZER ET AL. eine Methodik zur Entscheidungsunterstützung in der Gestaltung und Steuerung globaler Produktionsnetzwerke unter der Verwendung von Big Data. Im Fokus stehen dabei taktische Planungsaufgaben zur Anpassung von Produktionsnetzwerken. Diese umfassen die Im-

[300] vgl. Moser, R. (2014) Strategische Planung globaler Produktionsnetzwerke, S. 4 - 107.

plementierung neuer Produkte und Ressourcen, die Verlagerung bestehender Produkte an zusätzliche Standorte, die Verlagerung von Produkten oder Ressourcen an einen anderen Standort, das Hinzufügen/Entfernen von Ressourcenkapazität an einem Standort sowie die Implementierung neuer Fertigungstechnologien. GÖLZER ET AL. identifizieren mit der Verfügbarkeit der relevanten Daten sowie der notwendigen Leistung zur Szenarienanalyse die zwei wesentlichen Herausforderungen im Entscheidungsprozess. Der zur Bewältigung dieser Herausforderungen entwickelte Ansatz basiert auf der Verwendung von „Production Master Data", welche die nachgefragten Mengen, die Bill of Materials (BOM), Materialstammdaten, Arbeitsplanstammdaten, Ressourcenstammdaten und den Schichtplan umfassen. Durch ein vorgeschlagenes Vorgehen erfolgt mithilfe der Variation der einzelnen Bestandteile der Datenbasis die Ableitung von Szenarien. Dazu wird eine Datenbankstruktur auf Basis einer NoSQL(Not-only-SQL)-Datenbank gewählt. Die erstellten Szenarien lassen sich in die Kategorien Nachfrageszenarien, Arbeitsplanszenarien und Ressourcenszenarien aufteilen. Danach wird die zugrundeliegende Ressourcenausnutzung jedes Szenarios aufgezeigt, indem ein Abgleich von Nachfrage und Angebot der eingesetzten Ressourcen erfolgt. Basierend auf diesen Szenarien werden eine Bewertung und Auswahl durch die Entscheidenden vorgenommen.[301]

Bewertung

Im beschriebenen Ansatz werden Anpassungsbedarfe datenbasiert identifiziert. Diese beschränken sich jedoch auf einen kleinen Teil verfügbarer Daten. Eine Risikobetrachtung erfolgt nicht. Mögliche Anpassungsalternativen werden hinsichtlich der Ressourcennutzung bewertet.

3.2.2.3 Ansatz nach GÜTZLAFF (2021)

GÜTZLAFF entwickelt in seiner Dissertation einen anwendungsorientierten Entscheidungsprozess zur kontinuierlichen Gestaltung von Produktionsnetzwerken. Ziel ist es, den Entscheidungsaufwand unter Berücksichtigung der Entscheidungsqualität möglichst gering zu halten. Die vorgeschlagene Methodik besteht aus vier Modellen. In einem ersten Schritt wird ein Beschreibungsmodell aufgestellt, um mögliche Gestaltungsalternativen zur Anpassung des Produktionsnetzwerks aufwandsarm und eindeutig zu beschreiben. Eine mögliche Gestaltungsalternative setzt sich aus einer

---

[301] vgl. Gölzer, P./ Simon, L./ et al. (2015) Designing Global Manufacturing, S. 191 - 195.

Kombination der Dimensionen Produkt, Prozess, Technologie und Standort zusammen. Im anschließenden Erklärungsmodell werden die bewertungsrelevanten Einflussfaktoren ermittelt. Die vorgeschlagene Methodik ermöglicht es dabei, unsichere Prozessschritte sowie die wirtschaftlichen Auswirkungen von Einflussfaktoren zu bewerten. Die Bewertungskategorien der Faktoren sind hierbei Qualität, Flexibilität, Lieferzeit und Wirtschaftlichkeit. Im Entscheidungsmodell werden die Gestaltungsalternativen auf Basis modellierter Einflussfaktoren aus gesamtunternehmerischer Sicht ausgewählt. Eine Monte-Carlo-Simulation liefert die Grundlage für die Aggregation der Alternativen. Die Unsicherheiten der Ausgangssituation und der Prognose werden durch arithmetischen Random Walks modelliert und zuletzt in einem Einflussintervall wiedergeben. Ein Bewertungscockpit fasst die Bewertung samt ihrer Unsicherheit zusammen und visualisiert, ob eine Alternative die zuvor bestimmten Faktoren ausreichend gut erfüllt. Das abschließende Gestaltungsmodell bildet die Gestaltung des Entscheidungsprozesses ab. Der Prozess wird in einem workshopbasierten Format durchgeführt, indem zunächst die Gestaltungsalternativen hergeleitet und Anpassungsbedarfe identifiziert werden.[302]

Bewertung

Der Ansatz nach GÜTZLAFF berücksichtigt verschiedene Einflussfaktoren in der Beschaffung, Produktion und Auslieferung in den Bewertungsdimensionen Qualität, Flexibilität und Zeit. Die Betrachtung der Wirtschaftlichkeit erfolgt langfristig und wird in die Zukunft prognostiziert. Ziel der Dissertation ist es jedoch nicht, Veränderungen zu identifizieren, die einen Anpassungsbedarf erforderten, sondern unter Unsicherheit Gestaltungsalternativen zu bewerten und auszuwählen. Eintrittswahrscheinlichkeiten und Schadenshöhen werden daher nur am Rand betrachtet.

3.2.2.4 Weitere Ansätze

Neben den beschriebenen Ansätzen gibt es eine Vielzahl weiterer Autoren, die sich auf der Ebene der taktischen Netzwerkanpassung anordnen lassen. Zu nennen sind dabei vor allem multikriterielle Optimierungsmodelle für die Netzwerkkonfiguration. LIU UND PAPAGEORGIOU entwickeln ein realitätsnahes Modell zur Netzwerkkonfiguration, in dem sowohl eine Gliederung des Produktportfolios vorgenommen wird als

---

[302] vgl. Gützlaff, A. (2021) Entscheidungsprozess zur kontinuierlichen Gestaltung, S. 4 - 174.

auch technische Restriktionen berücksichtigt werden. Die Identifikation von Anpassungsbedarfen wird dabei jedoch nicht weiter detailliert.[303] HOCHDÖRFFER ET AL. hingegen berücksichtigen in ihrem Ansatz zu Gestaltung, Planung und Überwachung von Produktionsnetzwerken unter Berücksichtigung von Kundenanforderungen die Identifikation von Anpassungsbedarfen und schlagen ein gemischt-ganzzahliges Optimierungsmodell vor. Der Fokus liegt dabei jedoch lediglich auf Produktallokationsentscheidungen.[304] Auch JINDAL ET AL. beschäftigen sich mit der Produktallokation und beziehen dazu Unsicherheitsfaktoren wie z. B. Transport- und Einkaufskosten in Form von Fuzzy-Zahlen ein.[305] AUBERGER ET AL. hingegen fokussieren sich auf die Ressourcenallokation und stellen eine Möglichkeit vor, wie Simulation und Machine-Learning bei der Netzwerkkonfiguration unterstützen können.[306]

Aus einer anderen Perspektive betrachten beispielsweise THEYEL ET AL. Netzwerkanpassungen auf taktischer Ebene. In Form von Tiefeninterviews mit Entscheidungsträgern und –trägerinnen werden qualitative Entscheidungsregeln zur Beibehaltung und (Rück-)Verlagerung von Produktionsumfängen abgeleitet.[307] Da es sich hierbei um eine rein qualitative Bewertung von Gestaltungsalternativen handelt, werden diese lediglich am Rande dieser Arbeit betrachtet.

3.2.3 Ansätze zur Überwachung von Produktionsnetzwerken

Im Folgenden werden Ansätze vorgestellt und analysiert, welche die Überwachung von Produktionsnetzwerken hinsichtlich Anpassungsbedarfen fokussieren. Einen umfassenden Überblick über bestehende Ansätze liefern die Übersichten von LIEBETRAU, VERHAELEN ET AL. und REMLING.[308]

3.2.3.1 Ansatz nach RITTSTIEG (2018)

RITTSTIEG entwickelt im Rahmen ihrer Dissertation eine Methodik zur Bewertung von Einflussfaktoren auf die Leistungsfähigkeit von Produktionsstandorten in globalen

---

[303] vgl. Liu, S./ Papageorgiou, L. (2013) Multiobjective optimisation, S. 369 - 382.

[304] vgl. Hochdörffer, J./ Buergin, J./ et al. (2018) Holistic approach for integrating customers, S. 98 - 106.

[305] vgl. Jindal, A./ Sangwan, K./ et al. (2015) Network Design and, S. 656 - 661.

[306] vgl. Auberger, E./ Karre, H./ et al. (2021) Configuration of manufacturing networks, S. 993 - 998.

[307] vgl. Theyel, G./ Hofmann, K./ et al. (2018) Understanding Manufacturing Location, S. 300 - 310.

[308] vgl. Liebetrau, F. (2015) Strategic Performance Measurement; Verhaelen, B./ Mayer, F./ et al. (2021) A comprehensive KPI network; Remling, D. (2022) Performance management.

Produktionsnetzwerken. In einem ersten Schritt erfolgt dazu die Identifikation relevanter Leistungsdimensionen von Produktionsstandorten. Diese sind unternehmensspezifisch von der Produktions- und Standortstrategie abzuleiten, welche wiederum von der übergeordneten Unternehmensstrategie abhängen. Daraufhin werden die Leistungsdimensionen auf Standortebene quantifiziert. RITTSTIEG betrachtet neben den Leistungsdimensionen Effizienz, Flexibilität, Zeit und Qualität auch finanzielle Größen (z. B. Produktstückkosten). Nach Überprüfung hinsichtlich der Eignung zum Vergleich heterogener Produktionsstandorte werden die Leistungskennzahlen gegebenenfalls angepasst. Im zweiten Schritt der Methodik werden leistungsbestimmende Einflussfaktoren identifiziert. Hierzu werden potenzielle Einflussfaktoren top-down sowie bottom-up gesammelt und relevante Einflussfaktoren durch heuristisches Screening vorausgewählt. Daraufhin erfolgt die Selektion der relevantesten leistungsbestimmenden Einflussfaktoren über eine Pareto-Analyse sowie eine anschließende Quantifizierung. Im letzten Schritt der Methodik werden Ursache-Wirkungs-Beziehungen zwischen Einflussfaktoren und der Leistungsfähigkeit von Produktionsstandorten ermittelt. Hierzu erfolgen eine qualitative Erklärung und eine anschließende Quantifizierung der Ursache-Wirkungs-Beziehungen zwischen leistungsbestimmenden Einflussfaktoren und der Leistungsfähigkeit von Standorten. Daraufhin werden Gestaltungsprinzipien für die Konfiguration von Produktionsnetzwerken hergeleitet.[309]

Bewertung

RITTSTIEG untersucht sowohl die internen als auch externen Einflussfaktoren auf die Leistungsfähigkeit von Produktionsstandorten und analysiert darüber hinaus deren Wirkzusammenhänge mithilfe von Regressionsanalysen. Eine Risikobetrachtung oder Ansätze zur Beherrschung der Komplexität sind nicht berücksichtigt. Interaktive Tools sowie die Verkürzung von Anpassungszeiten stehen nicht im Fokus.

3.2.3.2 Ansatz nach WITTHOHN (2019)

WITTHOHN entwickelt in seiner Dissertation eine Methodik, die neben der Kostendimension die Risikodimension quantitativ in das Entscheidungsmodell der Gestaltung globaler Produktionsnetzwerke integriert. Im ersten Schritt der Methodik wird ein existierendes Tool zur Netzwerkkonfiguration (OptiWo) um risikospezifische Daten

---

309 vgl. Rittstieg, M. (2018) Leistungsfähigkeit von Produktionsstandorten, S. 4 - 181.

ergänzt. Das daraus resultierende Datenmodell bildet die Grundlage für die Integration der Risikodimension bei der Gestaltung globaler Produktionsnetzwerke. Mithilfe von Risikodatenbanken erfolgen anschließend eine Aufbereitung von Risikoindikatoren und die Bewertung der Ausfallwahrscheinlichkeit von Standorten durch geografische und politische Einflüsse. In der darauffolgenden Risikobewertung werden das mögliche Schadenausmaß sowie eine Gesamtrisikokennzahl für eine Netzwerkkonfiguration bestimmt. Unterteilt wird dabei zwischen dem direkten Schaden durch den Verlust eines Standortes und dem operativen Schaden, der den Gewinnverlust durch den Ausfall eines Standortes umfasst. Die Risikobewertung einer Netzwerkkonfiguration dient als Unterstützung des Managements bei der iterativen Entwicklung einer Zielkonfiguration. Abgeschlossen wird die Methodik mit dem Risikomonitoring, bei dem die erhobenen Daten der komplexen Entscheidungssituation effizient nutzbar gemacht werden. Die dabei erzeugten Visualisierungen werden durch Hierarchieebenen vollzogen, welche zuerst mögliche Netzwerkkonfigurationen anzeigen, die dann immer weiter heruntergebrochen werden. Das Ergebnis ist eine einfache Übersicht über die Risiken inklusive der Schadensausprägungen sowie die Eintrittswahrscheinlichkeiten.[310]

Bewertung

Im beschriebenen Ansatz werden Risikofaktoren analysiert und der Einfluss auf die Netzwerkgestaltung wird quantifiziert und visualisiert. Auch eine Bestimmung von Eintrittswahrscheinlichkeiten wird verfolgt, jedoch lediglich im Kontext geografischer und politischer Faktoren. Verschiedene Netzwerkkonfigurationen werden betrachtet, jedoch nicht weiter priorisiert. Durch die Entwicklung eines Tools erfolgt eine anwendungsgerechte Visualisierung von Risiken, deren Ziel jedoch nicht in der Verkürzung der Anpassungszeit liegt.

3.2.3.3 Ansatz nach Peukert (2021)

Im Rahmen ihrer Dissertation entwickelt Peukert eine Methodik für ein integriertes Störungsmanagement zur Robustheitssteigerung in globalen Produktionsnetzwerken. Der Ansatz umfasst sowohl die Produktion als auch Logistik und bezieht sich vor allem

[310] vgl. Witthohn, C. (2019) Konfiguration globaler Produktionsnetzwerke, S. 5 - 139.

auf Produktionssysteme mit Variantenfließfertigung. Das Ergebnis bilden Handlungsempfehlungen in Form von proaktiven Strategien und reaktiven Maßnahmen für ein störungsrobustes Produktionsnetzwerk.[311]

Der Lösungsansatz der Autorin gliedert sich in eine Modellierungs-, Analyse- und Entscheidungsphase. In der Modellierungsphase werden die produktions- und logistikbezogenen Aspekte globaler Produktionsnetzwerke erfasst und modelliert. Dies umfasst Produktionsnetzwerkstrukturen und -objekte sowie den Aufbau eines Kennzahlensystems, mit dessen Hilfe reaktive Maßnahmen und proaktive Strategien des Störungsmanagements bewertet werden. Das Kennzahlensystem beinhaltet neben ressourcenbezogenen und auftragsbezogenen Kennzahlen auch variable Herstellkosten sowie Investitionskosten, die im Rahmen reaktiver Maßnahmen bzw. proaktiver Strategien im Produktionsnetzwerk anfallen. Ein weiterer Aspekt der ersten Phase ist die Modellierung von Störungen und Maßnahmen. Darauf aufbauend wird ein Störungs-Maßnahmen-Matching entwickelt, wodurch ungeeignete Kombinationen ausgeschlossen werden. In der Analysephase erfolgt zunächst eine systematische Identifikation der Wirkzusammenhänge zwischen Störungen, Maßnahmen und der Systemperformance. Hierfür wird ein modular aufgebautes Ablaufsimulationsmodell konstruiert und anschließend werden Wirkzusammenhänge unter Berücksichtigung von Robustheitsaspekten untersucht. Dabei kommen Ansätze der statistischen Versuchsplanung sowie Verfahren der Metamodellierung zum Einsatz. Hierdurch werden Erkenntnisse über die Vorteilhaftigkeit von Maßnahmen als Reaktion auf bestimmte Störungen gewonnen. Als weiterer Schritt in der Analysephase werden proaktive Strategien zur Robustheitssteigerung des Produktionsnetzwerks abgeleitet. Dadurch werden Konfigurationsalternativen für den Ausgangszustand des Netzwerks generiert. Diese Alternativen werden hinsichtlich ihrer Auswirkungen auf die Leistungsfähigkeit des Systems bewertet. In der Entscheidungsphase werden Handlungsempfehlungen abgegeben, wie durch die Kenntnis vorteilhafter, proaktiver Strategien und reaktiver Maßnahmen das Störungsmanagement in Produktionsnetzwerken verbessert und damit die Robustheit gesteigert wird.[312]

[311] vgl. Peukert, S. (2021) Robustheitssteigerung in Produktionsnetzwerken, S. 4 - 5.

[312] vgl. Peukert, S. (2021) Robustheitssteigerung in Produktionsnetzwerken, S. 55 - 115.

Bewertung

PEUKERT fokussiert in ihrer Dissertation Störungen in Produktion und Logistik und leitet proaktive Strategien und reaktive Maßnahmen zur Robustheitssteigerung ab. Dabei schaut sie sich sowohl interne als auch externe Einflussfaktoren an, fokussiert jedoch ausschließlich kurzfristige Störungen wie fehlendes Material oder Mitarbeitende und weniger langfristige Veränderungen. Visualisierungen werden in kleinen Teilen vorgenommen. Eine Einschätzung von Eintrittswahrscheinlichkeiten und Schadenshöhen erfolgt nicht.

3.2.3.4 Weitere Ansätze

Neben den beschriebenen Ansätzen gibt es eine Vielzahl weiterer Autorinnen und Autoren, die eine Überwachung des Produktionsnetzwerks durch das Aufstellen von Kennzahlensystemen fokussieren. REICHERT entwickelt einen Ansatz, um Produktallokationsentscheidungen in Abhängigkeit von den Kompetenzen von Standorten zu treffen, und stellt in diesem Zuge ein Kennzahlensystem zur Bewertung der Prozessbeherrschung der Standorte auf.[313] DIETZ hingegen wählt einen breiteren Fokus und kreiert in seiner Dissertation ein Kennzahlensystem, über das eine umfassende Transparenz in Produktionsnetzwerken geschaffen wird. Es unterstützt Unternehmen dabei relevante Kennzahlen zu identifizieren.[314] Auch TREBER verfolgt in seiner Dissertation das Ziel, die Transparenz in globalen Produktionsnetzwerken zu steigern. Im Fokus stehen Wirkzusammenhänge zwischen Störungen, Informationsaustausch und der Leistung des operativen Managements unter Berücksichtigung unterschiedlicher Produktionssystemebenen. Eine Verknüpfung der aufgestellten Kennzahlen mit systematisch hergeleiteten Anpassungsalternativen erfolgt jedoch in keinem der vorgestellten Ansätze.[315]

---

[313] vgl. Reichert, F. (2009) Globale taktische Produktionsplanung, 89–113.

[314] vgl. Dietz, M. (2017) Kennzahlensysteme für Produktionsnetzwerke, S. 192 - 259.

[315] vgl. Treber, S. (2020) Transparenzsteigerung in Produktionsnetzwerken, S. 58 - 107.

3.2.4 Ansätze zum Risikomanagement im Supply-Chain-Management

Im Folgenden werden Ansätze vorgestellt und analysiert, welche das Thema Risikomanagement im Supply-Chain-Management fokussieren. Einen umfassenden Überblick über bestehende Ansätze liefern die Übersichten von GOLAN ET AL., BENFER ET AL., CHOUDHARY ET AL. und GURTU UND JOHNY.[316]

3.2.4.1 Ansatz nach BODE UND MACDONALD (2017)

BODE UND MACDONALD betrachten in einer empirischen Studie den Entscheidungsprozess beim Störungsmanagement in der Supply-Chain entlang einer Abfolge von vier Phasen: der Störungserkennung, der Störungsdiagnose, der Entwicklung von Maßnahmen sowie deren Umsetzung. Zu den jeweiligen Phasen werden Hypothesen aufgestellt und empirisch untersucht, um ein besseres Verständnis über den Entscheidungsprozess bei Störungen in der Supply-Chain zu erhalten. Darüber hinaus werden drei wichtige Faktoren genannt, zu denen die Hypothese aufgestellt wird, dass sie die Auswirkungen störender Ereignisse beeinflussen: Bereitschaft zum Umgang mit Störungen, Abhängigkeit von Lieferanten und Komplexität der Lieferkette. Die Hypothesen werden anhand einer Online-Umfrage mit 3945 Unternehmen in Europa und dreier verschiedener Analyseverfahren untersucht. Alle Analysen beruhen auf linearen Modellen, die mittels OLS-Regression (Methode der kleinsten Quadrate) geschätzt wurden. Die Haupterkenntnis aus der Analyse ist, dass die Geschwindigkeit, mit der Informationen verarbeitet und die Phasen durchlaufen werden, die Leistung der Supply-Chain positiv beeinflusst. Eine der Phasen wurde dabei als Engpass identifiziert. Die Diagnosephase bildet die langsamste Phase und fungiert als einschränkender Faktor. So wird eine Störung in der Lieferkette schnell identifiziert. Wenn aber aufgrund mangelnden Vertrauens in die Informationen die Diagnosephase zu lange dauert, macht auch eine schnelle Umsetzung der Maßnahme den entstandenen Schaden nicht wieder gut. Keine der anderen Phasen weist eine ähnlich starke einschränkende Wirkung auf. Unter den genannten Faktoren, welche die Auswirkungen der Störung beeinflussen, hat die Bereitschaft zum Umgang mit Störungen einen direkten Einfluss auf die Gesamtreaktionszeit. Die Abhängigkeit von Lieferanten verschlechtert die

---

[316] vgl. Golan, M./ Jernegan, L./ et al. (2020) Resilience analytics in supply chain modeling; Benfer, M./ Verhaelen, B./ et al. (2021) Resilience Measures; Gurtu, A./ Johny, J. (2021) Supply Chain Risk Management; Choudhary, N./ Singh, S./ et al. (2022) Risk assessment in supply chains.

Phase der Entscheidungsfindung und die Lieferkettenkomplexität verlangsamt die Phasen der Störungsentdeckung sowie -diagnose.[317]

Bewertung

BODE UND MACDONALD liefern mit ihrer empirischen Untersuchung wichtige Erkenntnisse zum Umgang mit Störungen in der Supply-Chain. Sie berücksichtigen dabei die Phasen von der Erkennung von Störungen, über deren Analyse bis hin zur Ableitung und Umsetzung von Anpassungsalternativen. Der Fokus liegt dabei auf der Reaktionsgeschwindigkeit. Welche Maßnahmen ergriffen werden müssen und wie Unternehmen dabei vorgehen müssen, Veränderungen zu erkennen und Maßnahmen systematisch abzuleiten, ist jedoch nicht Teil der Ausarbeitungen der Autoren.

3.2.4.2 Ansatz nach XU ET AL. (2019)

XU ET AL. präsentieren ein Modell, welches speziell auf die Bewertung von Nachhaltigkeitsrisiken in der Supply-Chain ausgelegt ist. Bedient werden sollen dabei sowohl wirtschaftliche, soziale als auch ökologische Nachhaltigkeitsaspekte. Entsprechend lassen sich nach XU ET AL. Nachhaltigkeitsrisiken in der Supply-Chain in den Kategorien operativ, sozial und ökologisch einteilen, wobei das operative und ökologische Risiko alle Risiken umfasst, die das Management durch eigene Tätigkeiten selbst steuert. Soziale Risiken sind dahingehend schwerer zu kontrollieren, da sie exogener Natur sind. Zudem wird jede Risikokategorie in weitere Subkategorien aufgeteilt. Das operative Risiko umfasst alle Einflüsse aus den Beziehungen zum Lieferanten („upstream"), zu den Kunden („downstream") sowie aus den internen Prozessen. Das soziale Risiko unterteilt sich in einen gesellschaftlichen und einen politischen Anteil. Hierbei wird für den gesellschaftlichen Anteil der „Global Social Index" (GSI) und für den politischen der „Global Governence Index" (GGI) genutzt. Das ökologische Risiko wird mittels einer Lebenszyklusanalyse bestimmt, wobei höhere ökologische Einflüsse meist ein höheres Risiko mit sich bringen. Es wird das „cradle to gate"-Bewertungsschema genutzt, das die verwendeten Rohmaterialien bis hin zur Herstellung der Komponente berücksichtigt. Das vorgeschlagene Modell zur Risikobewertung besteht aus drei Schritten: dem Supply-Chain-Mapping, der Risikoquantifizierung und der Risikoanalyse. Beim Supply-Chain-Mapping werden die Schritte der Supply Chain heruntergebrochen und in Regionen aufgeteilt. Daraufhin wird für die jeweiligen Schritte

[317] vgl. Bode, C./ Macdonald, J. (2017) Stages of Supply Chain Disruption Response, S. 838 - 864.

in der Supply-Chain und je Region ein Risikoscore in den genannten Risikokategorien ermittelt. Auf diese Weise können sowohl standortbezogene Risiken als auch besonders gefährdete Prozessschritte identifiziert werden. Zum Schluss wird mittels zweier Analysemethoden die Risikoanalyse durchgeführt. Einerseits handelt es sich um die „risk assessment space analysis“ (RAS), die jeden Schritt in der Supply-Chain anhand der drei Risikoarten bewertet. Andererseits erfolgt eine Materialanalyse, welche ein standortabhängiges und ein aktivitätsabhängiges Risiko miteinbezieht. Beide Analysewege zeigen Risiken der einzelnen Schritte von unterschiedlichen Blickpunkten aus auf.[318]

Bewertung

Xu et al. stellen eine Methode vor, welche sowohl interne wie externe Einflussfaktoren berücksichtigt und bewertet. Dabei beschränken sie sich jedoch auf Nachhaltigkeitsaspekte und es erfolgt keine Visualisierung für die Anwendenden. Die Eintrittswahrscheinlichkeiten der Risiken werden teilweise quantitativ bestimmt und durch einen Risikoscore beziffert. Eine genaue Nennung des Schadens wird dabei nicht fokussiert und die Ableitung von Maßnahmen obliegt den Anwendenden.

3.2.4.3 Ansatz nach Dixit et al. (2020)

Dixit et al. entwickeln eine Methodik zur Resilienzbewertung von Supply-Chains basierend auf ihrer Netzwerkstruktur. Mittels eines Simulationsprozesses werden auf Basis geeigneter Kennzahlen Netzwerkanordnungen hinsichtlich der vorkommenden Risiken bewertet. Dargestellt wird das Netzwerk dazu als eine Ansammlung von Knoten, den Standorten, und Kanten, die eine Verbindung zwischen den Knoten widerspiegeln. Die Resilienz setzt sich aus den vier Parametern „Dichte an Knoten“, „Abstand der Knoten zueinander“, „Konnektivität im Netzwerk“ und „Netzwerkgröße“ zusammen. Die Dichte an Knoten bezeichnet die Menge an Knoten im Verhältnis zur durchschnittlichen Distanz aller Knoten. Unter der Zentralität eines Knotens wird die Lage eines Knotens innerhalb des gesamten Netzwerks verstanden. Hierbei setzt sie sich aus der Summe der Anschlüsse eines Knotens an die inneren und äußeren Knoten bezogen auf die Gesamtmenge an Knoten zusammen. Darüber hinaus bezeichnet die Konnektivität im Netzwerk die Summe aller Verbindungen zwischen anbietenden

[318] vgl. Xu, M./ Cui, Y./ et al. (2019) Supply chain sustainability, S. 858 - 860.

und anfordernden Knoten. Abschließend wird die Netzwerkgröße als Menge an Knoten im gesamten Netzwerk definiert. Zunächst wird die momentane Resilienz für ein gegebenes Netzwerk berechnet. In einer Monte-Carlo-Simulation wird das Netzwerk anschließend in 5000 Iterationsschritten unterschiedlichen Risiken ausgesetzt, die immer andere Knoten und Verbindungen im Netzwerk ausfallen lassen. Die Wahrscheinlichkeit, dass ein Knoten ausfällt, wird mithilfe einer Bernoulli-Verteilung bestimmt. Die Ausprägungen der Variablen werden mittels eines Latin-Hypercube-Sampling generiert, das eine nahezu zufällige Stichprobe mehrdimensionaler Variablen bereitstellt. In jeder Iteration der Simulation werden anhand der Wahrscheinlichkeit eines Risikos und des Schadens bei Eintritt des Risikos ein Resilienzwert bestimmt. Dieses Vorgehen wird 5000-mal für ein Netzwerk durchgeführt und im Anschluss wird durch statistische Kennzahlen (Mittelwert, Standardabweichung und Conditional Value at Risk - CVaR) die statistische Resilienz ermittelt. In der Simulation wird sodann durchgespielt, welche Resilienzänderung in einem Netzwerk entsteht, wenn ein Knoten oder eine Verbindung im Netzwerk ausfällt.[319]

Bewertung

DIXIT ET AL. bewerten und optimieren in ihrer Methodik die Resilienz globaler Produktionswerke. Es wird eine Methodik zur Resilienzsteigerung geliefert, welche sich in den Risikomanagementprozess einordnen lässt. Dabei werden jedoch keine konkreten Einflussfaktoren betrachtet, sondern es wird lediglich der Ausfall einzelner Knoten im Netzwerk analysiert. Die Schäden und Eintrittswahrscheinlichkeiten werden statistisch bestimmt und es werden Anpassungsalternativen iterativ ermittelt. Die Besonderheiten und die Komplexität im Kontext globaler Produktionsnetzwerke werden dabei jedoch nicht beachtet.

3.2.4.4 Weitere Ansätze

Neben den beschriebenen Ansätzen gibt es eine Vielzahl weiterer Autorinnen und Autoren, die sich mit dem Risikomanagement in der Supply-Chain auseinandersetzen. HALLIKAS ET AL. fokussieren sich dabei auf Zulieferernetzwerke und klassifizieren Risiken in jene als Folge von Nachfragedefiziten oder -schwankungen, der Erfüllung von Lieferungsfristen, dem Kostenmanagement und der Preissetzung sowie Schwächen in

---

[319] vgl. Dixit, V./ Verma, P./ et al. (2020) Assessment of pre and post-disaster supply chain resilience, S. 1 - 6.

Ressourcen, Entwicklung und Flexibilität.[320] Auch KOSCHATE beschränkt sich auf Zulieferer und schlägt ein Vorgehen vor, wie Risikokosten bei der Auftragszuordnung berücksichtigt werden können.[321] Besonders häufig wird in der Literatur der Umgang mit plötzlich auftretenden Disruptionen in der Supply-Chain thematisiert. SIMCHI-LEVI ET AL. entwickeln ein Modell zur Behandlung von Risiken, die eine geringe Eintrittswahrscheinlichkeit aufweisen, jedoch mit einem hohen Schaden verbunden sind. Über die Bestimmung der Erholungszeit von einer Disruption sowie der möglichen Zeit, bis der Schaden einer Disruption eintritt, bestimmen die Autoren besonders kritische Standorte und schlagen Anpassungsmöglichkeiten vor.[322] Auch CUI ET AL. betrachten Disruptionen und fokussieren den Ausfall von Standorten im Netzwerk.[323] Kleinere Risiken in der Supply-Chain, wie beispielsweise plötzlich steigende Transportkosten, diskutieren die genannten Ansätze jedoch nicht.

3.3 Diskussion der Defizite bestehender Ansätze

Nachdem auf Basis der in Kapitel 3.1 abgeleiteten Anforderungen zwölf Ansätze in Kapitel 3.2 detailliert vorgestellt und bewertet worden sind, fasst Abbildung 3-2 die Bewertung zusammen. Im Folgenden werden bestehende Defizite anhand der Anforderungen ansatzübergreifend diskutiert.

[320] vgl. Hallikas, J./ Karvonen, I./ et al. (2004) Risk management processes, S. 51 - 52.
[321] vgl. Koschate, B.-P. (2020) Optimierung der Auftragszuordnung, S. 94 - 125.
[322] vgl. Simchi-Levi, D./ Schmidt, W./ et al. (2015) Identifying Risks and Mitigating Disruptions, S. 377 - 385.
[323] vgl. Cui, T./ Ouyang, Y./ et al. (2010) Reliable Facility Location, S. 1001 - 1006.

○ nicht erfüllt
◔ kaum erfüllt
◑ teilweise erfüllt
◕ nahezu erfüllt
● voll erfüllt

Ansätze (Kap. 3.2.1-3.2.4)		Bewertungsdimensionen (Kap. 3.1)									
		Objekt		Methode						Ziel/Anwendung	
		Betrachtung intraorganisationaler Netzwerke	Durchgängige Betrachtung der Netzwerkstrukturebenen	Berücksichtigung interner und externer Einflussfaktoren	Anwendungsgerechte Visualisierungen von Kennzahlenverläufen	Quantifizierung möglicher Schadenspotenziale	Relevanzbestimmung von Veränderungen unter Unsicherheit	Aufwandsgerechten Datenmodellierung	Vorauswahl und Priorisierung von Anpassungsalternativen	Verkürzung der Reaktionszeit der Netzwerkgestaltung	Datenbasierte und interaktive Entscheidungsunterstützung
Strateg./prozessuale Netzwerkanpassung	CHRISTODOULOU ET AL. (2007)	●	◔	◔	○	◔	◔	◔	○	○	○
	WIEZORREK (2017)	●	◕	◑	○	○	○	◑	◔	◕	◔
	SAGER (2019)	●	◕	◕	○	○	○	◑	◑	◑	◔
Taktische Netzwerkanpassung	MOSER (2014)	●	◕	●	◔	◔	◑	◑	◔	◑	◔
	GÖLZER (2015)	●	◑	◑	○	○	○	◑	◔	○	◑
	GÜTZLAFF (2021)	●	◕	◑	◔	◔	◑	◑	◔	◔	◑
Überwachung von Netzwerken	RITTSTIEG (2018)	◕	◕	◕	○	◔	◑	○	○	○	○
	WITTHOHN (2019)	●	◕	◔	◑	◑	◑	◔	○	○	◕
	PEUKERT (2021)	●	◕	◑	◔	○	○	◕	◑	◑	◔
Risikomanagement im SCM	BODE UND MACDONALD (2017)	◑	◔	◔	○	○	◔	◔	◔	◕	○
	XU ET AL. (2019)	◑	◔	◑	○	◔	◑	◔	○	◔	◔
	DIXIT ET AL. (2020)	◑	◔	◔	○	◑	◑	◑	◔	◔	◔

Abbildung 3-2: Bewertung ausgewählter Ansätze

3.3.1 Zusammenfassung objektbereichsbezogener Defizite

Mit Ausnahme der Ansätze aus dem Bereich Risikomanagement im Supply-Chain-Management betrachten alle Ansätze intraorganisationale Produktionsnetzwerke. RITTSTIEG bildet insofern eine Ausnahme, als der Fokus auf Produktionsstandorten als Teil eines Netzwerkes liegt und eine Betrachtung auf Netzwerkebene nur begrenzt stattfindet. BODE UND MACDONALD, XU ET AL. und DIXIT ET AL. betrachten Supply-Chains und verstehen sie als interorganisationale Netzwerke. Ihre Ansätze lassen sich jedoch ebenso auf eine intraorganisationale Betrachtungsweise übertragen.

Deutlich heterogener ist die Bewertung der durchgängigen Betrachtung der Netzwerkstrukturebenen. Über die Hälfte der betrachteten Ansätze inkludiert im Objektbereich die Ressourcen-, Standort- und Netzwerkebene. Einige Ausnahmen gehen bis auf die Prozessebene herunter. Keine durchgängige Betrachtung der Netzwerkstrukturebenen liegt bei den Ansätzen im Bereich Supply-Chain-Management vor. CHRISTODOULOU ET AL. stellen einen sehr strategischen Ansatz dar, der hauptsächlich auf Netzwerkebene anzusiedeln ist.

Die Bewertung der objektbereichsbezogenen Anforderungen zeigt, dass die Betrachtung intraorganisationaler Produktionsnetzwerke mit einer durchgängigen Berücksichtigung aller Netzwerkstrukturebenen in der Literatur bereits vertreten ist. Es liegen somit keine objektbereichsbezogenen Defizite vor.

3.3.2 Zusammenfassung methodischer Defizite

Die Analyse der strategischen und prozessualen Ansätze zeigt, dass eine Identifikation des Anpassungsbedarfes einheitlich als Ausgangspunkt für den Netzwerkgestaltungsprozess gesehen wird. Die Abweichung zwischen Ist- und Soll-Zustand sowie die Beobachtung von Kennzahlen bilden die Grundlage, um Anpassungsbedarfe in der Netzwerkgestaltung zu identifizieren. Am detailliertesten beschreibt MOSER dabei eine umfangreiche Liste interner und externer Einflussfaktoren, die als Ausgangsbasis zur Identifikation von Anpassungsbedarfen dienen. Auch RITTSTIEG und SAGER definieren eine Vielzahl von Kennzahlen. RITTSTIEG thematisiert darüber hinaus eine Prognose der Kennzahlen über ein Regressionsverfahren, detailliert diese jedoch nicht aus.

Die Überführung in eine anwendungsgerechte Visualisierung ist lediglich bei WITTHOHN ansatzweise angedacht. Hier werden mögliche Risiken für Standortausfälle in einen Softwaredemonstrator übertragen. Die Anzahl berücksichtigter Kennzahlen bleibt dabei jedoch begrenzt auf externe, standortspezifische Umweltfaktoren.

Risikomanagement wird in der Literatur häufig auf die Betrachtung der Supply-Chain reduziert. BODE UND MACDONALD sammeln in ihrer empirischen Studie interessante Erkenntnisse über die Notwendigkeit, die Reaktionszeit auf Veränderungen zu reduzieren. Eine Lösung für Unternehmen wird dabei jedoch nicht angeboten. Andere Ansätze wie die von DIXIT ET AL. oder WITTHOHN fokussieren sich auf Disruptionen, die zwar eine geringe Eintrittswahrscheinlichkeit haben, jedoch einen großen Schaden verursachen. Die Perspektive, dass ein ganzer Standort oder Zulieferer ausfällt, hat zwar eine große Bedeutung, kleinere und wahrscheinlicher eintretende Schäden, wie beispielsweise sich verändernde Transportkosten oder Veränderungen in der Effizienz an Standorten, werden jedoch nur selten in der Literatur behandelt. Vor allem an der Untersuchung kontinuierlicher Veränderungen mangelt es. Am detailliertesten berechnen XU ET AL. Risiken in Form von Risikoscores für einzelne Prozessschritte an unterschiedlichen Standorten. Die Eintrittswahrscheinlichkeit wird dabei jedoch nur am Rande betrachtet und die Analyse findet ausschließlich bezogen auf Nachhaltigkeitsrisiken statt. Auf taktischer Ebene behandelt vor allem MOSER das Thema Risiken durch die Modellierung von Wandlungstreibern. Offen bleiben dabei jedoch eine anwendungsgerechte Darstellung der Risiken einzelner Veränderungen und die Berechnung der sich daraus ergebenden Schäden. Vielmehr dient das Konzept der Entwicklung möglicher Szenarien, die von einem workshopbasierten Ansatz begleitet werden. GÜTZLAFF betrachtet in seiner Dissertation umfangreich die Unsicherheiten in der Szenarienentwicklung. Eine Bewertung der Relevanz von identifizierten Veränderungen findet dabei jedoch nicht statt. Ein Tool, das die Netzwerkgestaltenden bei der Identifikation kritischer Veränderungen unter Berücksichtigung von Unsicherheit und möglichen Schäden unterstützt, ist in der Literatur nicht zu finden.

BODE UND MACDONALD zeigen in ihrer empirischen Untersuchung, dass eine höhere Komplexität die Identifikation und Analyse von Veränderungen verlangsamt. Vor allem auf taktischer Ebene gibt es eine Vielzahl an Ansätzen, die sich mit der Optimierung von Netzwerkkonfigurationen beschäftigen. Häufig handelt es sich hierbei jedoch um aufwendige Optimierungsmodelle, die in der Praxis nicht aufwandsgerecht anzuwenden sind. Vor allem die Netzwerkgestaltenden als Anwendende der Methodik werden dabei oft außer Acht gelassen. SAGER und GÖLZER zeigen beispielsweise gute Ansätze, wie optimierte Szenarien erstellt werden können. In der Praxis sind Netzwerkentscheidungen jedoch häufig von Erfahrungswissen abhängig. Automatisierte Ansätze sind daher wenig zielführend, sondern die Netzwerkgestaltenden müssen Schritt für Schritt bei der Szenarienerstellung begleitet werden. Zum Umgang mit der Komplexität müssen Anpassungsalternativen in der Netzwerkgestaltung daher systematisiert erstellt und den Entscheidenden nachvollziehbar aufgelistet werden. Bei MOSER wird das in einem workshopbasierten Vorgehen durchgeführt, jedoch nicht mithilfe eines Netzwerktools ermöglicht. PEUKERT erstellt eine Sammlung reaktiver Maßnahmen auf verschiedene Störungen und verknüpft diese systematisiert. Da es sich hierbei jedoch ausschließlich um kurzfristige Störungen und Maßnahmen handelt, die nicht auf Netzwerkebene anzuordnen sind, mangelt es weiterhin an einer geeigneten Lösung.

3.3.3 Zusammenfassung ziel- und anwendungsspezifischer Defizite

Die Betrachtung der ziel- und anwendungsspezifischen Bewertungen zeigt, dass sich lediglich WIEZORREK sowie BODE UND MACDONALD intensiv mit dem Ziel der Verkürzung der Reaktionszeit in der Netzwerkgestaltung beschäftigen. Alle weiteren Ansätze betrachten die kurze Anpassungszeit bei Veränderungen nicht oder nur am Rande.

Keiner der betrachteten Ansätze verfolgt das Ziel, eine datenbasierte und interaktive Entscheidungsunterstützung für die Netzwerkgestaltung zu entwickeln. GÜTZLAFF, GÖLZER und WITTHOHN stellen in ihren Arbeiten Tools vor, die in Kombination mit einem Workshopvorgehen anwendbar sind. In den Anwendungsmöglichkeiten sind diese jedoch begrenzt und bieten keine Unterstützung in der iterativen und kontinuierlichen Identifikation von Anpassungsbedarfen in Verbindung mit dem Erfahrungswissen der Anwendenden.

3.4 Zwischenfazit: Forschungsdefizit und Handlungsbedarf

In Kapitel 2.5 wurden Handlungsbedarfe aus der Praxis bestimmt und in Kapitel 3.1 Anforderungen an eine datenbasierte Identifikation von Anpassungsbedarfen abgeleitet. In Kapitel 3.2 wurde die bestehende Literatur auf die Erfüllung dieser Anforderungen untersucht. Aus der Analyse bestehender Forschungsansätze lässt sich basierend auf Kapitel 3.3 konstatieren, dass die Themen nicht hinreichend genug berücksichtigt werden. Bisherige Konzepte beachten das Thema Transparenz über Veränderungen im Produktionsnetzwerk nicht ausreichend. Zwar gibt es eine Vielzahl an Ausarbeitungen darüber, welche Kennzahlen für die Netzwerkgestaltung relevant sind, doch wird vor allem deren Veränderung über die Zeit nicht anwendungsgerecht aufbereitet und visualisiert. Den Entscheidenden in der Netzwerkgestaltung bleibt daher unklar, welche Veränderungen intern und extern passieren, wie diese zusammenhängen und welche Reaktionsmöglichkeiten vorliegen. Als erstes Forschungsdefizit lässt sich daher *die transparente Darstellung netzwerkrelevanter Veränderungen im zeitlichen Verlauf* festhalten.

Die Transparenz über Veränderungen allein ist für die Anpassung in der Netzwerkgestaltung jedoch nicht ausreichend. Abhängig von der betrachteten Kennzahl und der Stärke der Veränderungen ergeben sich unterschiedliche Risiken für das Produktionsnetzwerk. Risiken werden in diesem Kontext häufig nur in Form von unvorhersehbaren Disruptionen betrachtet und dabei wird untersucht, welche Strategien einen möglichen Schaden verhindern können. Kontinuierliche Veränderungen und inwiefern sich der Schaden aufgrund nicht getätigter Gegenmaßnahmen über die Jahre entwickelt, wird nicht betrachtet. Es bedarf einer anwendungsgerechten Entscheidungsunterstützung, die den Netzwerkgestaltenden die Information vermittelt, welche Veränderungen aktuell stattfinden und wie relevant sie unter Berücksichtigung von Unsicherheit sowie Schadenspotenzialen für das Unternehmen sind. In Kombination mit dem Erfahrungswissen der Anwendenden können Entscheidungen über die Notwendigkeit von Reaktionen und deren Dringlichkeit getroffen werden. Das zweite Forschungsdefizit besteht damit in der *anwendungsgerechten Entscheidungsunterstützung zur Relevanzbewertung von Veränderungen unter Berücksichtigung der Unsicherheit und des Schadenspotenzials.*

Schlussendlich wird auch die Komplexität in der Netzwerkgestaltung nur selten berücksichtigt. Umfangreiche Optimierungsmodelle bieten zwar Lösungen an, die jedoch häufig in der Praxis nicht anwendbar sind. Netzwerkentscheidungen sind sehr komplex und hängen von einer Vielzahl von Faktoren ab, die häufig auch auf Managementvorgaben beruhen. Es muss nachvollziehbar dargestellt werden, welche Reaktionen auf riskante Veränderungen möglich sind. Zum derzeitigen Stand gibt es in der

Literatur keine Methodik, die mögliche Anpassungsalternativen nachvollziehbar darlegte, den Entscheidenden priorisiert aufzeigte, welche Reaktionen auf relevante Veränderungen in der Netzwerkgestaltung möglich sind, und die den Anwendenden die Möglichkeit gäbe, ihr Erfahrungswissen einfließen zu lassen. Das dritte Forschungsdefizit besteht damit in der *datenbasierten und interaktiven Entscheidungsunterstützung zur Ableitung von Anpassungsalternativen unter Berücksichtigung des Erfahrungswissens der Anwendenden.*

Diesem Forschungsdefizit folgend kann der Handlungsbedarf für eine Methodik zur datenbasierten Identifikation von Anpassungsbedarfen in der Netzwerkgestaltung festgehalten werden. Im Folgenden wird die Methodik in ihrem Grobkonzept beschrieben.

4 Konzeption der Methodik

Ziel dieses Kapitels ist die Konzeptionierung einer Methodik zur datenbasierten Früherkennung von Anpassungsbedarfen globaler Produktionsnetzwerke aufbauend auf dem in den vorangegangenen Kapiteln definierten Handlungsbedarf aus der Praxis sowie dem identifizierten Forschungsdefizit. In einem ersten Schritt werden dazu die inhaltlichen und formalen Anforderungen an die Methodik in Kapitel 4.1 definiert. Anschließend werden in Kapitel 4.2 die Lösungshypothesen der Arbeit vorgestellt. In Kapitel 4.3 erfolgt eine Beschreibung des entwickelten Grobkonzeptes zur datenbasierten Früherkennung von Anpassungsbedarfen globaler Produktionsnetzwerke. Abschließend wird in Kapitel 4.4 ein Zwischenfazit zu den Potenzialen der Methodik gezogen.

4.1 Anforderungen an die Methodik

Die Anforderungen an die Methodik setzen sich aus den inhaltlichen Anforderungen sowie den formalen Anforderungen zusammen, welche im Folgenden in Kapitel 4.1.1 bzw. Kapitel 4.1.2 beschrieben werden.

4.1.1 Inhaltliche Anforderungen

Das Ziel der Arbeit ist die Gestaltung resilienter Produktionsnetzwerke durch eine datenbasierte Früherkennung von Anpassungsbedarfen. Die inhaltlichen Anforderungen dienen dazu, bei der Entwicklung des Lösungsansatzes die Herausforderungen aus der Praxis und die Defizite bestehender Ansätze zu berücksichtigen. Wie in Abbildung 4-1 dargestellt, sind die Anforderungen entsprechend ihrer Herleitung aus Praxis und Theorie unterteilt.

Anforderungen aus der Praxis (vgl. Kapitel 3.1)
Objektbereich ▪ Betrachtung intraorganisationaler Netzwerke ▪ Durchgängige Betrachtung der Netzwerkstrukturebenen **Methodenbereich** ▪ Berücksichtigung interner und externer Einflussfaktoren ▪ Anwendungsgerechte Visualisierungen von Kennzahlenverläufen ▪ Quantifizierung möglicher Schadenspotenziale ▪ Relevanzbestimmung von Veränderungen unter Unsicherheit ▪ Aufwandsgerechte Datenmodellierung ▪ Vorauswahl und Priorisierung von Anpassungsalternativen **Ziel- und Anwendungsbereich** ▪ Verkürzung der Reaktionszeit der Netzwerkgestaltung ▪ Datenbasierte und interaktive Entscheidungsunterstützung

Anforderungen aus der Theorie (vgl. Kapitel 3.4)
▪ **Transparente Darstellung** netzwerkrelevanter Veränderungen im **zeitlichen Verlauf** ▪ Anwendungsgerechte Entscheidungsunterstützung zur **Relevanzbewertung** von Veränderungen unter Berücksichtigung der **Unsicherheit** und des **Schadenspotenzials** ▪ **Datenbasierte und interaktive Entscheidungsunterstützung** zur Ableitung von Anpassungsalternativen unter Berücksichtigung des **Erfahrungswissens** der Anwendenden

Abbildung 4-1: Inhaltliche Anforderungen an die Methodik

Die erste Anforderung aus der Praxis ist, dass bei der Früherkennung von Anpassungsbedarfen der richtige Objektbereich betrachtet wird. Ein globales Produktionsnetzwerk wird dabei als intraorganisationales Netzwerk verstanden (vgl. Kapitel 2.1.1) und die Ableitung von Anpassungsbedarfen findet auf der Prozess-, Ressourcen-, Standort- und Netzwerkebene statt (vgl. Kapitel 2.1.2).

Darüber hinaus existieren in der Praxis Anforderungen bezüglich der methodischen Lösung der beschriebenen Herausforderungen. Die Schaffung der notwendigen Transparenz von Anpassungstreibern im Unternehmen sowie in dessen Umfeld stellt eine Herausforderung dar. Eine Berücksichtigung sowohl von unternehmensinternen, indirekt beeinflussbarer wie nicht beeinflussbarer externer Faktoren ist zur Gestaltung resilienter Produktionsnetzwerke erforderlich (vgl. Kapitel 2.2.2). Sicherzustellen sind außerdem die Nachvollziehbarkeit und Interpretierbarkeit durch die Netzwerkgestaltenden. Dazu eignen sich anwendungsgerechte Visualisierungen (vgl. Kapitel 2.1.4.3). Weiterhin besteht in der Praxis die Herausforderung, die Auswirkungen von Veränderungen zu analysieren. Das traditionelle Risikomanagement berücksichtigt dabei das Schadenspotenzial sowie die Eintrittswahrscheinlichkeit von Veränderungen (vgl. Kapitel 2.3.2). Entsprechend bedarf es eines Vorgehens, mit dem sich die Schäden aus der Vielzahl an Veränderungen und komplexen Zusammenhängen in globalen Produktionsnetzwerken in quantifizierte Schadenspotenziale überführen lassen. Unter Berücksichtigung der Unsicherheit sind die Veränderungen anschließend unter Einbezug des Erfahrungswissens der Netzwerkgestaltenden hinsichtlich ihrer Relevanz zu bewerten. Herausfordernd in der Praxis ist vor allem die Komplexität globaler Produktionsnetzwerke. Es bedarf dabei einer aufwandsgerechten Modellierung der Anpassungsbedarfe und der Überführung in ein Datenmodell zur Anwendung datenbasierter Tools. Mögliche Netzwerkszenarien werden in Unternehmen häufig anhand von Workshops und damit abhängig von der Kreativität der Teilnehmenden entwickelt. In der Praxis mangelt es an einer Entscheidungsunterstützung, die den Netzwerkgestaltenden mögliche Anpassungsalternativen vorschlägt und diese bewertet. Diese Vorarbeit ermöglicht es den Netzwerkgestaltenden, mögliche, bisher nicht bedachte Szenarien zu analysieren sowie Anpassungsbedarfe frühzeitiger zu erkennen.

In Bezug auf den Ziel- und Anwendungsbereich resilienter Produktionsnetzwerke durch datenbasierte Früherkennung besteht die Anforderung, die Reaktionszeit auf Veränderungen in der Netzwerkgestaltung zu verkürzen. Dies soll durch einen datenbasierten Ansatz erfolgen, der zur Berücksichtigung des Erfahrungswissens der Anwendenden eine interaktive Entscheidungsunterstützung darstellt.

Die in Kapitel 3.2 vorgestellten und analysierten Ansätze bieten Vorarbeiten für die Erfüllung der genannten Anforderungen, weisen gleichzeitig aber auch Defizite auf (vgl. Kapitel 3.3). Den Ansätzen fehlt es an einer transparenten Darstellung netzwerkrelevanter Veränderungen, insbesondere in Bezug auf den zeitlichen Verlauf kontinuierlicher Veränderungen. Zwar bieten Methoden des Risikomanagements die Klassifizierung von Risiken hinsichtlich des Schadens und ihrer Eintrittswahrscheinlichkeit, doch sind diese meist auf disruptive Veränderungen beschränkt. Es fehlt an einer anwendungsgerechten Entscheidungsunterstützung, die eine Bewertung jeglicher Veränderung im Produktionsnetzwerk hinsichtlich ihrer Relevanz erlaubt. Mögliche

Anpassungsalternativen werden in den bestehenden Ansätzen durch aufwendige Optimierungsmodelle bestimmt. Das Erfahrungswissen der Netzwerkgestaltenden lässt sich dabei nicht berücksichtigen. Eine datenbasierte und interaktive Entscheidungsunterstützung für die Praxis ist in den bestehenden Ansätzen bisher nicht entwickelt worden. Diese Defizite ergeben somit die Anforderungen seitens der Theorie (vgl. Kapitel 3.4).

Mit der Erfüllung aller inhaltlichen Anforderungen soll die Methodik die netzwerkgestaltenden Personen produzierender Unternehmen dazu befähigen, Anpassungsbedarfe früher zu erkennen, um die Resilienz im Produktionsnetzwerk zu steigern. So soll erreicht werden, dass netzwerkrelevante Veränderungen im Unternehmen sowie im Umfeld frühzeitig identifiziert werden und mögliche Anpassungsreaktionen schneller erkannt werden. Auf diese Weise werden die ersten beiden Phasen der Hysterese, die Wahrnehmung von Veränderungen sowie die Ableitung eines Anpassungsbedarfes, verkürzt und die Reaktionsgeschwindigkeit auf Veränderungen wird erhöht.

4.1.2 Formale Anforderungen

Neben den inhaltlichen Anforderungen muss eine Methodik zur datenbasierten Früherkennung von Anpassungsbedarfen in globalen Produktionsnetzwerken auch formalen Ansprüchen genügen. BECKER ET AL. definieren sechs Grundsätze ordnungsgemäßer Modellierung, welche als formale Anforderung der im Rahmen dieser Arbeit entwickelten Teilmodelle dienen:[324]

- Richtigkeit: Ein hochwertiges Modell gibt den darzustellenden Inhalt in seiner beschriebenen Struktur wie auch im Verhalten korrekt wieder.
- Relevanz: Die für die jeweilige Perspektive relevanten Sachverhalte werden im Modell dokumentiert. Irrelevante Informationen sind nicht enthalten bzw. können als Modellbestandteil ohne gleichzeitigen Wertverlust entfernt werden.
- Wirtschaftlichkeit: Sicherstellung eines angemessenen Kosten-Nutzen-Verhältnisses des Modells.
- Klarheit: Ein Modell muss für die Adressaten verständlich sein. Die erforderlichen methodischen Kenntnisse sind daher möglichst gering zu halten.

[324] vgl. Becker, J./ Probandt, W./ et al. (2012) Grundsätze ordnungsmäßiger Modellierung, S. 31 - 36.

- Vergleichbarkeit: Innerhalb des Modells ist ein einheitlicher Abstraktionsgrad einzuhalten, um eine konforme Anwendung der Modellierungsempfehlung sicherzustellen.
- Systematischer Aufbau: Aus Komplexitätsgründen geben Modelle nur einen Teilaspekt der Realität wieder. Schnittstellen zu korrespondierenden Modellen müssen folglich klar definiert sein, um eine übergreifende Anwendung zu ermöglichen.

4.2 Kernidee der Arbeit

Die Entwicklung der Methodik zur datenbasierten Früherkennung von Anpassungsbedarfen globaler Produktionsnetzwerke basiert auf vier wesentlichen Kernideen:

- Die Anwendenden der Methodik sind eine Gruppe von Personen, die für die Netzwerkgestaltung eines produzierenden Unternehmens verantwortlich sind. Sie berücksichtigen die gesamtunternehmerischen Anforderungen und haben Zugriff auf die notwendigen Daten, die sich aus unterschiedlichen IT-Systemen standortübergreifend extrahieren lassen.
- Der Lösungsraum möglicher Anpassungsalternativen lässt sich über eine systematische Ableitung der Zustände definierter Objekttypen eingrenzen.
- Bei der Gestaltung globaler Produktionsnetzwerke ist die Berücksichtigung von Erfahrungswissen elementar. Eine vollständige Automatisierung der Entscheidungsfindung ist daher nicht anzustreben. Die Ableitung von Anpassungsbedarfen zur Steigerung der Resilienz muss nachvollziehbar und mit der Möglichkeit des Eingreifens des Menschen durchgeführt werden. Interaktive Tools bieten den Netzwerkgestaltenden Transparenz über das Vorgehen und geben die Möglichkeit, Erfahrungswissen einfließen zu lassen.

Auf Basis der beschriebenen Kernideen wird im folgenden Kapitel das Grobkonzept und anschließend die Ausdetaillierung des Konzepts erarbeitet.

4.3 Grobkonzept zur Früherkennung von Anpassungsbedarfen

Im Folgenden wird das Grobkonzept zur datenbasierten Früherkennung von Anpassungsbedarfen globaler Produktionsnetzwerke vorgestellt. Dazu werden die maßgeblichen Module der Methodik skizziert.[325] Die Module lassen sich in den Referenzprozess zur kontinuierlichen Netzwerkgestaltung nach SCHUH ET AL. eingliedern und sind in Abbildung 4-2 dargestellt. Die Methodik hat Anknüpfungspunkte zur Produktionsnetzwerkstrategie sowie zur Ableitung von Netzwerkszenarien, die basierend auf den identifizierten Anpassungsalternativen entwickelt, bewertet und anschließend in den Migrationsprozess der getroffenen Netzwerkentscheidung überführt werden. Der Gestaltungsprozess des Produktionsnetzwerks wird gegenüber dem von SCHUH ET AL. vorgeschlagenen Vorgehen zur Verdeutlichung der Einordnung der vorliegenden Dissertation leicht abgewandelt. Der Prozessschritt zur Bewertung der Netzwerkperformance wird aufgenommen, jedoch in zwei Prozessschritte aufgegliedert. Zunächst erfolgt eine Überwachung der Netzwerkperformance und anschließend eine Bewertung möglicher Anpassungsalternativen. Erst im Anschluss schließen sich die konkrete Analyse und Bewertung von Netzwerkszenarien an, welche keinen Fokus dieser Arbeit darstellen. Hierzu sei u. a. auf GÜTZLAFF verwiesen.[326]

[325] Folgende Vorarbeiten des Autors verdeutlichen den Weg der Lösungskonzeption: Rodemann, N./ Ays, J./ et al. (2019) Influencing factors; Schuh, G./ Prote, J.-P./ et al. (2019) Gestaltung von Produktionsnetzwerken; Lanza, G./ Schuh, G./ et al. (2020) Transformation globaler Produktionsnetzwerke; Schuh, G./ Gützlaff, A./ et al. (2020) Proactive Identification of Adaptation Needs; Rodemann, N./ Niederau, M./ et al. (2021) Systematization of Adaptation Needs; Schuh, G./ Gützlaff, A./ et al. (2021) Pre-selection of Suitable Regression Methods; Schuh, G./ Gützlaff, A./ et al. (2022) Steigerung der Anpassungsgeschwindigkeit; Schuh, G./ Gützlaff, A./ et al. (2022) Software-based Identification of.

[326] vgl. Gützlaff, A. (2021) Entscheidungsprozess zur kontinuierlichen Gestaltung.

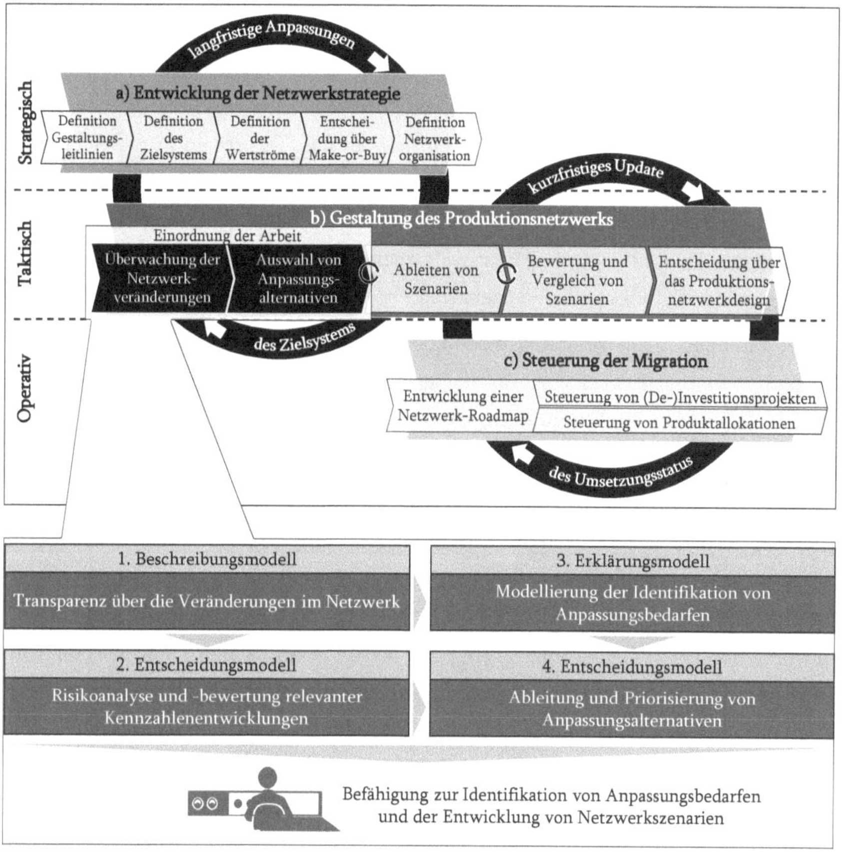

Abbildung 4-2: Einordnung und Aufbau des Grobkonzepts[327]

Zur Überwachung der Veränderungen im Produktionsnetzwerk bedarf es zunächst eines Modells zur Beschreibung der relevanten Kennzahlen zur Messung der Netzwerkperformance. Die eindeutige Beschreibung sowie Visualisierung der Kennzahlen schaffen Transparenz über die Veränderungen im Netzwerk und unterstützen die Netzwerkplanung bei der Identifikation von Anpassungsbedarfen.

In einem Entscheidungsmodell werden Veränderungen im Produktionsnetzwerk anhand der Kennzahlen hinsichtlich ihres Risikos bewertet. Zur frühzeitigen Identifikation von Veränderungen ist eine Prognose der Kennzahlenentwicklung erforderlich,

[327] vgl. Schuh, G./ Prote, J./ et al. (2017) Continuous Design of Production Networks, S. 448.

die in Form der Eintrittswahrscheinlichkeit in die Risikoanalyse einfließt. Zusätzlich erfolgt eine Bewertung des möglichen Schadensausmaßes.

Im anschließenden Erklärungsmodell werden die identifizierten Veränderungen in der Netzwerkperformance mit möglichen Anpassungsalternativen in der Netzwerkgestaltung verknüpft. Die Überführung der Zusammenhänge in ein Datenmodell sowie die Schaffung eines Digitalen Schattens bilden die Basis für eine spätere Automatisierung der Ableitung von Anpassungsalternativen zur Unterstützung der Netzwerkplanung in der Entwicklung von Szenarien.

Das abschließende Entscheidungsmodell nutzt die Risikoanalyse, um die basierend auf möglichen Kennzahlenentwicklungen abgeleiteten Anpassungsalternativen zu priorisieren. Dabei wird ein Optimierungsmodell herangezogen. Von besonderer Bedeutung ist Nachvollziehbarkeit durch die Netzwerkplanung, um die Informationen bei der Entwicklung von Szenarien verwerten zu können.

Das Ziel der Arbeit besteht in der Verkürzung der Anpassungszeit von Produktionsnetzwerken auf kontinuierliche Veränderungen. Der Fokus liegt dabei auf den ersten beiden Phasen der Hysterese (vgl. Kapitel 2.2.1). In Abbildung 4-3 erfolgt eine Einordnung der Teilmodelle in die Phasen der Hysterese in Kombination mit den Teilforschungsfragen dieser Arbeit (vgl. Kapitel 1.2). Zur Verdeutlichung wie die Identifikation des Anpassungsbedarfs als Entscheidungsunterstützung für die Netzwerkgestaltenden dient, wurde die letzte Phase der Hysterese in die Schritte „Entscheidung über die Anpassung“ sowie „Umsetzung der Anpassung“ unterteilt. Der Kurvenverlauf der Anforderungen über die Zeit in Anlehnung an die Mechanismen zur Steigerung der Resilienz (vgl. Abbildung 2-13) hebt die angestrebte Verkürzung der Anpassungszeit im Rahmen der Arbeit hervor.

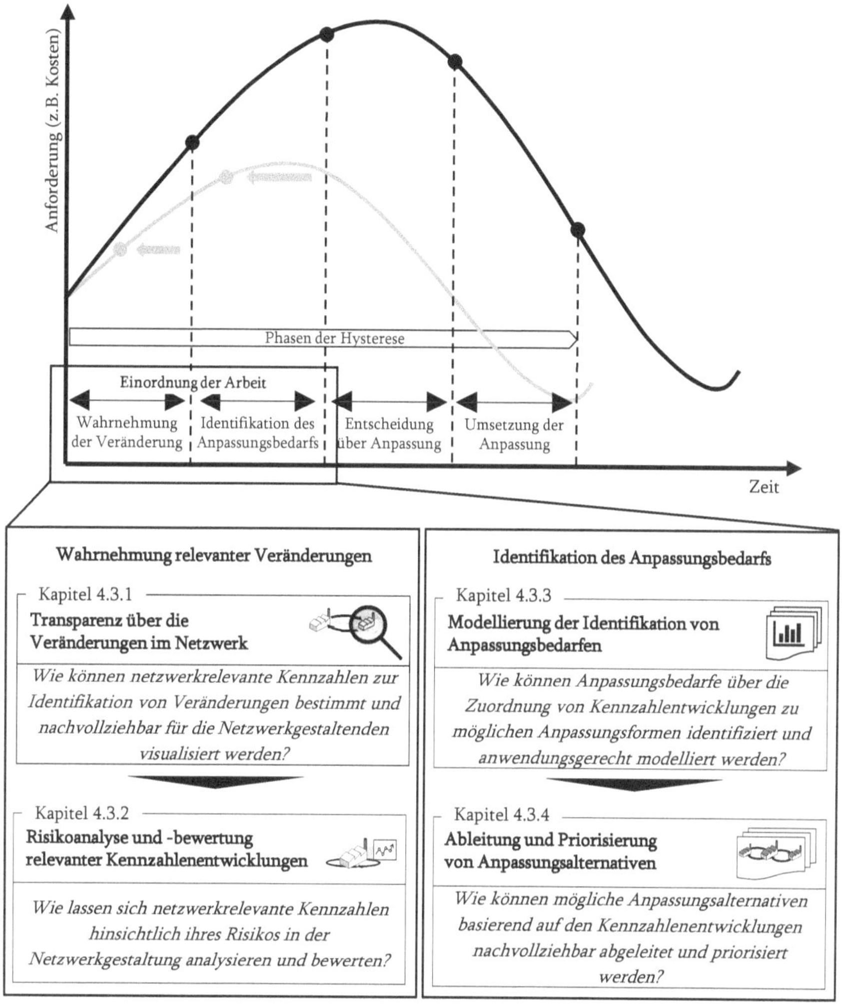

Abbildung 4-3: Grobkonzept der Methodik

In den folgenden Unterkapiteln werden die Teilmodelle der Methodik charakterisiert und der Gesamtzusammenhang zur Arbeit wird hergestellt. Die einzelnen Modelle werden in Kapitel 5 ausführlich dargestellt.

4.3.1 Transparenz über die Entwicklungen im Netzwerk

Ziel des ersten Lösungsbausteins ist die für die Netzwerkgestaltenden interpretierbare Darstellung relevanter Veränderungen im Produktionsnetzwerk. Der Lösungsbaustein ist in drei Lösungsschritte unterteilt, die in Abbildung 4-4 dargestellt sind.

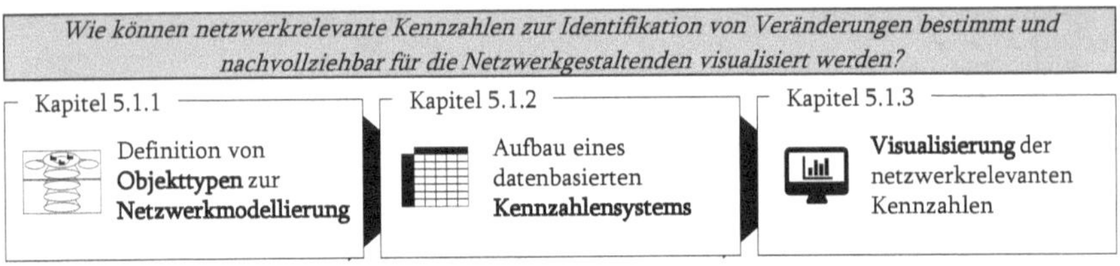

Abbildung 4-4: Struktur und Vorgehen des ersten Lösungsbausteins

Im ersten Lösungsschritt werden Objekttypen zur Modellierung der Netzwerkgestaltung definiert. Ziel ist die eindeutige Eingrenzung des Lösungsraums durch die Definition der betrachteten Objekttypen und deren Relation. Dazu erfolgt eine Orientierung an bestehenden Modellen von Produktionsnetzwerken, welche das Produktionsnetzwerk in verschiedene Betrachtungsebenen einteilen. In Vorarbeiten des Autors wurden dazu die Ebenen Produktionsprozess, Ressource, Standort und Produktionskette bestimmt.[328] Ergänzt wird das Modell durch die zusätzliche Berücksichtigung von Zulieferern, Absatzmärkten sowie Transportstrecken als eigene Objekttypen. Nach der eindeutigen Definition des Betrachtungsraums wird beschrieben, wie ein datenbasiertes Kennzahlensystem aufgebaut wird. Dabei wird ausgeführt, nach welchen Kriterien unternehmensspezifisch ausgewählte Kennzahlen charakterisiert werden und wie die Anforderungen an die Datengrundlage bestimmt werden. Dabei ist neben den Datenquellen und der Erfassungshäufigkeit auch das Aggregationslevel relevant, welches anhand der im ersten Lösungsschritt bestimmten Objekttypen bestimmt wird. Abgeschlossen wird das Kapitel durch die Bestimmung der Visualisierung von netzwerkrelevanten Kennzahlen. Anhand vorgegebener Kategorien sowie der im ersten Lösungsschritt eingeführten Objekttypen lassen sich geeignete Visualisierungsarten ableiten, welche die Netzwerkgestaltenden bei der Analyse der aktuellen Netzwerkkonfiguration sowie der Vergangenheitsdaten unterstützen und verbunden mit dem Erfahrungswissen zu ersten Anpassungsüberlegungen führen.

---

[328] vgl. Rodemann, N./ Niederau, M./ et al. (2021) Systematization of Adaptation Needs, S. 650 - 659.

4.3.2 Risikoanalyse und -bewertung relevanter Kennzahlenentwicklungen

Ziel des zweiten Lösungsbausteins sind die Risikoanalyse und -bewertung netzwerkrelevanter Kennzahlenentwicklungen. Der Lösungsbaustein ist in drei Lösungsschritte unterteilt, die in Abbildung 4-5 dargestellt sind.

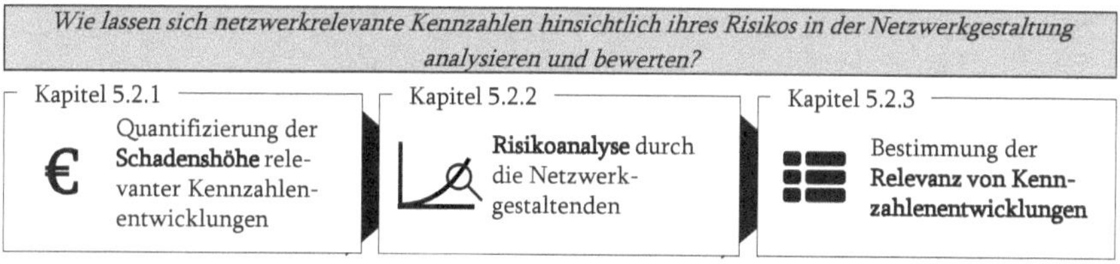

Abbildung 4-5: Struktur und Vorgehen des zweiten Lösungsbausteins

Der erste Lösungsschritt verfolgt das Ziel, die Schadenshöhe der Kennzahlenentwicklungen zu quantifizieren. Dazu wird die Annahme getroffen, dass jede Kennzahl unabhängig von ihrer Zieldimension für das Unternehmen wirtschaftliche Folgen hat. Dazu wird ein Vorgehen vorgestellt, wie sich mithilfe eines Kostenmodells, der Berechnung entgangener Gewinne sowie von Reputationsschäden und Strafzahlungen die Schadenshöhe im Produktionsnetzwerk berechnen lässt. Im zweiten Lösungsschritt wird die Schadensberechnung durch Kumulation über die Zeit sowie unter Berücksichtigung der Eintrittswahrscheinlichkeit betrachtet. Zur Einbindung des Erfahrungswissens der Netzwerkgestaltenden wird dazu ein Tool vorgestellt, mit welchem sich das Risiko der Kennzahlenentwicklung analysieren und bewerten lässt. Um schlussendlich für den Betrachtungszeitpunkt eine Einstufung der Kennzahlenentwicklung hinsichtlich ihrer Relevanz für das globale Produktionsnetzwerk vorzunehmen, wird das Vorgehen im letzten Lösungsschritt um eine Methodik erweitert, die den Vergleich von kumulierten Schadensverläufen und das Erstellen von Relevanzwerten ermöglicht. Diese werden im weiteren Verlauf der Arbeit genutzt, um Anpassungsalternativen für die Netzwerkgestaltung abzuleiten.

4.3.3 Modellierung der Identifikation von Anpassungsbedarfen

Ziel des dritten Lösungsbausteins ist die Handhabbarkeit der Komplexität in der Anpassung globaler Produktionsnetzwerke durch eine Systematisierung der Anpassungsalternativen und deren Verknüpfung mit netzwerkrelevanten Kennzahlen. Gleichzeitig wird durch die Überführung in ein Datenmodell und den Aufbau eines Digitalen Schattens die Basis für die Entwicklung eines datenbasierten Ansatzes geschaffen. Der Lösungsbaustein unterteilt sich in vier Lösungsschritte, die in Abbildung 4-6 abgebildet sind.

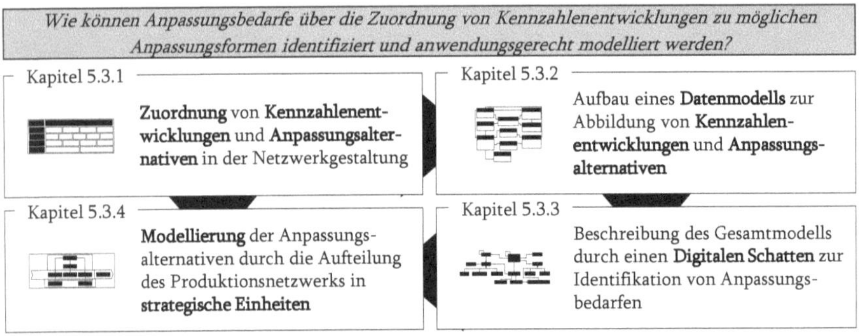

Abbildung 4-6: Struktur und Vorgehen des dritten Lösungsbausteins

Der erste Lösungsschritt verfolgt das Ziel, die im ersten Lösungsbaustein identifizierten Kennzahlenentwicklungen möglichen Anpassungsalternativen zuzuordnen. Dazu werden die auf Vorarbeiten des Autors beruhenden generischen Anpassungsfälle qualitativ beschrieben und mit Anpassungstreibern kombiniert. Ergebnis ist die eindeutige Zuordnung von Kennzahlenentwicklungen zu Anpassungsalternativen. Im zweiten Lösungsbaustein erfolgt der Aufbau eines Datenmodells, das sowohl die Anpassungsalternativen wie auch die Kennzahlenentwicklungen enthält. Anschließend wird das Datenmodell in ein Gesamtmodell überführt und anhand der Notationen des Digitalen Schattens beschrieben. Im letzten Lösungsschritt erfolgt abschließend die Modellierung der Netzwerkalternativen in Form von strategischen Einheiten. Diese ist notwendig, um trotz der hohen Komplexität in der Netzwerkgestaltung eine spätere Automatisierung der Ableitung von Anpassungsalternativen zu ermöglichen.

4.3.4 Ableitung und Priorisierung von Anpassungsalternativen

Ziel des vierten Lösungsbausteins sind die datenbasierte und nachvollziehbare Ableitung und Priorisierung von Anpassungsalternativen. Der Lösungsbaustein ist in zwei Lösungsschritte unterteilt, die in Abbildung 4-7 dargestellt sind.

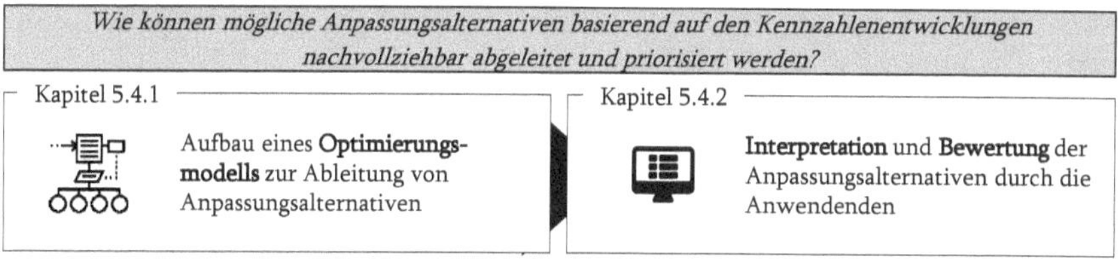

Abbildung 4-7: Struktur und Vorgehen des vierten Lösungsbausteins

Im ersten Lösungsschritt wird ein Optimierungsmodell zur Ableitung von Anpassungsalternativen basierend auf Kennzahlenveränderungen aufgebaut. Dazu erfolgen eine Beschreibung der Zielfunktion, ihrer Nebenbedingungen sowie die iterative Lösung des Optimierungsproblems und die Priorisierung der Anpassungsalternativen. Im zweiten Lösungsschritt wird das Optimierungsmodell in einem Softwaredemonstrator operationalisiert. Dieser stellt die Nachvollziehbarkeit der Problemlösungen durch die Netzwerkgestaltenden sicher und ermöglicht durch eine interaktive Benutzungsoberfläche die iterative Auswahl von Anpassungsalternativen durch die Entscheidenden.

4.4 Zwischenfazit

Die in vorherigen Kapiteln identifizierten inhaltlichen Anforderungen aus der Zielsetzung, den Herausforderungen der Praxis und dem Forschungsdefizit wurden in Kapitel 4.1 konsolidiert und um praktische sowie formale Anforderungen erweitert. Basierend auf den erläuterten Kernideen der Arbeit in Kapitel 4.2 wurde in Kapitel 4.3 die Methodik konzipiert. Mit den vier konzipierten Lösungsbausteinen der Methodik adressiert die Methodik die in Abbildung 4-1 zusammengefassten inhaltlichen Anforderungen.

Durch die ersten beiden Teilmodelle wird die *Transparenz über relevante Veränderungen im Netzwerk* sichergestellt. Im ersten Teilmodell ermöglichen die Erstellung eines datenbasierten Kennzahlensystems sowie die anwendungsorientierte Visualisierung von Kennzahlen das Erkennen und Interpretieren von Veränderungen durch die Netzwerkgestaltenden. Im zweiten Teilmodell befähigen die Risikoanalyse und -bewertung der Kennzahlenveränderungen unter Verwendung eines interaktiven Tools die Einschätzung über die Relevanz einzelner Entwicklungen aus unternehmerischer Perspektive. Auf diese Weise gewinnen die Netzwerkgestaltenden die *Kenntnis über die Auswirkungen von Veränderungen* externer und interner Einflussfaktoren. Durch die systematische Verknüpfung der Kennzahlenentwicklungen mit Anpassungsalternativen werden die Reaktionsmöglichkeiten auf Kennzahlenentwicklungen erarbeitet. Durch die Einführung generischer Anpassungsfälle sowie die Aufteilung des Produktionsnetzwerks in strategische Einheiten im dritten Teilmodell sowie die Überführung der Ableitung und Priorisierung von Anpassungsalternativen in einen Softwaredemonstrator wird eine *Handhabung der Komplexität möglicher Netzwerkanpassungen* ermöglicht. Somit wird den Netzwerkgestaltenden eine Entscheidungsunterstützung zur Netzwerkanalyse zur Verfügung gestellt.

Abbildung 4-8 fasst die Elemente der Methodik sowie die korrespondierenden Herausforderungen zusammen.

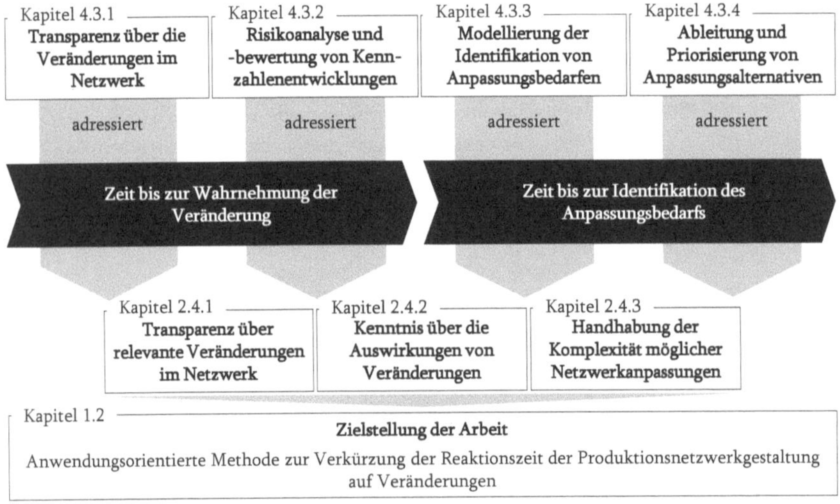

Abbildung 4-8: Lösungsbausteine der Arbeit und adressierte Herausforderungen

5 Detaillierung der Methodik

In diesem Kapitel wird die in Kapitel 4.3 konzipierte Methodik zur datenbasierten Früherkennung von Anpassungsbedarfen in Produktionsnetzwerken ausdetailliert. Die Kapitelstruktur ist analog zum vorgestellten Grobkonzept aufgebaut (vgl. Abbildung 5-1).

Abbildung 5-1: Gliederungsübersicht der Methodik

Kapitel 5.1 beschreibt die Schaffung von Transparenz über die Veränderungen in Produktionsnetzwerken. Über den Aufbau eines Modells zur Netzwerkgestaltung sowie die Entwicklung eines datenbasierten Kennzahlensystems werden die Grundlagen für die Identifikation relevanter Veränderungen geschaffen. Um die Netzwerkgestaltenden und deren Erfahrungswissen in jeden Schritt der Methodik mit einzubinden, wird darüber hinaus abgeleitet, wie sich mögliche Kennzahlenveränderungen nachvollziehbar visualisieren lassen, um eine Interpretation durch die Netzwerkgestaltenden zu ermöglichen.

In Kapitel 5.2 erfolgt die Bewertung der Risiken von identifizierten Veränderungen. Dazu wird aufgezeigt, wie sich der Schaden einer Veränderung relevanter Kennzahlen im Produktionsnetzwerk quantifizieren lässt. Mithilfe eines interaktiven Tools können die Netzwerkgestaltenden anschließend die Relevanz für das Unternehmen bestimmen.

In Kapitel 5.3 werden die identifizierten Kennzahlenentwicklungen den Anpassungsalternativen zugeordnet. Außerdem erfolgt der Aufbau eines Datenmodells als Basis zur Operationalisierung der Ableitung von Anpassungsalternativen in einem Softwaredemonstrator.

In Kapitel 5.4 werden die Ableitung und Priorisierung von Anpassungsalternativen auf Grundlage der identifizierten Kennzahlenentwicklungen durchgeführt. Dazu wird ein Optimierungsmodell aufgestellt und iterativ gelöst. Das Optimierungsmodell wird anschließend in einem Softwaredemonstrator operationalisiert, welches es den Netzwerkgestaltenden ermöglicht, Erfahrungswissen einfließen zu lassen und die priorisierten Anpassungsalternativen als Output zu bewerten.

5.1 Transparenz über die Veränderungen im Netzwerk

Zur Verringerung der Zeit bis zur Wahrnehmung relevanter Netzwerkveränderungen muss zunächst Transparenz im Netzwerk geschaffen werden. Ziel des ersten Teilkapitels ist daher die anwendungsgerechte Darstellung netzwerkrelevanter Kennzahlen. Als erster notwendiger Schritt wird dazu in Kapitel 5.1.1 ein Netzwerkmodell aufgestellt und in Kapitel 5.1.2 ein datenbasiertes Kennzahlensystem entwickelt. Abschließend erfolgt eine anwendungsgerechte Visualisierung der netzwerkrelevanten Kennzahlen in Kapitel 5.1.3, um den Netzwerkgestaltenden die Kenntnis und Interpretation von Veränderungen zu ermöglichen.

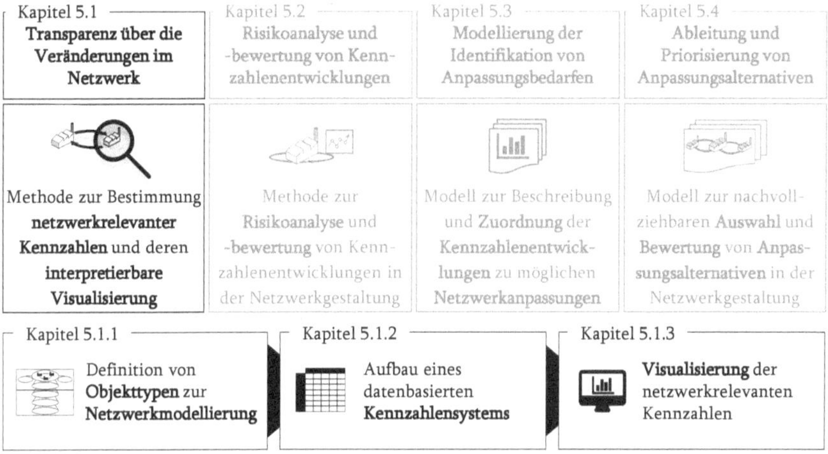

Abbildung 5-2: Gliederungsübersicht des ersten Lösungsbausteins

5.1.1 Objekttypen zur Modellierung der Netzwerkgestaltung

Durch die Definition von Objekttypen zur Modellierung der Gestaltung globaler Produktionsnetzwerke wird der Betrachtungsbereich für die Netzwerkgestaltenden festgelegt sowie der Lösungsraum definiert und eingegrenzt. Eine Orientierung erfolgt dazu an den in Kapitel 2.2.3 beschriebenen Anpassungsformen globaler Produktionsnetzwerke, die sich anhand der Objekte des Produktionssystems sowie deren Aktivitäten innerhalb des Produktionsnetzwerks definieren. Dazu ist an dieser Stelle eine detailliertere Beschreibung der Objekttypen notwendig, die auf Vorarbeiten des Autors basieren.[329]

Ein Produktionsnetzwerk wird durch die Überlagerung mehrerer Knoten-/Kantenmodelle dargestellt, die jeweils die Teilnetzwerke der Produktfamilien repräsentieren. Dementsprechend wird die Kante eines Teilnetzwerks als der Fluss eines Produktes zwischen Standorten durch das Produktionsnetzwerk verstanden. Dieser Fluss wird als *Produktionskette* bezeichnet. Die in diesem Modell als Knoten bezeichneten *Standorte* sind eine nichtleere Menge an sich in Betrieb befindenden Ressourcen, die an einem geographischen Ort vorliegen. Eine *Ressource* wiederum ist eine nichtleere Menge an Betriebs-, Förder- und Lagermitteln, die Produktionsprozesse ausführen.

[329] vgl. Rodemann, N./ Niederau, M./ et al. (2021) Systematization of Adaptation Needs, S. 650 - 659.

Die Charakteristika einer Ressource sind eindeutig und können aggregiert werden. Der *Produktionsprozess* beschreibt die unterste Ebene des Modells und wird definiert als Prozess der Transformation, der aus Ausgangsstoffen unter Einsatz von Energie und bestimmten Produktionsmitteln Wirtschafts- oder Gebrauchsgüter erzeugt. Dieser Prozess wird innerhalb einer Ressource durchgeführt und beschreibt die Vorgänge innerhalb einer Ressource.

Ergänzend zu den beschriebenen Objekttypen spielen bei der Konfiguration von globalen Produktionsnetzwerken auch die Transportzeit und -kosten der Produkte oder Komponenten eine entscheidende Rolle, weshalb das Objekt *Transportstrecke* ergänzend zur Produktionskette ausdetailliert wird.[330] Die Transportstrecke stellt die jeweiligen Kanten mit Start, Ziel und Transportmodus dar. Der Transportmodus beschreibt dabei die Art des Produkt- oder Komponententransfers entlang einer Kante und erfolgt beispielsweise durch See-, Luft- oder Landfracht.[331]

Da Produktionsnetzwerke mit ihrer Umwelt unter anderem in Form von Materialflüssen interagieren, wird die Modellierung um Beziehungen mit der Umwelt erweitert. Produzierende Unternehmen beschaffen Rohmaterialien oder Zwischenprodukte und beliefern nach deren Weiterverarbeitung Absatzmärkte. Je nach Produkt handelt es sich dabei um Endkonsumenten und -konsumentinnen oder andere Unternehmen, welche diese Produkte wiederum weiterverarbeiten. Daraus ergeben sich die zusätzlichen Objektarten *Zulieferer* und *Absatzmarkt*. Diese sind im Rahmen dieser Arbeit nicht aktiv gestaltbar, da in der Praxis ein produzierendes Unternehmen nur sehr beschränkten Einfluss auf die Vorgänge anderer Unternehmen bzw. von Kunden hat. Zulieferer und Absatzmärkte lassen sich lediglich auswählen und wechseln, jedoch nicht anlegen, schließen oder modifizieren. Sie werden daher als Rahmenbedingungen betrachtet und stellen, ebenso wie intraorganisationale Standorte, die Knoten der Modellierung dar. Der Absatzmarkt stellt die Kundenperspektive und somit den Output in der Modellierung bzw. die Endknoten des Materialflusses des Produktionsnetzwerks dar. Zulieferer hingegen sind als Input des Systems und demnach als Startknoten der Modellierung zu sehen.

---

330 vgl. Jacob, F./ Meyer, T./ et al. (2006) Management globaler Produktionsnetzwerke, S. 288.

331 vgl. Meyer, T. (2005) Globale Produktionsnetzwerke, S. 147 - 149.

Nach STEINWASSER umfassen Produktionsprozesse eine Produkt- sowie eine Ressourcenebene.[332] Diesem Verständnis folgend lassen sich die beschriebenen Objekttypen klassifizieren. Die Produktionskette, Zulieferer, Absatzmärkte sowie Transportstrecke sind auf der Produktebene angesiedelt. Die Ressourcenebene wird durch die Standorte, die Ressourcen und die den Ressourcen zugeordneten Produktionsprozessen gebildet. Diese Einteilung wird im beschriebenen Modell integriert und in Abbildung 5-3 als Übersicht dargestellt.

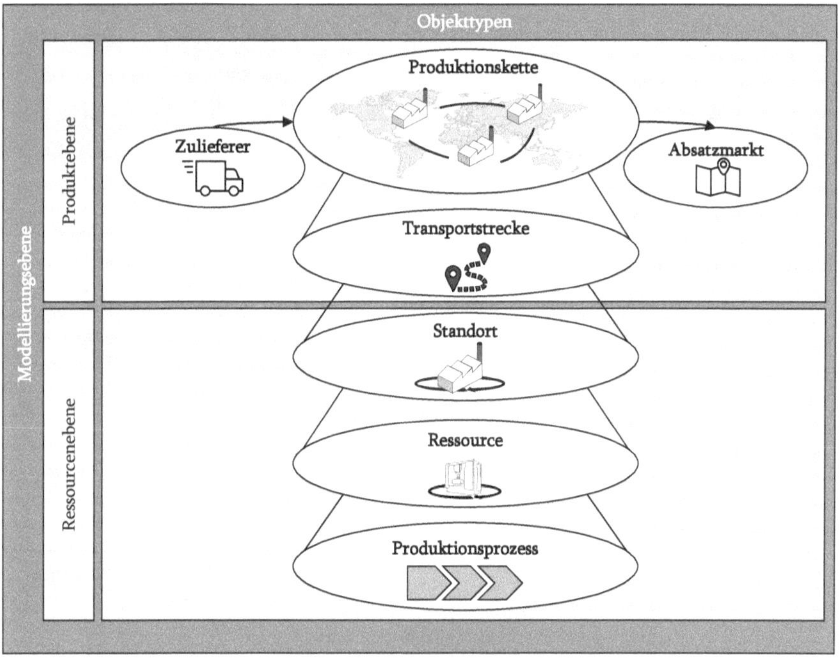

Abbildung 5-3: Objekttypen zur Modellierung der Netzwerkgestaltung

Mithilfe der beschriebenen Objekttypen lassen sich globale Produktionsnetzwerke mit ihren mehrstufigen Produktionsprozessen modellieren. In Kapitel 5.3 werden die Objekttypen erneut aufgegriffen und anhand eines Datenmodells ausdetailliert. Innerhalb dieses Kapitels steht zunächst das grobe Verständnis der Objektarten sowie der Modellierungstiefe im Vordergrund, um auf dieser Basis relevante Veränderungen für die Netzwerkgestaltung zu identifizieren.

---

332 vgl. Steinwasser, P. (1996) Modulares Informationsmanagement, S. 49.

5.1.2 Aufbau eines datenbasierten Kennzahlensystems

Kennzahlen stellen ein geeignetes Instrument dar, um Veränderungen im Produktionsnetzwerk zu identifizieren (vgl. Kapitel 2.1.4.2). Eine Vielzahl von Autorinnen und Autoren hat dazu umfangreiche Sammlungen an Kennzahlen sowie Kennzahlensysteme aufgestellt. Dazu sei u. a. auf die Arbeiten von DIETZ, ARNDT, RITTSTIEG und HWANG ET AL. verwiesen.[333] Da Kennzahlensysteme branchen- und unternehmensspezifisch auszuwählen sind und die vorliegende Arbeit einen allgemeingültigen Ansatz verfolgt, wird an dieser Stelle vom Versuch einer vollständigen Auflistung möglicher Kennzahlen abgesehen. Zum besseren Verständnis ist in Abbildung 5-4 der Aufbau eines Kennzahlensystems dargestellt, der Kennzahlen hinsichtlich der Zieldimensionen (vgl. Kapitel 2.1.3) und Objekttypen (vgl. Kapitel 5.1.1) klassifiziert. Die Zuordnung gemäß den Zieldimensionen erfolgte dabei in Anlehnung an die oben genannten Arbeiten, während die Klassifizierung nach Objekttypen basierend auf Projekterfahrungen des Autors erfolgte.

[333] vgl. Dietz, M. (2017) Kennzahlensysteme für Produktionsnetzwerke; Arndt, T. (2018) Prozessqualität in globalen Produktionsnetzwerken; Rittstieg, M. (2018) Leistungsfähigkeit von Produktionsstandorten; Hwang, G./ Han, J.-H./ et al. (2020) An Integrated Key Performance Measurement.

Objekttypen	Effizienz	Qualität	Zeit	Flexibilität	Ökologische Nachhaltigkeit
Produktions-kette	▪ Fertigungskosten ▪ Materialkosten ▪ Gewinn	▪ Qualitätsrate ▪ Reklamations-quote	▪ Lieferzeit ▪ Bearbeitungszeit	▪ Varianten-flexibilität ▪ Lagerreichweite	▪ Emissionen ▪ Recyclinganteil
Zulieferer	▪ Einkaufskosten ▪ Liefermenge	▪ Liefertermin-treue der Zulieferer ▪ Reklamations-quote	▪ Lieferzeit der Zulieferer ▪ Anpassungszeit bei Produkt-änderungen	▪ Volumenflexi-bilität der Zulieferer ▪ Redundanzen ▪ Verfügbarkeit	▪ Ökobilanz der Zulieferer
Absatzmarkt	▪ Absatzzahlen ▪ Umsatz	▪ Liefertermin-treue ▪ Reklamations-quote	▪ Lieferzeit zum Absatzmarkt	▪ Varianten-flexibilität ▪ Volumen-flexibilität	▪ Emissionen
Transport-strecke	▪ Transportkosten ▪ Transportmittel-auslastung	▪ Liefertermin-treue ▪ Transport-schäden	▪ Transportzeit	▪ Transportvol-umenflexibilität ▪ Transportmittel-flexibilität	▪ Emissionen ▪ Transportmittel ▪ Leertransporte
Standort	▪ Output ▪ Flächenaus-lastung ▪ Overheadkosten	▪ Qualitätsrate ▪ Reklamations-quote	▪ Produktions-durchlaufzeit ▪ Bearbeitungszeit	▪ Volumen-flexibilität ▪ Lagerreichweite ▪ Lagerauslastung	▪ Emissionen ▪ Erneuerbare Energien ▪ Energiebedarf
Ressource	▪ Kapazitäts-auslastung ▪ Energiekosten ▪ Flächenbedarf	▪ Fehlermeldung-en ▪ Qualitätsrate	▪ Produktions-durchlaufzeit ▪ Geplante/ Ungeplante Stillstandszeiten	▪ Volumen-flexibilität ▪ Redundanzen ▪ Verfügbarkeit	▪ Ressourcen-effizienz ▪ Emissionen ▪ Energiebedarf
Produktions-prozess	▪ Prozesskosten ▪ Energiekosten ▪ Personalkosten	▪ Qualitätsrate ▪ Nachbearbei-tungsrate	▪ Bearbeitungszeit ▪ Übergangszeiten ▪ Rüstzeiten	▪ Varianten-flexibilität ▪ Produkt-flexibilität	▪ Materialeffizienz ▪ Emissionen ▪ Wasserverbrauch

(Spaltenüberschrift: Zieldimensionen)

Abbildung 5-4: Aufbau des Kennzahlensystems

Zum Aufbau eines datenbasierten Kennzahlensystems sind eine Strukturierung der Kennzahlen und ein Vorgehen zu deren Charakterisierung notwendig. Zunächst ist eine eindeutige Beschreibung der Kennzahl vorzunehmen, um ein einheitliches Verständnis der beteiligten Personen sicherzustellen. Eine Erfassung von Kennzahlen ist auf unterschiedlichen Aggregationsebenen möglich, welche abhängig vom Anwendungsfall zu bestimmen sind. Zur einheitlichen Erfassung der Kennzahlen ist darüber hinaus eine Berechnungslogik zu definieren, um mögliche Abweichungen beispielsweise zwischen Standorten zu verhindern. Zur Erhöhung der Genauigkeit in der Prognose von Kennzahlen sind mögliche Wirkzusammenhänge zu bestimmen sowie die Datenbedarfe sowie deren Erfassungshäufigkeit zu definieren. Zusammenfassen lassen sich die notwendigen Schritte zur Charakterisierung von Kennzahlen anhand des in Abbildung 5-5 dargestellten Vorgehens, welches im Folgenden ausdetailliert wird.

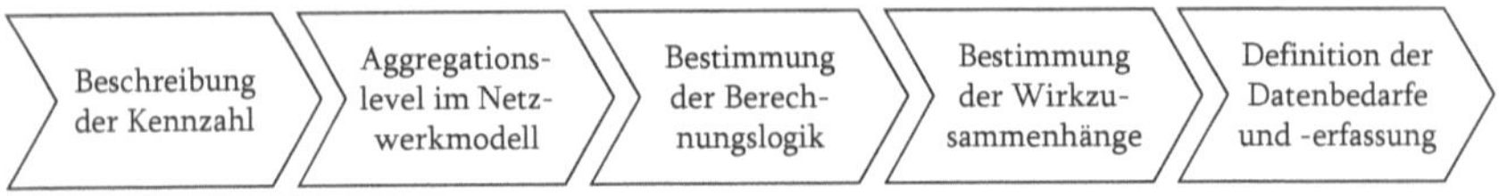

Abbildung 5-5: Vorgehen zur Charakterisierung von Kennzahlen

1. Beschreibung der Kennzahl

Sobald eine Kennzahl von den in der Netzwerkgestaltung involvierten Personen als relevant eingestuft wird, muss eine eindeutig verständliche Definition der Kennzahl erfolgen. Hierbei ist noch nicht das konkrete Aufstellen von Formeln gemeint, sondern eine ausformulierte Beschreibung der zu untersuchenden Kennzahl. Auf diese Weise wird ein eindeutiges Verständnis über die Kennzahl geschaffen, welches angesichts der bereichs- und standortübergreifenden Nutzung des Kennzahlensystems von Bedeutung ist. In der Ausformulierung der Kennzahl muss darüber hinaus verdeutlicht werden, was die angestrebte Optimierungsrichtung ist. Abhängig von der Kennzahl ist diese positiv (z. B. Output), negativ (z. B. CO_2-Emissisionen) oder hinsichtlich eines bestimmten Wertes ausgerichtet (z. B. prozentuale Kapazitätsauslastung).

2. Aggregationslevel im Netzwerkmodell

Kennzahlen lassen sich abhängig von der gewünschten Aussagekraft auf unterschiedlichen Ebenen in der Netzwerkgestaltung erfassen. Die Auslastung beispielsweise lässt sich für eine bestimmte Ressource an einem bestimmten Standort ermitteln und analysieren. Aggregiert lässt sich jedoch auch die Auslastung eines gesamten Standortes hinsichtlich eines Ressourcentyps erfassen. Zur Charakterisierung der Kennzahlen muss daher eindeutig bestimmt werden, auf welchem Aggregationslevel die Kennzahl von Relevanz ist. Das in Kapitel 5.1.1 aufgestellte Netzwerkmodell dient dabei für die Methodik als Bezugsgröße. Entsprechend werden die Objekttypen Produktionsprozess, Ressource, Standort, Produktionskette sowie die zusätzlichen Objektarten Transportstrecke, Zulieferer und Absatzmärkte herangezogen.

3. Bestimmung der Berechnungslogik

Aufgrund der standortübergreifenden Erfassung von Kennzahlen, die bei einer nicht-vollständig automatisierten Erfassung möglicherweise von unterschiedlichen Personen durchgeführt wird, ist eine eindeutige Bestimmung der Berechnungslogik notwendig. Hierzu müssen mathematische Formeln für jede Kennzahl aufgestellt und die Variablen exakt erläutert werden. In Kapitel 2.1.4.2 wurden hierzu mathematische

Formeln relevanter Kennzahlen der Zieldimensionen Effizienz, Qualität, Zeit, Flexibilität und ökologische Nachhaltigkeit eingeführt. Zur Bestimmung der Berechnungslogiken weiterer Kennzahlen sei auf die bereits erwähnten Arbeiten anderer Autoren verwiesen.[334]

4. Bestimmung der Wirkzusammenhänge

Anhand der Formeln und der Berechnungslogik werden Kennzahlen bestimmt. Zur Erhöhung der Prognosegenauigkeit sind die Formeln um Wirkzusammenhänge zu erweitern. Das ermöglicht die Anreicherung von Regressionsverfahren um nicht eindeutige Wirkzusammenhänge. Hierzu eignet es sich, mithilfe der Methode des vernetzten Denkens workshopbasiert Wirkdiagramme der Kennzahlen aufzustellen.[335] Dadurch wird die Kenntnis über mögliche Zusammenhänge gestärkt und die Anwendenden werden befähigt, exakt zu identifizieren, welche Einflussfaktoren von Kennzahlen beeinflussbar sind und auf welche sich durch Anpassungen in der Netzwerkgestaltung reagieren lässt. In Abbildung 5-6 ist ein Wirkdiagramm beispielhaft anhand der Kennzahl *Kapazitätsauslastung* dargestellt.

[334] vgl. Dietz, M. (2017) Kennzahlensysteme für Produktionsnetzwerke; Arndt, T. (2018) Prozessqualität in globalen Produktionsnetzwerken; Rittstieg, M. (2018) Leistungsfähigkeit von Produktionsstandorten; Hwang, G./ Han, J.-H./ et al. (2020) An Integrated Key Performance Measurement.

[335] vgl. Bala, B./ Arshad, F./ et al. (2017) System Dynamics, S. 15 - 24.

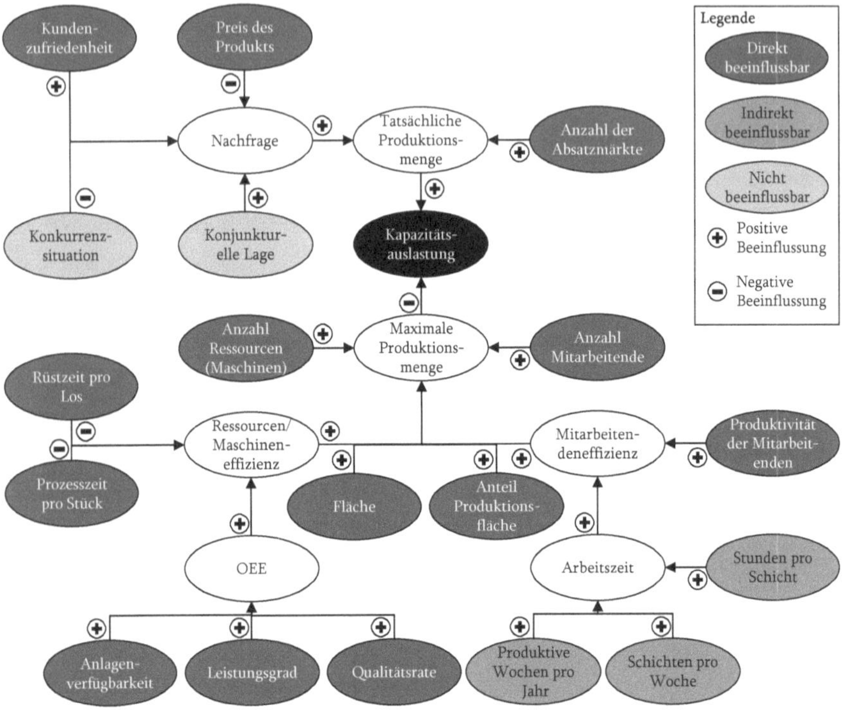

Abbildung 5-6: Beispiel zum Aufbau eines Wirkdiagramms

5. Definition der Datenbedarfe und -erfassung

Zur Berechnung der Kennzahlen ist eine Definition der Datengrundlage notwendig. Jede Variable zur Berechnung der Kennzahlen ist mit Daten zu befüllen und sollte keine Schätzungen der involvierten Personen vorsehen. Die benötigten Daten werden aus den im Unternehmen verwendeten IT-Systemen bezogen, zu welchen in Kapitel 2.3.4 eine Übersicht dargestellt ist. Für einige Kennzahlen sind auch öffentliche Daten wie externe Datensätze, z. B. zur zivilen Infrastruktur, relevant. Eine Übersicht möglicher Datenbanken zu politischen und geografischen Risiken bietet WITTHOHN.[336] Die verwendeten Daten sind sehr heterogen und unterscheiden sich in ihrer Erfassungshäufigkeit. Bei der Betrachtung globaler Produktionsnetzwerke und

[336] vgl. Witthohn, C. (2019) Konfiguration globaler Produktionsnetzwerke, S. 99 - 109.

insbesondere der Ableitung taktischer Anpassungsbedarfe ist die Verwendung sekündlich erfasster Maschinendaten beispielsweise von geringerem Interesse. Hier reicht eine Aggregation der Daten auf monatlicher Basis. Andere Daten, beispielsweise aus dem Controlling, werden deutlich seltener erfasst, z. B. jährlich. Grundsätzlich sollten die Daten jedoch möglichst häufig erfasst werden, um eine frühzeitige Reaktion auf Abweichungen zu ermöglichen. Anzustreben ist außerdem eine Automatisierung der Datenerfassung. Diese lässt im Gegensatz zu manuellen Reportings, wie sie in vielen Unternehmen üblich sind, keine unterschiedlichen Erfassungsweisen von Daten zu und reduziert die Gefahr menschlicher Fehler.

In Form einer Datenkarte werden die Ergebnisse der fünf Schritte zur Charakterisierung einer Kennzahl übersichtlich dargestellt und dokumentiert. In Abbildung 5-7 ist die interaktive Datenkarte am Beispiel der Kennzahl *Kapazitätsauslastung* dargestellt. Über die Auswahlfunktion wird durch die Anwendenden die zu betrachtende Zieldimension ausgewählt (vgl. Kapitel 2.1.3). Für das Unternehmen relevante Kennzahlen innerhalb einer Zieldimension werden ebenfalls per Dropdownfunktion durch die Anwendenden herausgefiltert. Die Datenkarte zeigt für die ausgewählte Kennzahl neben der Beschreibung und Berechnungslogik auch die möglichen Aggregationslevel, auf welche sich die Kennzahl bezieht (vgl. Kapitel 5.1.1). Im Falle der hier dargestellten Kapazitätsauslastung ist eine Analyse der Kennzahl auf Ebene des Produktionsprozesses, der Ressourcen, des Standortes und der Produktionskette möglich. Bei einer engen Verbindung zum Zulieferer, beispielsweise in der Automobilindustrie, sind Angaben zur Kapazitätsauslastung für den Zulieferer möglich. Zur einheitlichen Berechnung ist die Angabe der Datengrundlage bedeutend. Im vorliegenden Beispiel sind die Einheiten, IT-Systeme und Erfassungshäufigkeiten zur Bestimmung der tatsächlichen und maximalen Produktionsmenge anzugeben. In der Praxis wird die Datenquelle präziser angegeben, beispielsweise in Kombination mit einer Transaktionsnummer zum Abrufen der Daten im IT-System. Über die Datenkarten sind die Kennzahlen und ihre Eigenschaften einheitlich dokumentiert und ermöglichen eine unternehmensweite Standardisierung in der Erfassung.

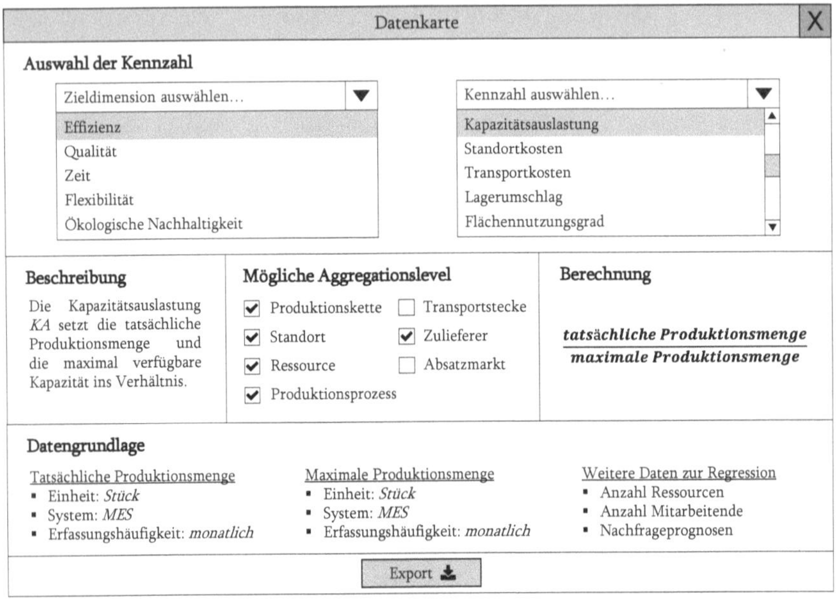

Abbildung 5-7: Aufbau einer Datenkarte am Beispiel der Kapazitätsauslastung

5.1.3 Visualisierung der netzwerkrelevanten Kennzahlen zur Interpretation durch die Netzwerkgestaltenden

Zur Resilienzsteigerung durch datenbasierte Früherkennung ist von entscheidender Bedeutung, dass die in Kapitel 5.1.2 charakterisierten Kennzahlen anwendungsgerecht visualisiert werden. Die Gestaltung von Produktionsnetzwerken erfordert die Einbindung des Menschen mit seinem Erfahrungswissen. Entsprechend müssen datenbasiert generierte Kennzahlen und ihre Entwicklungen zur weiteren Analyse aufbereitet werden. Aufgrund der Vielzahl zu vermittelnder Informationen eignen sich interaktive Datenvisualisierungen. In Kapitel 2.1.4.3 wurden dazu bereits mögliche Visualisierungsarten thematisiert. In diesem Kapitel wird den Netzwerkgestaltenden aufgezeigt, wie für die ausgewählten Kennzahlen geeignete Visualisierungen ausgewählt werden und wie eine grafische Benutzeroberfläche zu gestalten ist.

Da die im Rahmen dieser Arbeit entwickelte Entscheidungsunterstützung einen quantitativen Fokus hat, wird jede Kennzahl unabhängig von ihrer Einheit und Optimierungsrichtung als numerische Zahl angegeben. Entscheidend sind dabei Veränderungen über die Zeit, weshalb jede der relevanten Kennzahlen gemäß den Kategorien nach SCHWABISH als Linien-, Slope- oder Flächendiagramm dargestellt werden sollte, um den Netzwerkgestaltenden die Möglichkeit zu geben, zeitliche Veränderungen zu identifizieren und zu analysieren (vgl. Kapitel 2.1.4.3). Um die notwendige Detailtiefe und die eindeutige Verständlichkeit beizubehalten, ist das Liniendiagramm zu empfehlen. Zur Verdeutlichung der Entwicklungen einer Kennzahl wird die Visualisierung um Prognosewerte erweitert, um den Anwendenden einen möglichen Blick in die Zukunft und eine frühzeitige Identifikation relevanter Entwicklungen zu gewähren. Zur Prognose der Verläufe von Kennzahlen sowie deren Einflussfaktoren stehen verschiedene Regressionsverfahren zur Verfügung (vgl. Kapitel 2.3.3). Für die Auswahl geeigneter Regressionsverfahren im Kontext globaler Produktionsnetzwerke wurde in Vorarbeiten des Autors eine Literaturrecherche durchgeführt. Hybride und speziell für den Anwendungsfall zugeschnittene Regressionsverfahren führen zu einer besseren Prognosegenauigkeit, sind im Kontext globaler Produktionsnetzwerke aufgrund des hohen Aufwands und der Vielzahl an Daten und zu betrachtender Kennzahlen jedoch nicht immer realisierbar. Für die Auswahl eines geeigneten Standardverfahrens sei auf die Vorarbeit des Autors verwiesen, in welcher infrage kommende Standardverfahren sowie eine Methodik zur Auswahl eines geeigneten Verfahrens vorgestellt werden.[337] Für das in Abbildung 5-8 dargestellte Beispiel wird ein lineares Regressionsverfahren zur Prognose der Transportkosten ausgewählt. In der Visualisierung werden Vergangenheitsdaten in Form von Punkten für die Jahre 2010–2018 dargestellt. Die Transportkosten berechnen sich aus der zu transportierenden Menge und den Transportkosten je Produkt. Die zu transportierende Menge entspricht der Nachfragemenge, welche im vorliegenden Beispiel bereits anhand von Vergangenheitsdaten prognostiziert wurde. Die Transportkosten je Produkt ergeben sich aus dem Erzeugerpreisindex für die grenzüberschreitende Güterbeförderung im Straßenverkehr. Der Erzeugerpreisindex liegt für die Jahre 2010 bis 2018 vor.[338] Der Index wird im Folgenden auf Grundlage eines linearen Modells extrapoliert, welches durch Formel (5.1) dargestellt wird. Das lineare Modell beschreibt den Zusammenhang zwischen Input x und Output y abhängig von den Parametern β_0 und β_1.

---

337 vgl. Schuh, G./ Gützlaff, A./ et al. (2021) Pre-selection of Suitable Regression Methods.

338 vgl. Statistisches Bundesamt (2019) Destatis - Verkehrsaktuell.

$$y = \beta_0 + \beta_1 \cdot x \quad (5.1)$$

Die Regressionskoeffizienten werden gemäß der Methode der kleinsten Quadrate durch die Minimierung der Summe der quadrierten Abweichungen geschätzt. Das parametrierte Modell wird genutzt, um den wahrscheinlichsten Wert y bei einem gegebenen x zu berechnen. Da sich das geschätzte Modell nicht exakt an die Datengrundlage anpassen lässt, was daran ersichtlich ist, dass die gegebenen x- und y-Werte nicht genau auf einer Geraden liegen, ist das Modell mit einer Unsicherheit behaftet. Es ist nicht möglich, den exakten zukünftigen Wert y bei gegebenen x zu berechnen. Eine Voraussetzung für eine lineare Regression ist, dass die Abweichung zwischen den tatsächlichen und den ermittelten Werten normalverteilt ist. Mithilfe von Prognoseintervallen lässt sich für jedes x ein Wertebereich angeben, in dem der zukünftige Wert y mit einer bestimmten Wahrscheinlichkeit liegt.[339] Der Erwartungswert der Normalverteilung ist der Mittelwert der oberen und unteren Grenze des Prognoseintervalls. Die Standardabweichung lässt sich mithilfe der Sigma-Regeln bestimmen.[340] Durch dieses Vorgehens lassen sich die Transportkosten je Produkt für jedes Jahr x als Standardnormalverteilung mit dem Erwartungswert μ und der Standardabweichung σ angeben. In der Visualisierung in Abbildung 5-8 stellt die durchgezogene Linie die Regressionsfunktion dar. Anhand der Abstände der Punkte zur Linie wird die Genauigkeit der Regressionsfunktion deutlich, welche ebenfalls rechnerisch durch die in Kapitel 2.3.3 vorgestellten Bewertungsmethoden bestimmt wird. Über die gestrichelten Linien wird darüber hinaus das 90 %-Konfidenzintervall angegeben. Für das Jahr 2030 liegt im gewählten Beispiel das Prognoseintervall zum 90 %-Konfidenzniveau zwischen 69,45 EUR und 75,60 EUR. Die Visualisierung gibt den Netzwerkgestaltenden neben dem Verlauf der Kennzahl damit auch eine Information über die Genauigkeit der Prognose. Die Benutzeroberfläche bietet darüber hinaus die Möglichkeit, das Aggregationslevel sowie den Betrachtungszeitraum auszuwählen. Der wesentliche Vorteil dieser Darstellungsweise liegt in der Einfachheit und Interaktivität, welche es den Netzwerkgestaltenden ermöglichen, aufwandsgerecht unterschiedliche Kennzahlen zu analysieren und deren Verläufe kontextbezogen zu interpretieren.

---

339 vgl. Fahrmeir, L./ Kneib, T./ et al. (2009) Regression, S. 90 - 123; Lüpsen, H. (2021) Varianzanalysen - Prüfen der Voraussetzungen, S. 4 - 6.

340 vgl. Lippe, P. v. d. (2004) Induktive Statistik, S. 55.

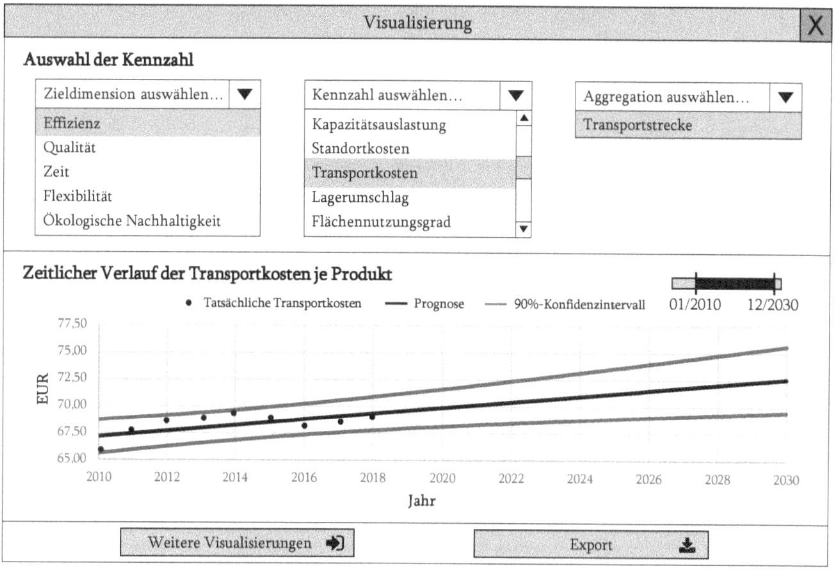

Abbildung 5-8: Beispiel zur Visualisierung des zeitlichen Verlaufs

An dieser Stelle sind jedoch nicht nur die Kennzahlen interessant, sondern für die Detailbetrachtung auch die Ursachen von Kennzahlenveränderungen. Abhängig vom Sachverhalt ist es von Interesse, die einzelnen Parameter der Kennzahlen im Detail zu analysieren. Wird beispielsweise die Kennzahl Kapazitätsauslastung betrachtet und eine annähernde Erreichung der Kapazitätsgrenze erkannt, ist eine Analyse darüber interessant, ob diese aufgrund wachsender Nachfrage oder schlechterer Verfügbarkeiten der Kapazitäten zu befürchten ist. Über eine interaktive Oberfläche ist den Nutzenden daher die Möglichkeit zu geben die einzelnen Parameter in weiteren Liniendiagrammen zu betrachten und die Identifikation der Haupttreiber für Veränderungen zu ermöglichen.

Die Anwendungsoberfläche wird darüber hinaus durch weitere kennzahlenspezifische Ansichten ergänzt. Diese lassen sich anhand der Kategorien nach SCHWABISH ableiten (vgl. Kapitel 2.1.4.3):

Vergleich

Mithilfe von Balken- und Säulendiagrammen sowie Heatmaps lassen sich Werte kategorieübergreifend vergleichen. Je nach Aggregationslevel reicht dieser Vergleich von der Ebene des Produktionsprozesses bis zum Standortvergleich, auch ein Vergleich zwischen Zulieferern und Absatzmärkten ist etwa möglich. Nahezu jede Kennzahl lässt sich durch einen einfachen Vergleich in dieser Form darstellen. Ausreißer, beispielsweise beim Vergleich von Standortkosten, werden auf diese Weise schnell durch die Anwendenden aufgedeckt. Durch einen Regler wird darüber hinaus der Zeitraum durch die Anwendenden gewählt, um Veränderungen über die Zeit darzustellen. In Abbildung 5-9 sind die Standortfixkosten als Beispiel für eine Visualisierung der Kategorie *Vergleich* angegeben. Weitere geeignete Kennzahlen zur Visualisierung in der Kategorie *Vergleich* sind Durchlaufzeiten sowie Kapazitäten.

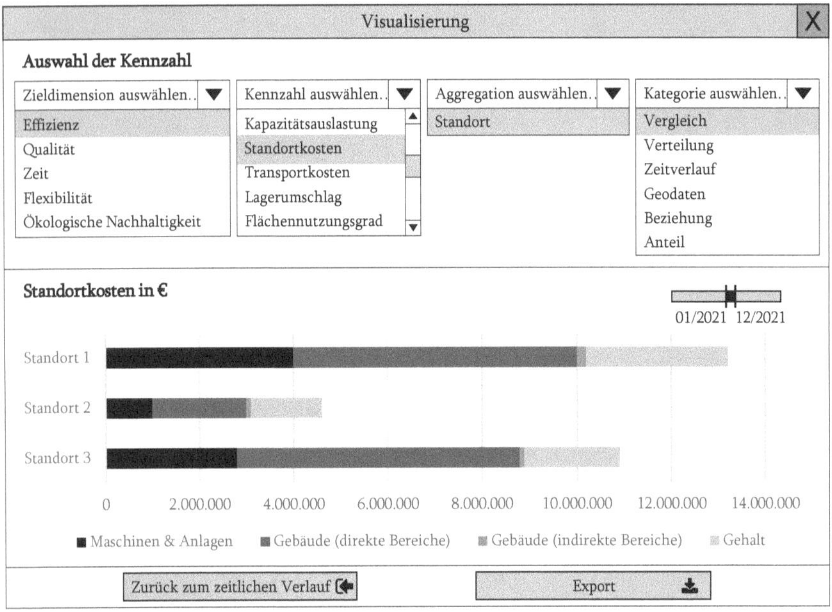

Abbildung 5-9: Beispiel für eine Visualisierung der Kategorie Vergleich

Zeitverlauf

Jede Kennzahl wird als Liniendiagramm über die Zeit visualisiert, um Trends zu erkennen und Prognosen zu analysieren. Ergänzend zur Darstellung des zeitlichen Verlaufs jeder Kennzahl bietet die spezifische Betrachtung einzelner Kennzahl über die Zeit eine Unterstützung in der Identifikation von Veränderungen. Das ist insbesondere der Fall, wenn die Kennzahl saisonalen Schwankungen unterliegt, was sich beispielsweise durch die Volumenflexibilität visualisieren lässt. In Abbildung 5-10 ist diese über die Zeit abgebildet und ermöglicht die Identifikation von Über- sowie Unterproduktionen. Weitere mögliche Kennzahlen zur Analyse möglicher saisonaler Schwankungen im Zeitverlauf sind Transportzeiten und Absatzvolumen.

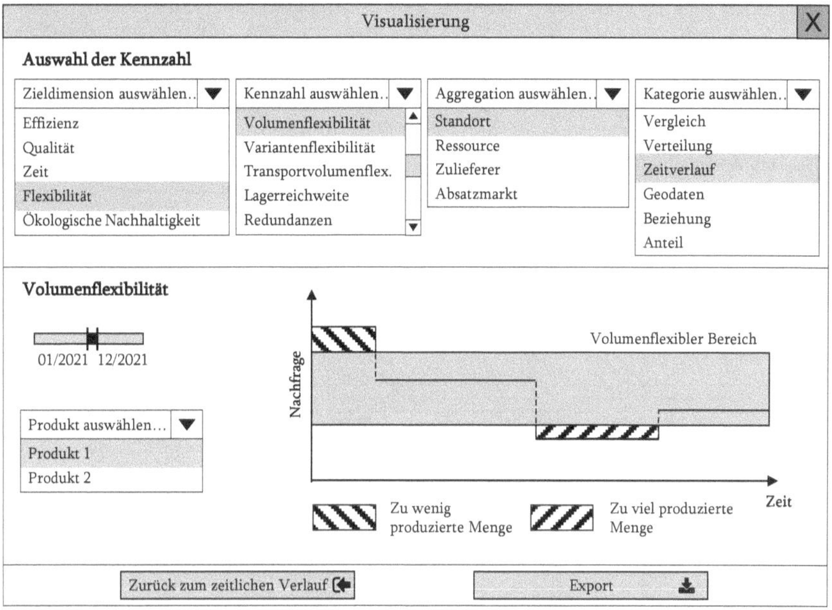

Abbildung 5-10: Beispiel für eine Visualisierung der Kategorie Zeitverlauf

Verteilung

Durch die Abbildung der Verteilung von Werten in verschiedenen Kategorien, beispielsweise durch Histogramme, lassen sich auf allen Aggregationsleveln die Haupttreiber für Kennzahlenwerte identifizieren. In Abbildung 5-11 sind die CO_2-Emissionen eines ausgewählten Produktes als Beispiel einer Visualisierung der Kategorie *Verteilung* aufgeführt. Diese bietet den Anwendenden die Transparenz über die CO_2-Treiber zur Ableitung möglicher Einsparpotenziale. Auf der x-Achse sind Zukaufteile, Prozessschritte sowie die internen und externen Transporte aufgeführt. Ein Regler ermöglicht darüber hinaus die Bestimmung des Zeitraums, um mögliche Veränderungen über die Zeit interaktiv zu identifizieren. Weitere Kennzahlen, deren Visualisierung sich in dieser Weise zur Analyse eignet, sind beispielsweise Fehlerhäufigkeiten sowie Durchlaufzeiten.

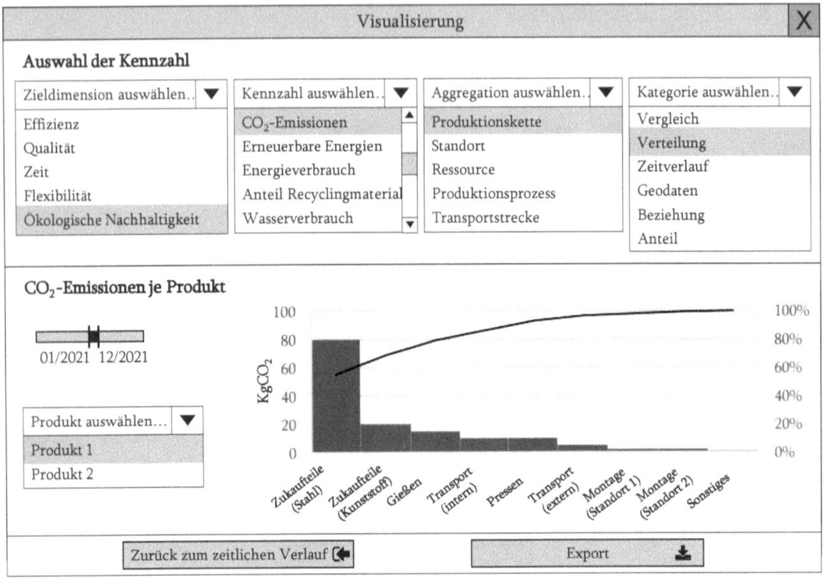

Abbildung 5-11: Beispiel für eine Visualisierung der Kategorie Verteilung

Geodaten

Für globale Produktionsnetzwerke bietet sich die Darstellung globaler Verteilungen, beispielsweise der eigenen Standorte, Zulieferer oder auch Absatzmärkte, in Form von Weltkarten an. Durch das Einzeichnen von Transportstrecken wird den Netzwerkgestaltenden die Information vermittelt, welche Materialien und Produkte über weite Wegstrecken transportiert werden. Zusätzliche Informationen wie beispielsweise das transportierte Volumen, das gebundene Kapital oder auch der Umsatz je Absatzmarkt lassen sich durch Farben oder Pfeildicken darstellen. Ein Beispiel einer möglichen Visualisierung ist in Abbildung 5-12 dargestellt. Hier werden die eigenen Standorte eines Unternehmens sowie die Absatzmärkte abgebildet. Die Größe der Kreise spiegelt das abgenommene Volumen am jeweiligen Absatzmarkt wider und die Pfeildicke die Transportkosten je Palette. Abzuleiten ist daraus beispielsweise die Zuordnung von Produktionsstandorten zu Märkten zur Einsparung von Transportkosten. Über den Regler wird der Betrachtungszeitraum gewählt, sodass sich mögliche Entwicklungen identifizieren lassen.

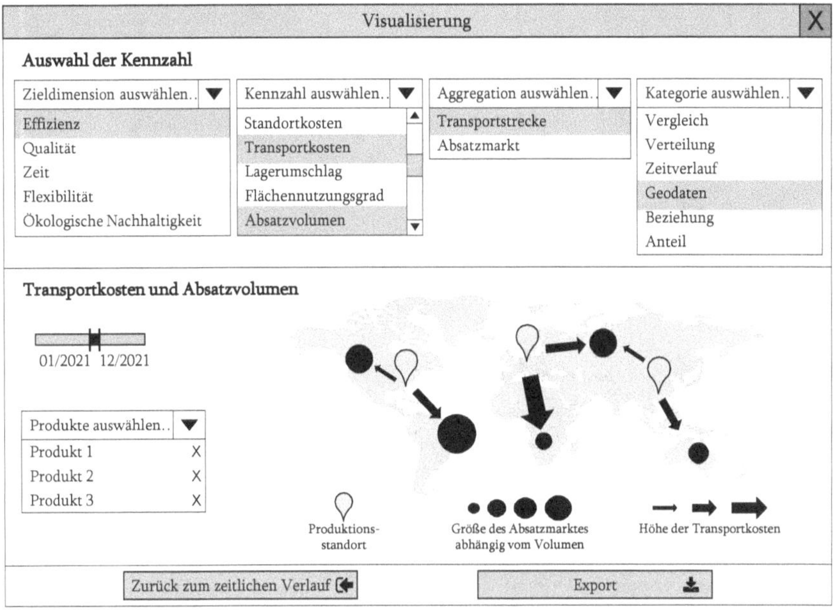

Abbildung 5-12: Beispiel für eine Visualisierung der Kategorie Geodaten

Beziehung

Zur Abbildung von Zusammenhängen zwischen Variablen eignen sich unter anderem Streudiagramme. Den Netzwerkgestaltenden bieten sie die Möglichkeit, Erkenntnisse über einzelne Kennzahlen abzuleiten und proaktiv zu handeln. In Abbildung 5-13 ist als Beispiel eine Korrelation zwischen dem erzielten Umsatz eines Absatzmarktes und dem Bruttoinlandsprodukt der Region aufgezeigt. Die Größe der Kreise vermittelt darüber hinaus den Marktanteil des Unternehmens in der jeweiligen Region. Darüber lässt sich beispielsweise ableiten, in welche Regionen Wachstumsmöglichkeiten bestehen. Eine mögliche weitere Korrelation, die sich mithilfe von Streudiagrammen visualisieren lässt, ist z. B. die Relation zwischen Transportschäden und Transportzeit.

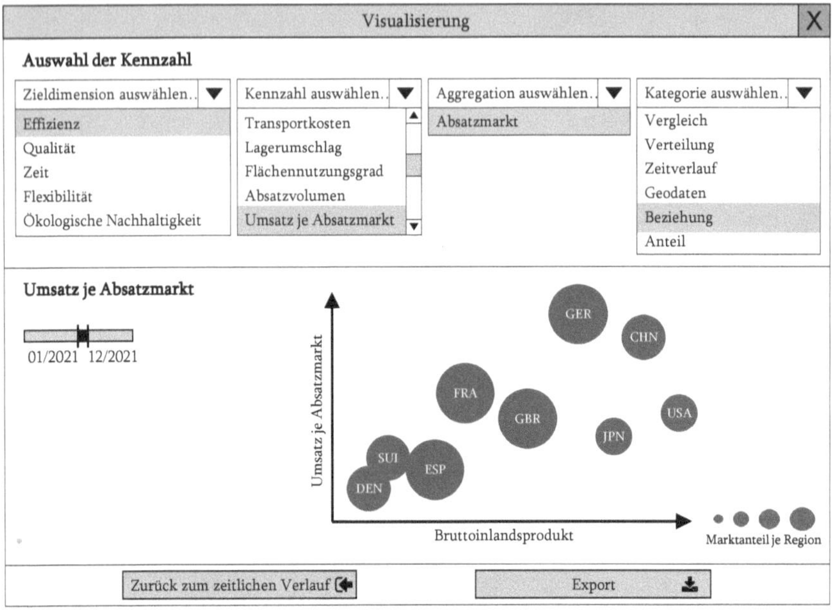

Abbildung 5-13: Beispiel für eine Visualisierung der Kategorie Beziehung

Anteil

Prozentuale Verteilungen eines Gesamtraums lassen sich unter anderem mit Treemaps visualisieren. Die Größe der Fläche gibt dabei den prozentualen Anteil am Gesamten an. In Abbildung 5-14 sind beispielsweise die Produktionsflächen eines Unternehmens abgebildet und lassen erkennen, welche Standorte die größten Flächen zur Verfügung haben und in welche Bereiche diese aufgeteilt sind. Über die Farbe lässt sich zusätzlich die Information übermitteln, wie hoch der Grad der Flächennutzung in den Bereichen ist. Über den Regler wird der Betrachtungszeitraum gewählt, sodass sich mögliche Entwicklungen identifizieren lassen. Weitere Kennzahlen, die sich zur Visualisierung in dieser Form eignen, sind die Kapazitätsauslastung sowie das verfügbare Personal.

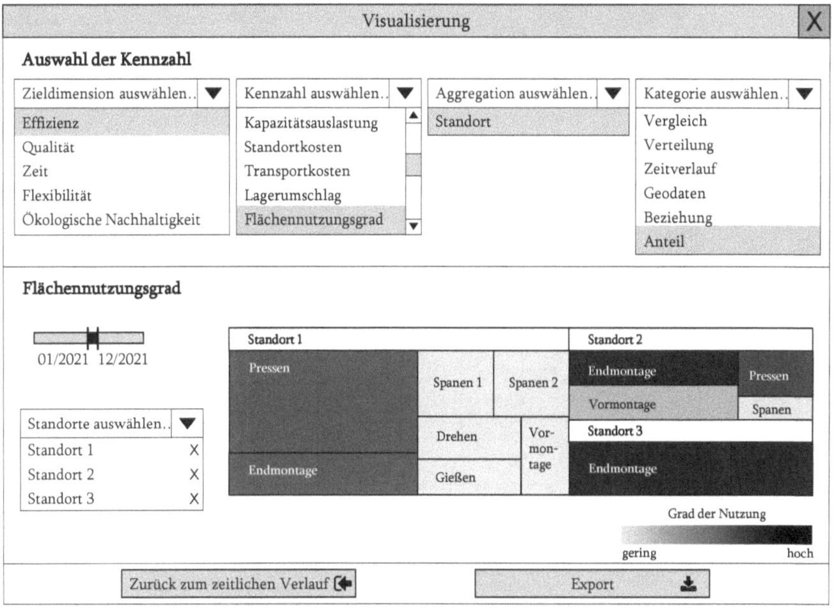

Abbildung 5-14: Beispiel für eine Visualisierung der Kategorie Anteil

In Abbildung 5-15 ist eine Übersicht der Möglichkeiten zur Visualisierung von Kennzahlen kategorisiert nach den Objekttypen (vgl. Kapitel 5.1.1) und den Visualisierungskategorien nach SCHWABISH dargestellt (vgl. Kapitel 2.1.4.3).[341]

[341] vgl. Schwabish, J. (2021) Better data visualizations, S. 67 - 309.

	Visualisierungskategorien					
Objekttypen	Vergleich	Zeitverlauf	Verteilung	Geodaten	Beziehung	Anteil
Produktions-kette	Vergleich zw. Produktions-ketten (z.B. Volumen)	Zeitliche Veränderung (z.B. Volumen)	Anzahl/Höhe je Produktions-kette (z.B. Volumen)	Geografische Lage der eigenen Standorte	Korrelationen (z.B. Kosten & Standortanzahl)	Anteile der Produktionsket te (z.B. Umsatz)
Zulieferer	Vergleich zw. Zulieferern (z.B. Qualität)	Zeitliche Veränderung (z.B. Kosten)	Anzahl/Höhe je Zulieferer (z.B. Volumen)	Geografische Lage der Zulieferer	Korrelationen (z.B. Qualität & Komplexität)	Anteile der Zulieferer (z.B. Materialwert)
Absatzmarkt	Vergleich zw. Absatzmärkten (z.B. Volumen)	Zeitliche Veränderung (z.B. Volumen)	Anzahl/Höhe je Absatzmarkt (z.B. Produkttyp)	Geografische Lage der Absatzmärkte	Korrelationen (z.B. Ø-Einkommen und Absatz)	Anteile der Absatzmärkte (z.B. Umsatz)
Transport-strecke	Vergleich zw. Strecken (z.B. Kosten)	Zeitliche Veränderung (z.B. Transportzeit)	Anzahl/Höhe je Standort (z.B. Ausfälle)	Geografische Abbildung der Transporte	Korrelationen (z.B. Länge & Termintreue)	Anteile der Transporte (z.B. gebundenes Kapital)
Standort	Vergleich zw. Standorten (z.B. Produktivität)	Zeitliche Veränderung (z.B. Kosten)	Anzahl/Höhe je Standort (z.B. Volumen)	Geografische Verteilung von Standorttypen	Korrelationen (z.B. Anzahl Mitarbeitende und Output)	Anteile der Standorte (z.B. Flächen)
Ressource	Vergleich zw. Ressourcen (z.B. Kapazität)	Zeitliche Veränderung (z.B. Auslastung)	Anzahl/Höhe je Ressourcentyp (z.B. Anzahl Mitarbeiter)	Geografische Verteilung von Ressourcen-typen	Korrelationen (z.B. Kosten & Maschinen-alter)	Anteile der Ressourcen (z.B. Kapazitäten)
Produktions-prozess	Vergleich zw. Produktions-prozessen (z.B. Kosten)	Zeitliche Veränderung (z.B. Qualität)	Anzahl/Höhe je Produktions-prozess (z.B. Fehler)	Geografische Verteilung von Prozesstypen	Korrelationen (z.B. Qualität & Komplexität)	Anteile der Produktions-prozesse (z.B. Zeiten)

zw. = zwischen, Ø = Durchschnitt

Abbildung 5-15: Kategorisierung der Visualisierungsmöglichkeiten

Für jede ausgewählte Kennzahl einer Zieldimension lässt sich anhand der zugehörigen Objekttypen (vgl. Abbildung 5-4) und mithilfe der Kategorisierung (vgl. Abbildung 5-15) eine passende Visualisierung ermitteln. Die beschriebenen Visualisierungen der Kennzahlen ermöglichen durch die Einbettung in eine grafische Benutzeroberfläche die Analyse durch die Netzwerkgestaltenden. Entscheidend ist dabei das regelmäßige Anwenden der interaktiven Visualisierungen durch die Netzwerkgestaltenden, um Veränderungen von Kennzahlen frühzeitig wahrzunehmen.

5.2 Risikoanalyse und -bewertung relevanter Kennzahlenentwicklungen

Nachdem in Kapitel 5.1 ein Modell zur Steigerung der Transparenz über Veränderungen vorgestellt worden ist, verfolgt Kapitel 5.2 das Ziel, die identifizierten Veränderungen hinsichtlich ihres Risikos zu bewerten. Dazu wird in Kapitel 5.2.1 zunächst eingeführt, wie die Schadenshöhe von Kennzahlenentwicklungen quantifiziert wird. In Kapitel 5.2.2 wird die Schadenshöhe mit der Eintrittswahrscheinlichkeit verknüpft und aufgezeigt, wie die Netzwerkgestaltenden zur Risikoanalyse von Kennzahlenentwicklungen befähigt werden. Um Kennzahlenentwicklungen anschließend miteinander zu vergleichen, wird abschließend in Kapitel 5.2.3 ein Vorgehen zur Relevanzbestimmung eingeführt.

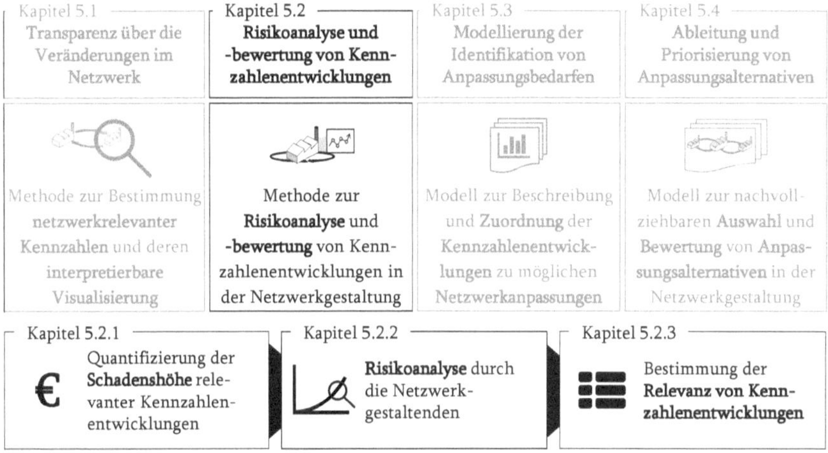

Abbildung 5-16: Gliederungsübersicht des zweiten Lösungsbausteins

5.2.1 Quantifizierung der Schadenshöhe im Netzwerk auf Basis der Kennzahlenentwicklungen

Nicht jede Kennzahlenentwicklung, die durch das in Kapitel 5.1 vorgestellte Vorgehen identifiziert wird, ist für die Netzwerkgestaltung von gleicher Relevanz. Ziel dieses Kapitels ist es, eine einheitliche Berechnungslogik zu entwickeln, um die eintretenden Schäden unterschiedlicher Kennzahlenentwicklungen zu vergleichen. Wie in Kapitel 2.1.4.1 vorgestellt werden bei Entscheidungen in der Produktionsnetzwerkgestaltung in der Regel mehrere Ziele verfolgt. Da Unternehmen in einer Marktwirtschaft als autonom agierende und auf Gewinnerzielung angelegte Betriebe definiert werden, wird die Wirtschaftlichkeit des Produktionsnetzwerks jedoch als übergeordnetes Ziel aufgefasst.[342] Dadurch wird angenommen, dass jede Entscheidung, auch wenn sie aufgrund anderer untergeordneter Ziele getroffen wurde, wirtschaftliche Auswirkungen mit sich bringt und auf das übergeordnete Ziel der Wirtschaftlichkeit

[342] vgl. Gutenberg, E. (1951) Grundlagen der Betriebswirtschaftslehre, S. 390 - 394.

einzahlt. Mit dieser Annahme wird trotz der unterschiedlichen Einheiten der Kennzahlen eine einheitliche Basis gefunden, um die Kennzahlenveränderungen zu vergleichen. Die gängigen Methoden der Risikoanalyse verwenden neben der Eintrittswahrscheinlichkeit die Schadenshöhe als Parameter zur Bewertung unterschiedlicher Risiken (vgl. Kapitel 2.3.2). Die Herausforderung besteht dabei darin, aus jeder möglichen Kennzahl einen Schaden für das Unternehmen zu quantifizieren. Ein Schaden kann sowohl einen konkreten Verlust als auch einen entgangenen Gewinn darstellen. In der Literatur wird teilweise zwischen direkten und operativen Schäden verglichen. Direkte Kosten stellen den Verlust von Investitionsgütern wie Maschinen und Anlagen dar.[343] Diese sind bei der Risikoanalyse von disruptiven Ereignissen von Interesse, werden an dieser Stelle jedoch nicht weiter betrachtet. Für die Risikoanalyse von Standortausfällen sei auf WITTHOHN verwiesen.[344]

Zur Quantifizierung und anschließenden Analyse des Schadens einer Kennzahlenentwicklung durch die Netzwerkgestaltenden muss die Schadensentstehung zunächst spezifiziert werden. Dazu erfolgt eine Beschreibung durch welchen Fall, bspw. die Überschreitung eines Sollwertes, der Schaden entsteht. Zur Berechnung des Schadens wird ein Kostenmodell aufgestellt, welches mithilfe des Total-Landed-Costs-Ansatzes die Quantifizierung des Schadens ermöglicht. Zusätzlich werden mögliche Schäden, die das Kostenmodell nicht berücksichtigt, ergänzt. Das betrifft Schäden durch entgangene Gewinne sowie Reputationsschäden und Strafzahlungen. Zusammenfassend sind die beschriebenen Schritte zur Schadensquantifizierung in Abbildung 5-17 dargestellt, welche im Folgenden ausdetailliert werden.

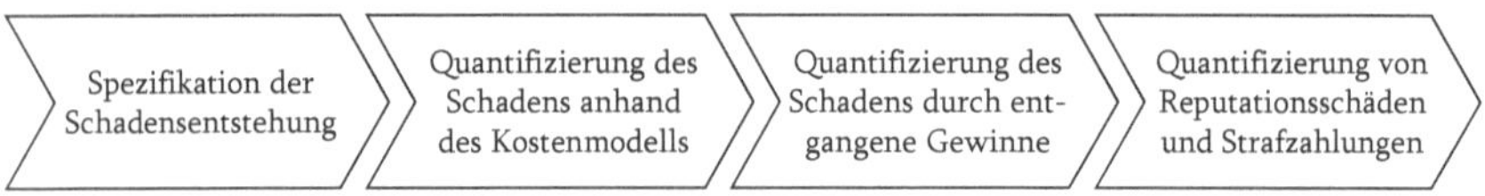

Abbildung 5-17: Vorgehen zur Quantifizierung von Schäden

1. Spezifikation der Schadensentstehung

Im Zuge der in Kapitel 5.1.2 durchgeführten Charakterisierung der Kennzahlen wurden Optimierungsrichtungen und mögliche Sollwerte bestimmt. Schäden entstehen dann, wenn eine Entwicklung entgegen der Optimierungsrichtung stattfindet. Der Schaden ist in diesem Fall definiert als der wirtschaftliche Unterschied zwischen dem

343 vgl. Witthohn, C. (2019) Konfiguration globaler Produktionsnetzwerke, S. 86.

344 vgl. Witthohn, C. (2019) Konfiguration globaler Produktionsnetzwerke.

aktuellen und dem optimalen Zustand der betrachteten Kennzahl. Wenn für eine Kennzahl ein angestrebter Sollwert existiert, sind mehrere Fälle der Schadensentstehung möglich. Der Sollwert kann unter- wie auch überschritten werden. Diese Fälle gilt es im ersten Schritt zu spezifizieren, um den Schaden abhängig vom eintretenden Fall korrekt zu bestimmen. Durch das Beispiel der Kapazitätsauslastung wird dies verdeutlicht: Kapazitäten sind in der Produktion zu maximal 100 % auslastbar. Übersteigt die Nachfrage das Kapazitätsangebot, wird ein theoretischer Schaden durch den entgangenen Gewinn verursacht. Wird auf der anderen Seite die Kapazität nicht maximal ausgelastet, entsteht der Schaden durch anfallende, jedoch nicht genutzte Fixkosten. Spezifisch sind dies unter anderem Maschinenabschreibungen, Instandhaltungskosten und Personalkosten, welche im folgenden Schritt ausdetailliert werden.

2. Quantifizierung des Schadens anhand des Kostenmodells

Mithilfe des Kostenmodells des Produktionsnetzwerks wird der Schaden einer Kennzahlenentwicklung quantifiziert. Das Kostenmodell muss die Kostenarten enthalten, welche für die Gestaltung von Produktionsnetzwerken relevant sind. Die Auswahl der relevanten Kostenarten ist unternehmensspezifisch zu treffen und sollte anhand der aktuellen Literatur zur Kostenmodellierung von Produktionsnetzwerken erfolgen.[345] Bei der Auswahl der Kostenarten ist auf einen adäquaten Detaillierungsgrad zu achten. Nicht jede real anfallende Kostenart hat einen Einfluss auf Netzwerkgestaltungsentscheidungen und es sollte eine Beschränkung auf eine handhabbare Anzahl von Kostenarten erfolgen. Zur Orientierung ist in Abbildung 5-18 eine Auswahl möglicher Kostenarten zu finden, die an SCHMITZ angelehnt ist und um Kostenarten aus der Projekterfahrung des Autors im Bereich Netzwerkgestaltung ergänzt wurde.[346] Es wird zwischen den fünf Kategorien Einkauf, Personal, Gebäude, Maschinen und Transport unterschieden. In der Kategorie Einkauf sind sowohl Zukaufteile als auch Rohmaterialien angeordnet. Die Kategorie Personal betrachtet die Personalkosten direkter (z. B. Produktionsmitarbeitende) wie auch indirekter Bereiche (z. B. Werkleitende). Die Kategorie Gebäude beinhaltet die Abschreibungen direkter (z. B. Produktionshalle) und indirekter Bereiche (z. B. Büros) sowie die Kosten für die Betriebs- und Gebäudeausstattung. Instandhaltungs- sowie Energiekosten, die keinen einzelnen Maschinen

[345] vgl. u. a. Prote, J.-P. (2018) Verursachungsgerechte Bewertung von Standortalternativen; Schmitz, T. (2018) Kalibrierte Kostenmodellierung; Locker, A./ Grosse-Ruyken, P. (2019) Chefsache Finanzen in Einkauf und Supply Chain.

[346] vgl. Schmitz, T. (2018) Kalibrierte Kostenmodellierung, S. 136 - 137.

zuzuordnen sind, werden ebenfalls als eigene Kostenart abgebildet. Die Kategorie Maschinen enthält die Maschinenabschreibungen, Instandhaltung sowie Energiekosten von Maschinen. Der Transport unterteilt sich in die Kosten des eigentlichen Transports sowie für Zölle.

Kategorie	Kostenart
Einkauf	Zukaufteile
	Rohmaterial
Personal	Direktes Personal
	Indirektes Personal
Gebäude	Gebäudeabschreibung – Direkte Bereiche (Produktion)
	Gebäudeabschreibung – Indirekte Bereiche (Büro)
	Betriebs- und Geschäftsausstattung
	Instandhaltung und Energie (Gebäude)
Maschinen	Maschinenabschreibung
	Instandhaltung
	Energie (Produktion)
Transport	Transport
	Zölle

Abbildung 5-18: Auflistung von Kostenarten

Mithilfe des Total-Landed-Costs-Modells lassen sich die relevanten Kosten des Produktionsnetzwerks beschreiben. Betrachtet wird dabei der eingeschwungene Zustand, in welchem mögliche Ramp-up-Prozesse abgeschlossen sind.[347] Die Total Landed Costs berücksichtigen alle bei der Beschaffung, Produktion und Auslieferung anfallenden Kosten.[348] Mit den in Abbildung 5-18 abgebildeten relevanten Kostenarten ergeben sich die Total Landed Costs TLC anhand folgender Formel (5.2):

[347] vgl. Daum, A./ Greife, W./ et al. (2018) BWL für Ingenieurstudium und -praxis, S. 190 - 191.
[348] vgl. Trent, R. (2010) Managing Global Supply and Risk, S. 67 - 69.

$$TLC = \sum Einkaufskosten + \sum Personalkosten + \sum Maschinenkosten + \sum Gebäudekosten + \sum Transportkosten \tag{5.2}$$

Zur Vergleichbarkeit der Schäden von Kennzahlenentwicklungen muss ein einheitlicher Betrachtungszeitraum festgelegt werden. Hier eignet sich die in der Praxis übliche jährliche Betrachtungsweise. Zur Bestimmung des Schadens einer Kennzahlenentwicklung müssen die TLC im Normalzustand TLC_0 von den durch die Kennzahlenentwicklung eintretenden TLC_1 subtrahiert werden (vgl. Formel (5.3)):

$$Schaden = TLC_1 - TLC_0 \tag{5.3}$$

Im Falle einer vorteilhaften Kennzahlenentwicklung, die zu einer Reduktion der TLC führt, ist der anhand von Formel (5.3) berechnete Schaden negativ. Bei der Berechnung von TLC_1 ist es möglich, dass Kostenarten von der Kennzahlenentwicklung unberührt bleiben und nicht zur Schadensberechnung herangezogen werden müssen. Wurde beispielsweise eine Erhöhung der Transportkosten je Stück und Kilometer identifiziert, müssen nur die Transportkosten im Normalzustand von denen durch die identifizierte Kennzahlenentwicklung subtrahiert werden. Im genannten Beispiel werden die Transportkosten durch die Transportkosten eines Produktes TK_p, die produzierten Mengen des Produktes PM_p und die Transportstrecke des Produktes S_p berechnet. Vereinfacht ergibt sich der Schaden der gesteigerten Transportkosten T_1 durch folgende Formel (5.4):

$$Schaden_{T1} = \sum Transportkosten_1 - \sum Transportkosten_0 = \sum_p (TK_{p1} \cdot PM_{p1} \cdot S_{p1} - TK_{p0} \cdot PM_{p0} \cdot S_{p0}) \tag{5.4}$$

3. Quantifizierung des Schadens durch entgangene Gewinne

Ergänzend zu Schäden durch höhere Kosten infolge einer nicht optimalen Netzwerkkonfiguration ist die Entstehung von Schäden auch in Form von entgangenen Gewinnen möglich. Das ist der Fall, wenn durch eine andere Netzwerkkonfiguration Gewinne erzielbar sind, die in der bestehenden Netzwerkkonfiguration nicht realisiert werden können. Der entgangene Gewinn berechnet sich aus der Differenz der für ein Produkt p vorherrschenden Nachfrage N_p und der tatsächlich realisierten Produktionsmenge PM_p sowie der Gewinnspanne des Produktes. Letztere ist die Differenz zwischen dem Verkaufspreis VP_p des Produktes und den Herstellkosten HK_p (vgl. Formel (5.5)). Die Formel ist nur gültig, wenn die produzierte Menge die Nachfrage unterschreitet und die Herstellkosten unterhalb des Verkaufspreises liegen.

$$EG = \sum_p \left(\left(N_p - PM_p \right) \cdot \left(VP_p - HK_p \right) \right)$$
$$für\ N_p > PM_p\ und\ VP_p > HK_p \tag{5.5}$$

4. Quantifizierung von Reputationsschäden und Strafzahlungen

Weiterhin haben Kennzahlen, die im direkten Zusammenhang mit dem Kunden stehen, einen Einfluss auf die Reputation des Unternehmens. Nach einer Studie von BIESALSKI UND COMPANY sind die Haupttreiber von Reputation die Qualität der Leistungen, wirtschaftlicher Erfolg sowie soziale Verantwortung und Nachhaltigkeit. Vor allem Kennzahlen der Kategorien Qualität und Nachhaltigkeit sollten daher hinsichtlich eines möglichen Reputationsschadens überprüft werden. Reputationsschäden sind jedoch nicht durch eine allgemeingültige Formel berechenbar und sind im Einzelfall abzuschätzen. Dabei bietet sich der Umsatz als Orientierungshilfe an. Abhängig von der Branche kann Reputation einen Anteil von einem Drittel vom Umsatz ausmachen.[349] Der Reputationsanteil *RA* am Umsatz *U* teilt sich auf unterschiedliche Reputationstreiber auf, deren branchenübergreifende relative Treibkräfte in Tabelle 5.1 abgebildet sind. Durch die Zuordnung der betrachteten Kennzahl zu den Reputationsinhalten wird die relative Treibkraft *RT* ermittelt.

Tabelle 5.1: Branchenübergreifende Reputationstreiber[350]

Reputationsinhalte	Relative Treibkraft
Qualität der Leistungen	24,9 %
Wirtschaftlicher Erfolg	20,4 %
Soziale Verantwortung/Nachhaltigkeit	16,4 %
Führung	14,8 %
Arbeitgeberattraktivität	13,3 %
Kapitalmarktattraktivität	10,1 %

349 vgl. Biesalski, A. (2018) Corporate Reputation Score, S. 21 - 25.

350 vgl. Biesalski, A. (2018) Corporate Reputation Score, S. 24 - 25.

Schlussendlich ist in den seltensten Fällen ausschließlich die betrachtete Kennzahl für den berechneten Reputationsschaden verantwortlich, weshalb darüber hinaus ein Korrekturfaktor *KF* eingeführt wird. Hierbei ist durch die Anwendenden der Methodik korrigierend einzugreifen, um den Reputationsschaden angemessen abzuschätzen. Durch Formel (5.6) wird der Reputationsschaden *RS* berechnet:

$$RS = U \cdot RA \cdot RT \cdot KF \tag{5.6}$$

Unternehmen unterliegen als Körperschaften des öffentlichen Rechts in all ihren Aktivitäten den Gesetzen und Vorschriften des Staates. Werden diese Gesetze und Vorschriften nicht eingehalten, sind Strafzahlungen nicht auszuschließen. Entsprechend ist die aktuelle Gesetzeslage bei der Schadensberechnung von Kennzahlenentwicklungen zu berücksichtigen, beispielsweise bei CO_2-Emissionen durch Transporte im Netzwerk. Zu beachten ist insbesondere die Einhaltung von Gesetzen und Vorschriften in allen Staaten, in welchen das Unternehmen durch das globale Produktionsnetzwerk aktiv ist. Dazu gehören beispielsweise auch Local-Content-Anforderungen, die einen Mindestanteil lokaler Wertschöpfung erfordern.

Kombiniert ergeben die vier beschriebenen Schritte den Schaden einer Kennzahlenentwicklung bezogen auf einen zu definierenden Betrachtungszeitraum und unabhängig von der Eintrittswahrscheinlichkeit, welche im Folgenden zu bestimmen ist.

5.2.2 Risikoanalyse durch die Netzwerkgestaltenden

Aufgrund der Veränderlichkeit der Kennzahlen ist der quantifizierte Schaden abhängig vom Betrachtungszeitraum. Zur Standardisierung der Betrachtungsweise empfiehlt sich die Berechnung des jährlichen Schadens der Kennzahlenentwicklung. Die alleinige Betrachtung eines Jahres wird der Netzwerkgestaltung jedoch nicht gerecht. Anpassungen im Produktionsnetzwerk sind langwierig und können in der Umsetzung, beispielsweise bei der Eröffnung neuer Standorte, Jahre beanspruchen. Da der Schaden darüber hinaus von der Entwicklung der jeweiligen Kennzahl abhängt, müssen Schäden kumuliert errechnet und prognostiziert werden. Je später eine Anpassung in der Netzwerkgestaltung erfolgt, desto höher ist der aus der Kennzahlenentwicklung resultierende Schaden. Durch das beschriebene Vorgehen werden konkrete Berechnungsformeln der Schäden je Kennzahlenentwicklung aufgestellt. Abhängig von der

Kennzahlenentwicklung, die in Kapitel 5.1.2 ausdetailliert wurde, erfolgt eine Visualisierung der kumulierten Schäden. Der verursachte Schaden summiert sich zum kumulierten Schaden auf. Der kumulierte Schaden ist die Summe aller Schäden von einem Startzeitpunkt bis zum Endzeitpunkt. Der kumulierte Schaden zum Endzeitpunkt n lässt sich demnach über folgende Formel (5.7) errechnen:

$$Kumulierter\ Schaden_n = \sum_{t=0}^{n} Schaden(t) \tag{5.7}$$

Unter der Annahme, dass es sich bei den Schäden um normalverteilte Zufallsvariablen handelt, lassen sich diese durch den Erwartungswert μ und die Standardabweichung σ beschrieben werden. Die Standardabweichung σ_c zweier normalverteilter Zufallsvariablen (a, b) ergibt sich mit der Faltung an folgender Formel (5.8):[351]

$$\sigma_c = \frac{\mu_c}{\sqrt{\sigma_a^2 + \sigma_b^2 + 2 \cdot Cov(a,b)}} = \frac{\mu_a + \mu_b}{\sqrt{\sigma_a^2 + \sigma_b^2 + 2 \cdot \rho \cdot \sigma_a \cdot \sigma_b}} \tag{5.8}$$

Cov(a,b) ist die Kovarianz zwischen den Normalverteilungen a und b. Sie ist ein Maß für den linearen Zusammenhang zweier Zufallsvariablen.[352] Auf diese Weise wird der Zusammenhang zukünftiger Schäden berücksichtigt. Folgendes Beispiel soll den Zusammenhang zukünftiger Schäden verdeutlichen:

[351] vgl. Kosfeld, R./ Eckey, H.-F./ et al. (2019) Wahrscheinlichkeitsrechnung und Induktive Statistik, S. 355 - 358.

[352] vgl. Kosfeld, R./ Eckey, H.-F./ et al. (2019) Wahrscheinlichkeitsrechnung und Induktive Statistik, S. 189 - 191.

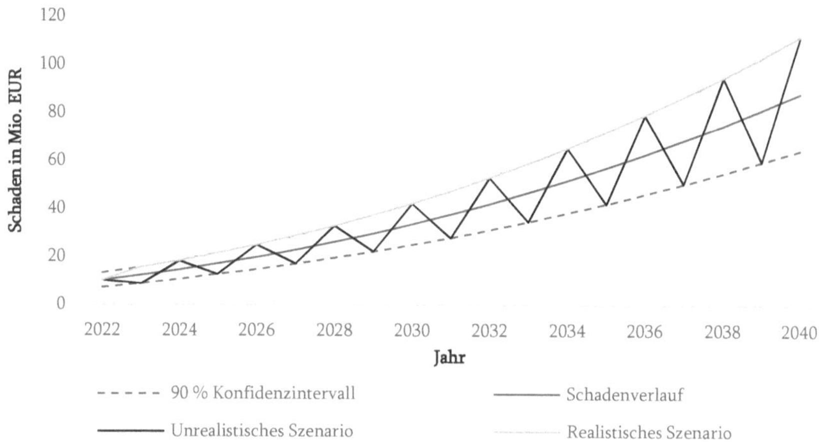

Abbildung 5-19: Szenarien der kumulierten Schadensentwicklung im Vergleich

Abbildung 5-19 zeigt beispielhaft den kumulierten Schaden einer Kennzahlenentwicklung der Jahre 2022 bis 2040. Im Sinne der Prognoseintervalle (vgl. Kapitel 5.1.2) sind beide Szenarien gleich wahrscheinlich. Intuitiv erscheint jedoch das stetige Wechseln zwischen der oberen und unteren Grenze der Prognoseintervalle deutlich unrealistischer als die kontinuierliche Orientierung an der oberen Grenze des Prognoseintervalls. Dies trägt der Annahme Rechnung, dass sich die zukünftigen Schäden nicht unabhängig voneinander ergeben, sondern von den vorherigen Schäden abhängen (d. h. korreliert sind) und langfristige Trends widerspiegeln, was durch die oben beschriebene Kovarianz bei der Kumulierung der Schäden berücksichtigt wird.

Zur Berechnung und Visualisierung der kumulierten Schäden wurde im Rahmen dieser Arbeit ein Python-Tool entwickelt, dessen Code in Anhang 9.3 zu finden ist. Die Kovarianz zwischen dem Schaden eines Jahres und dem kumulierten Schaden der Vorperioden wird dabei numerisch approximiert. Dafür werden 1000 Szenarien der Schadensentwicklung simuliert und zur Kovarianzberechnung verwendet. Die Simulation erfolgt nach dem in Abbildung 5-20 dargestellten Schema.

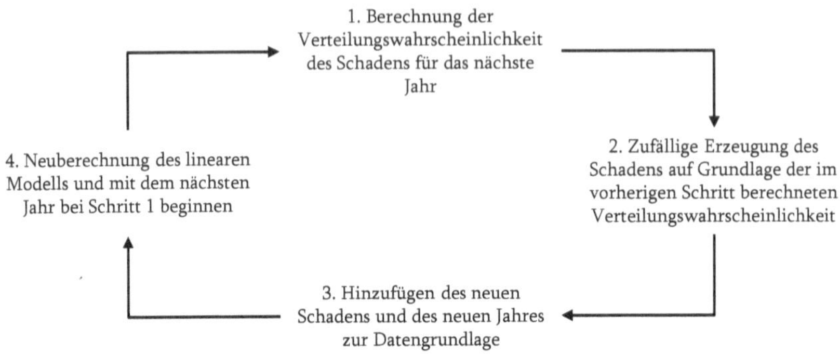

Abbildung 5-20: Simulationsschema

Dieses Schema wird wiederholt durchgeführt, bis das durch die Anwendenden festgelegte Endjahr erreicht wurde. Für die Kovarianzberechnung zwischen dem Schaden des Endjahres und dem kumulierten Schaden werden die simulierten Schäden der vorherigen Jahre aufsummiert, woraus ein *1xn*-Vektor mit *n* simulierten Szenarien resultiert. Daraus wird die Kovarianz dieses Vektors mit den simulierten Schäden des Endjahres berechnet. Diese Kovarianz ermöglicht die Addition des Schadens im Endjahr zum kumulierten Schaden der vorherigen Jahre, was die Erweiterung von Formel (5.7) zu (5.9) verdeutlicht.

$$
\begin{aligned}
Kumulierter\ Schaden_n &= \sum_{t=0}^{n} Schaden(t) \\
&= Schaden(n) + \sum_{t=0}^{n-1} Schaden(t) \\
&= Schaden(n) + Kumulierter\ Schaden_{n-1}
\end{aligned} \tag{5.9}
$$

Mit dieser Vorgehensweise wird das Modell deutlich robuster gegen jährliche Schwankungen. Das wird durch zehn zufällig simulierte beispielhafte kumulierte Schadensentwicklungen in Abbildung 5-21 verdeutlicht.

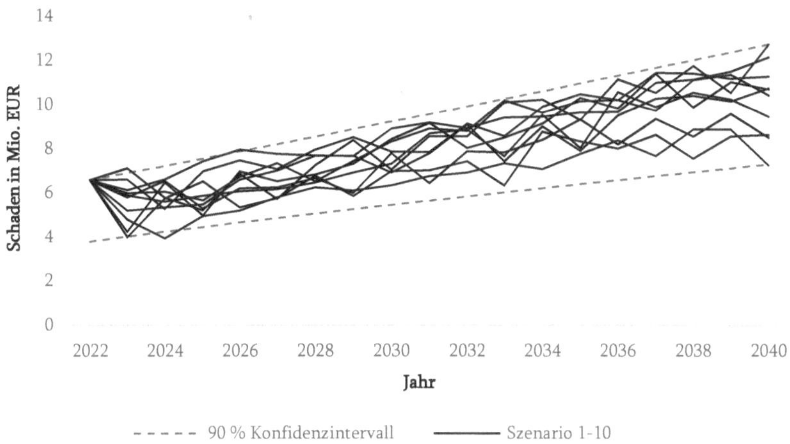

Abbildung 5-21: Simulierte kumulierte Schadensentwicklung im Vergleich

Zur Interpretation durch die Netzwerkgestaltenden in der Praxis wurde das entwickelte Python-Tool um interaktive Visualisierungsmöglichkeiten erweitert. Die Benutzeroberfläche ist in Abbildung 5-22 dargestellt. Die Anwendenden erhalten darüber die Möglichkeit, die prognostizierten Schäden zu vergleichen und zu analysieren. Je nach Verlaufsfunktion und abhängig vom betrachteten Jahr werden die Kennzahlenentwicklungen gemäß der Schadenshöhe unterschiedlich priorisiert und lassen Schlüsse für die Handlungsnotwendigkeit für die Netzwerkgestaltenden zu. Durch ein Mouse-over werden den Anwendenden für jedes betrachtete Jahr die Werte der Schadenshöhe angezeigt. Aufbauend auf der Prognose der Kennzahlenentwicklung (vgl. Kapitel 5.1.2) erfolgt eine Prognose der Schadenshöhe. Auch diese unterliegt damit einer Wahrscheinlichkeit, welche analog zur Kennzahlenentwicklung über das 90 %-Konfidenzintervall in Form der gestrichelten Linien abgebildet wird. Die Visualisierung erlaubt den Anwendenden eine Analyse der kumulierten Schadensverläufe von Kennzahlenentwicklungen sowie die Betrachtung der Prognosegenauigkeit, was eine erste Abschätzung möglicher Anpassungsbedarfe zulässt.

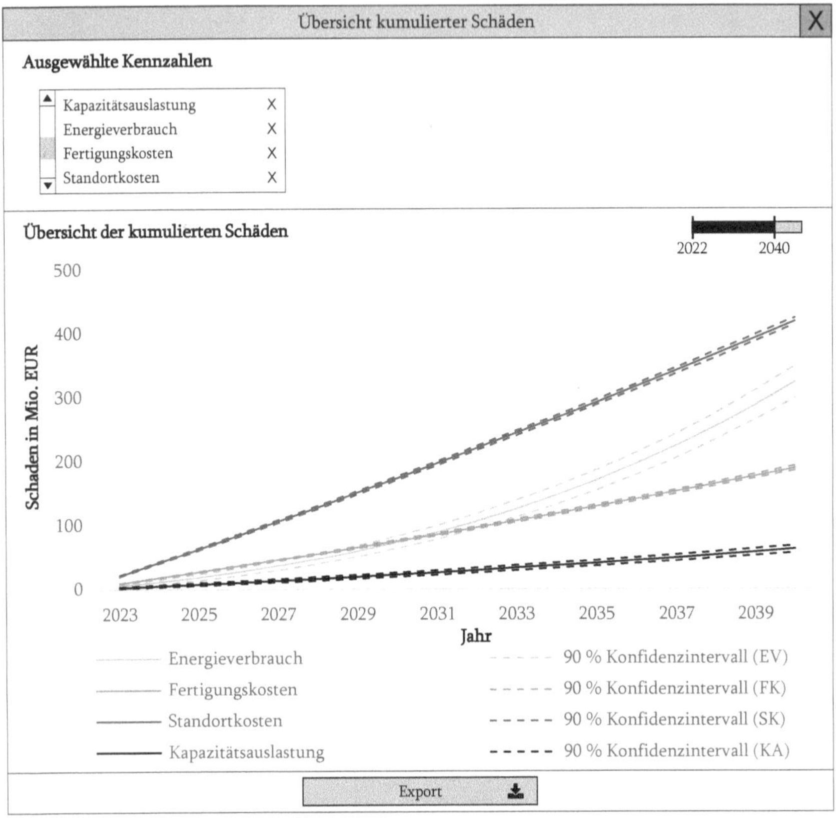

Abbildung 5-22: Visualisierung zur Schadensanalyse

5.2.3 Bestimmung der Relevanz von Kennzahlenentwicklungen

Die in Kapitel 5.2.1 und 5.2.2 eingeführte Berechnung und Visualisierung der Schadenshöhe ermöglichen den Anwendenden eine erste Einschätzung, welche Kennzahlen für die Netzwerkgestaltung besonders kritisch sind. Da die Gestaltung von Produktionsnetzwerken jedoch ein hohes Maß an Erfahrungswissen erfordert und rein datenbasierte Ansätze dieses vernachlässigen, muss den Anwendenden an dieser Stelle die Möglichkeit gegeben werden, korrigierend einzugreifen. Erst im Anschluss daran sollen die in diesem Kapitel festgelegten Relevanzwerte zur datenbasierten Ableitung von Anpassungsbedarfen an ein weiteres Tool übermittelt werden. Um das Erfahrungswissen der Anwendenden miteinzubeziehen, wurde das im Rahmen dieser Arbeit entwickelte Python-Tool, mit welchem bereits die Schadensverläufe in Kapitel 5.2.2 visualisiert wurden, um weitere interaktive Ansichten ergänzt. Durch das Anklicken eines Jahres in der Visualisierung der Schadensanalyse (vgl. Abbildung 5-22), für welches die Anwendenden eine Analyse starten möchten, wird eine weitere Ansicht erzeugt, welche die Analyse der Verteilung der Wahrscheinlichkeitsdichten ermöglicht (vgl. Abbildung 5-23). Die Wahrscheinlichkeitsdichte ist dabei über die y-Achse abgebildet, während der Schaden anhand der x-Achse abzulesen ist. Im vorliegenden Beispiel wird ersichtlich, dass der über die Kennzahl Standortkosten entstehende Schaden den größten kumulierten Schaden im Betrachtungsjahr 2030 mit sich bringt. Relevant wird die Betrachtung der Wahrscheinlichkeitsdichte vor allem dann, wenn sich die Bereiche zweier Schäden von Kennzahlenveränderungen überlappen. Im vorliegenden Beispiel ist das bei den Kennzahlen Energieverbrauch und Fertigungskosten der Fall. Die vom Schaden durch Fertigungskosten aufgespannte Fläche ist deutlich schmaler, was bedeutet, dass der auf der x-Achse abzulesende kumulierte Schaden mit hoher Wahrscheinlichkeit im Jahr 2030 zwischen ca. 73 und 77 Millionen Euro liegt. Für die Energieverbräuche ist die Streuung mit 60 bis 85 Millionen Euro deutlich höher. Aus diesem Beispiel lässt sich nun die Frage ableiten, welche Kennzahlenveränderung für die Anwendenden relevanter ist. Obwohl eindeutig zu sehen ist, dass der Erwartungswert der Kennzahl Fertigungskosten über dem der Energieverbräuche liegt, besteht bei Letzterem die Gefahr, dass ein höherer Schaden eintritt. An dieser Stelle müssen das Risikoverhalten der Anwendenden sowie deren Erfahrungswissen berücksichtigt werden.

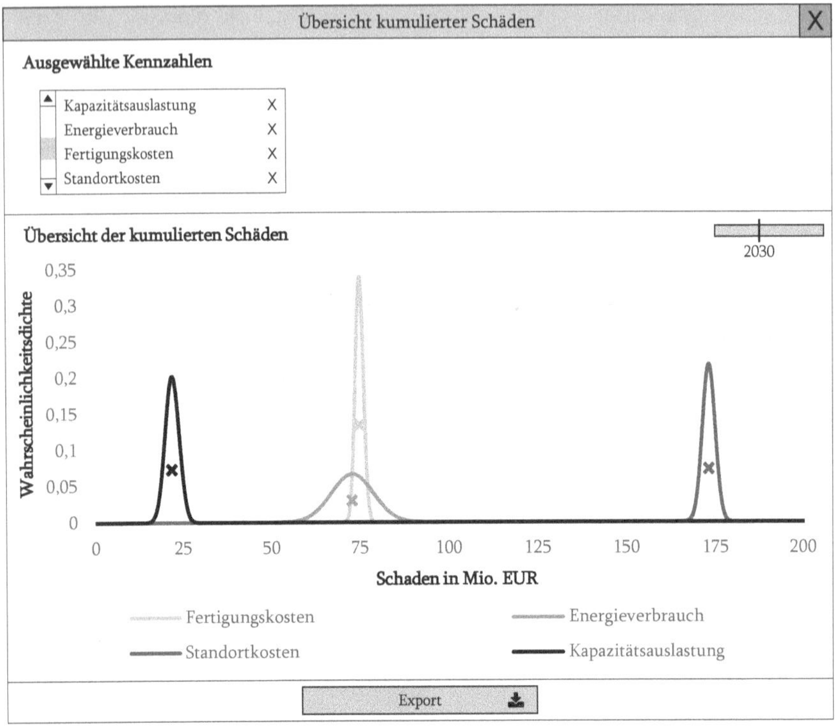

Abbildung 5-23: Abbildung der Wahrscheinlichkeitsdichten

Um das Risikoverhalten und Erfahrungswissen der Anwendenden zu berücksichtigen, wird den Anwendenden die Möglichkeit gegeben, in einer weiteren Darstellung jeweils zwei Kennzahlenveränderungen interaktiv gegeneinander abzuwägen. Ziel ist es, alle Kennzahlenentwicklungen mit einem Relevanzwert zwischen 0 und 1 zu gewichten. Dazu bildet das Tool zunächst die Kennzahlenentwicklung mit dem größten und zweitgrößten Erwartungswert des Betrachtungsjahres ab. Die Kennzahlenentwicklung mit dem größten Schaden erhält automatisiert den höchsten Relevanzwert von 1. Nacheinander werden nun alle Schäden der Kennzahlenentwicklungen mit dem Schaden mit dem größten Erwartungswert verglichen. Im vorliegenden Beispiel sind das die Standortkosten mit einem Erwartungswert von ca. 173 Mio. EUR und einer Standardabweichung von ca. 1,8 Mio. EUR für das Jahr 2030. Die Ausgangssituation für den interaktiven Vergleich zwischen den Schäden durch Standortkosten und Energieverbrauch ist in Abbildung 5-24 dargestellt.

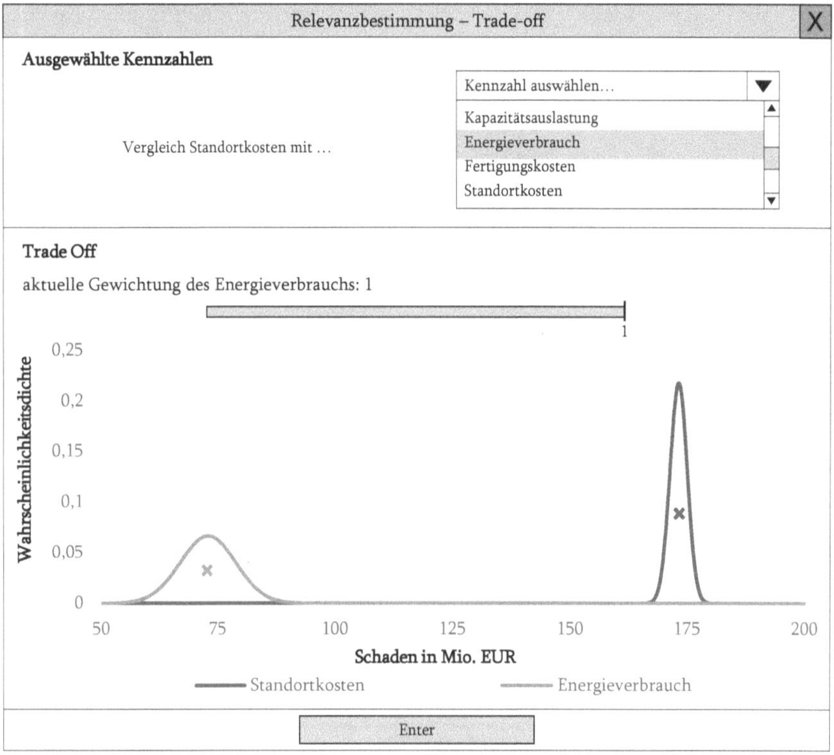

Abbildung 5-24: Ausgangssituation zur Bestimmung des Relevanzwertes

Durch das Verschieben des prognostizierten Schadensverlaufs der Standortkosten durch einen Regler wird nun der Relevanzwert ausgewählt, der für die Anwendenden eine Indifferenz zwischen den beiden Kennzahlenentwicklungen bedeutet. Im ausgewählten Beispiel in Abbildung 5-25 tritt die Indifferenz der Anwendenden ein, wenn der Schadensverlauf der Standortkosten mit 0,44 multipliziert wird. Dieser Faktor entspricht dem Relevanzwert für den Vergleichsschaden, in diesem Fall den Schaden der Energieverbräuche. Zusätzlich werden den Anwendenden Informationen zur Analyse der Indifferenzen per Mouseklick angezeigt. Auf diese Weise wird beispielsweise wie in Abbildung 5-25 dargestellt die Information vermittelt, wie groß die Wahrscheinlichkeit ist, dass der Schaden für den Vergleichsschaden Energieverbräuche höher ist als für den Referenzschaden Standortkosten. Bei der ausgewählten Indifferenzsituation sind die Anwendenden bereit das Risiko einzugehen, dass zu 3,76 % der Schaden der Energieverbräuche höher ist als der Schaden durch die Standortkosten.

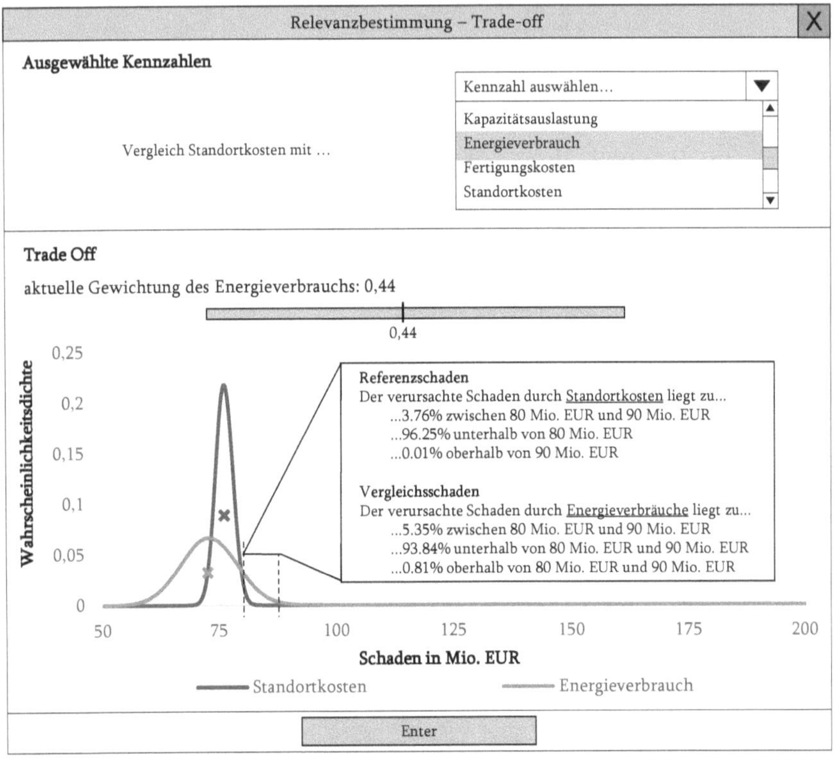

Abbildung 5-25: Mögliche Indifferenz bei der Bestimmung des Relevanzwertes

Das beschriebene Vorgehen wird für die Schadensverläufe der anderen Kennzahlen wiederholt. Alle Schadensverläufe werden dabei mit der Kennzahl mit dem höchsten Relevanzwert, in diesem Fall den Standortkosten, verglichen. Schlussendlich erhalten die Anwendenden eine Auflistung aller Kennzahlenverläufe mit Erwartungswert, Standardabweichung sowie dem Relevanzwert (vgl. Abbildung 5-26). Auf diese Weise wurde das Feedback der Anwendenden berücksichtigt und basierend auf den prognostizierten Schäden je Kennzahlenentwicklung erfolgte eine Priorisierung, die für das weitere Vorgehen zur Ableitung möglicher Anpassungsfälle relevant ist.

Kennzahl	Erwartungswert (Schaden)	Standardabweichung	Gewichtung
Standortkosten	173,19 Mio. EUR	1,83 Mio. EUR	1
Fertigungskosten	74,95 Mio. EUR	1,17 Mio. EUR	0,42
Energieverbrauch	72,91 Mio. EUR	5,98 Mio. EUR	0,44
Kapazitätsauslastung	21,99 Mio. EUR	1,97 Mio. EUR	0,15

Abbildung 5-26: Übersicht der Relevanzwerte im Tool

5.3 Modellierung der Identifikation von Anpassungsbedarfen

Nachdem in Kapitel 5.1 und 5.2 Methoden zur Identifikation und Analyse von Kennzahlenentwicklungen eingeführt worden sind, verfolgt das folgende Kapitel das Ziel, ein Modell zur datenbasierten Identifikation von Anpassungsbedarfen aufzubauen. Im Anschluss an die beiden vorherigen Kapitel wird dazu in Kapitel 5.3.1 aufgezeigt, wie sich die identifizierten Kennzahlenentwicklungen mit Anpassungsalternativen in der Netzwerkgestaltung verknüpfen lassen. In Kapitel 5.3.2 werden die Kennzahlenentwicklungen und Anpassungsalternativen in ein Datenmodell überführt und anschließend in Kapitel 5.3.3 als Gesamtmodell eines Digitalen Schattens eingebettet. Zur Handhabung der Komplexität und zur späteren Ableitung von Anpassungsalternativen aus Kennzahlenentwicklungen erfolgt in Kapitel 5.3.4 abschließend die Aufteilung des Produktionsnetzwerks durch die Modellierung von strategischen Einheiten.

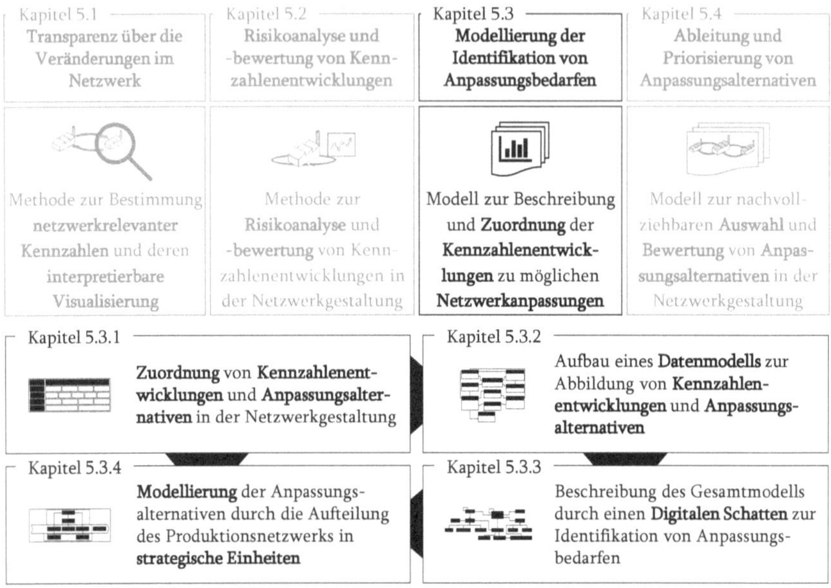

Abbildung 5-27: Gliederungsübersicht des dritten Lösungsbausteins

5.3.1 Zuordnung von Kennzahlenentwicklungen und Anpassungsalternativen in der Netzwerkgestaltung

Die in den vorherigen Kapiteln identifizierten und analysierten Kennzahlenentwicklungen werden im Folgenden mit möglichen Anpassungsalternativen in der Netzwerkgestaltung verknüpft. Ziel ist hierbei nicht die automatisierte Identifikation des optimalen Ist-Footprints, sondern das Aufzeigen möglicher Anpassungsalternativen zur Anregung und weiteren Analyse durch die Netzwerkgestaltenden. In Vorarbeiten des Autors wurden mithilfe eines systematischen Vorgehens generische Anpassungsfälle aufgestellt, welche in Kapitel 2.2.3 bereits vorgestellt wurden. Basierend auf den Objekttypen Produktionskette, Standort, Ressource und Produktionsprozess und einnehmbaren Zuständen der Objekttypen wurde eine Morphologie aufgestellt, die jeden möglichen Anpassungsfall in der Netzwerkgestaltung abbildet (vgl. Abbildung 2-17). Jeder der Anpassungsfälle lässt sich anhand eines Codes identifizieren, der sich aus einer Abkürzung des Objektes und der Nummerierung des Zustands zusammensetzt. So ist z. B. die Vergrößerung eines Standortes mit S-3 hinterlegt. Indem die Anpassungsmöglichkeiten jedes Objekttyps verknüpft werden, ergeben sich 160 Kombinationen an potenziellen Anpassungsreaktionen für die Produktionskette. Aufgrund interner Abhängigkeiten und Widersprüche wurden diese auf 61 mögliche Anpassungsalternativen reduziert. Jede dieser Anpassungsalternativen lässt sich durch einen Code identifizieren, der sich aus einer Verkettung der Einzelcodes ergibt. Beispielsweise bedeutet der Zahlencode 1132 die Modifikation einer Ressource und die Entstehung eines neuen Produktionsprozesses ohne die Veränderung von Produktionskette oder Standort.[353] Alle 61 entwickelten Anpassungsfälle sind mit Beschreibung in Anhang 9.1 zu finden.

Durch die beschriebene Systematisierung möglicher Anpassungsalternativen wird die Komplexität in der Netzwerkgestaltung handhabbar. Das Modell begrenzt sich damit jedoch auf Anpassungen in der Netzwerkkonfiguration und auf die vier beschriebenen Objekttypen. In der Praxis sind weitere Anpassungsmöglichkeiten wie beispielsweise die Schulung von Mitarbeitenden bedeutend. Zur Handhabung des Problems ist eine Begrenzung des Modells jedoch an dieser Stelle notwendig.

Die Verknüpfung von Kennzahlenentwicklungen und möglichen Anpassungsalternativen ist unternehmens- und branchenspezifisch anzupassen. Als Grundlage werden im Folgenden jedoch grundlegende Zusammenhänge zwischen Kennzahlen und den Zuständen der Objekttypen aufgezeigt. In Kapitel 2.2.2 wurden die wesentlichen Anpassungstreiber bereits eingeführt und vorgestellt. Die dort präsentierte Unterteilung der Einflussfaktoren auf die Netzwerkgestaltung in unternehmensinterne und umweltinduzierte Einflussfaktoren wird an dieser Stelle übernommen. Die umweltinduzierten Einflussgrößen werden in branchenspezifische und damit teilweise beeinflussbare Kategorien (direktes Umfeld) und in eine übergeordnete, nicht beeinflussbare Kategorie unterteilt (indirektes Umfeld bzw. Umwelt). Die Identifikation des Anpassungsbedarfs lässt sich somit in die interne Überwachung der Leistung bzw. Leistungsfähigkeit des Produktionsnetzwerks und in die externe Beobachtung des Systemumfelds gliedern. Zur Identifikation von Anpassungsursachen in der Netzwerkgestaltung werden die Beziehungen bzw. Abhängigkeiten zwischen der ganzheitlichen Menge an möglichen strukturellen Netzwerkanpassungen und den Einflussfaktoren der Netzwerkgestaltung ermittelt. Hierzu werden mögliche Ursache-Wirkungs-Hypothesen

[353] vgl. Rodemann, N./ Niederau, M./ et al. (2021) Systematization of Adaptation Needs, S. 655 - 656.

zwischen den beschriebenen Anpassungsformen und den Anpassungstreibern entwickelt. Einige Anpassungsformen (z. B. Ramp-up und Ramp-down von Produktionsketten) basieren dabei auf den gleichen Einflussfaktoren und werden im Folgenden zusammengefasst als komplementäre Anpassungsformen betrachtet. Die Anpassungsreaktion *keine Veränderung* bzw. *bekannt* wird zudem nicht berücksichtigt, da sie keine Änderung der Netzwerkstruktur hervorruft. Insgesamt werden sieben komplementäre Anpassungsreaktionen identifiziert, welche in Abbildung 5-28 dargestellt sind.

Objektart	Komplementäre Anpassungsreaktionen	
Produktions-kette (PK)	**PK-2/4** Ramp-up / Ramp-down	**PK-3** Veränderung
Standort (S)	**S-3/4** Vergrößerung / Verkleinerung	**S-2/5** Eröffnung / Schließung
Ressource (R)	**R-2/4** Inbetriebnahme / Stilllegung	**R-3** Modifikation
Produktions-prozess (PP)	**PP-2** Neu	

Abbildung 5-28: Komplementäre Anpassungsformen

Somit sind insgesamt sieben Ursache-Wirkungs-Analysen durchzuführen. Auch wenn diese Arbeit auf eine möglichst objektive und damit quantitative Vorgehensweise zur Identifikation von Anpassungsbedarfen abzielt, eignet sich auf diesem hohen Abstraktionsniveau zunächst ein qualitativer Ansatz. Gerade im Stadium der Verständnisbildung sind qualitative Methoden zweckdienlicher, da quantitative Methoden Schwierigkeiten bei der Durchführung und der Interpretation der Ergebnisse aufweisen.[354] Als Methodik eignen sich hier beispielsweise Ishikawa-Diagramme, über welche sich Ursache-Wirkungs-Beziehungen strukturiert darstellen lassen.[355] Bei qualitativen Untersuchungen von Ursache-Wirkungs-Zusammenhängen besteht die Gefahr eines kausalen Fehlschlusses, bei dem eine Ursache falsch identifiziert wurde, weshalb bereits an dieser Stelle auf die spätere Quantifizierung sowie Kontrolle der Methodik verwiesen sei.[356] Die Analyse der Ursache-Wirkungs-Beziehungen ist un-

[354] vgl. Neuner, C. (2009) Konfiguration internationaler Produktionsnetzwerke, S. 12.
[355] vgl. Ishikawa, K. (1996) Guide to quality control, S. 18 - 22.
[356] vgl. Glaser, C. (2019) Risiko im Management, S. 250 - 252.

ternehmensspezifisch durchzuführen. Vor allem Produkt- sowie Standortentscheidungen sind häufig strategisch motiviert und im Einzelfall zu überprüfen. Die Einbeziehung der zukünftigen Anwendenden in den Auswahlprozess der Kennzahlen hat zudem positive Auswirkungen auf die Akzeptanz im Betrieb. Im Folgenden werden die komplementären Anpassungsformen beschrieben, um den anwendenden Unternehmen eine Vorlage und das notwendige Grundverständnis für die weitere Methodik zu bieten.

Produktionsprozess – Neu (PP-2)

Die Hauptgründe zur Anpassung eines Produktionsprozesses sind Unterschiede zwischen den Standorten des Produktionsnetzwerkes in Bezug auf Faktorkosten, Stückzahlen, Qualifikations- und Produktanforderungen. Beispielsweise führen lokale Kundenpräferenzen zu alternativen Werkstoffen, geänderten Toleranzen und anderen Produkteigenschaften, welche unterschiedliche Produktionsprozesse zwischen den Standorten erfordern.[357] Auf der anderen Seite ist eine Anpassung des Produktionsprozesses auch dann erforderlich, wenn standortübergreifende Standardisierungen durchgeführt werden, um Produkt- und Prozessanforderungen einheitlich zu erfüllen oder Best-Practices zu transferieren. Laut Definition erfordert der Anlaufvorgang bzw. Ramp-up einer Produktionskette (PK-2) zwangsläufig einen neuen Produktionsprozess. Der Ramp-up einer Produktionskette ist definiert als das Erhöhen der Stückzahl unter Veränderung von Produkt- und Prozesseigenschaften. Produktionsprozesse sind in hohem Maße von der eingesetzten Ressource abhängig. Aus Sicht der Netzwerkgestaltenden, welche eine standortübergreifende Rolle einnehmen, ist die Änderung des Produktionsprozesses außerhalb des Einflussbereiches. Kennzahlen, die sich auf die reine Performance eines Produktionsprozesses beziehen, werden daher nicht betrachtet und sind lediglich relevant für die jeweiligen Prozessverantwortlichen. Im Einflussbereich der Netzwerkgestaltenden liegt vielmehr die generelle Empfehlung über die Einführung eines neuen Produktionsprozesses an einem Standort basierend auf den oben genannten Hauptgründen.

Ressource – Modifikation (R-3)

Die Modifikation einer Ressource wird aus unternehmensinterner Sicht durch eine nicht den Anforderungen entsprechende Ressourcencharakteristik ausgelöst. Das beinhaltet Kapazitätsengpässe sowie Überkapazitäten, aber auch erhöhte Betriebskosten

[357] vgl. Liebeck, T./ Meyer, T./ et al. (2006) Standortgerechte Fertigungstechnik, S. 202 - 203.

oder eine mangelhafte Betriebssicherheit. Auch Produkt- bzw. Prozessanforderungen sind mögliche Auslöser dieser Anpassungsreaktion. Hierfür muss die Leistungsfähigkeit der Ressourcen betrachtet werden. Basierend auf der oben genannten Begründung des Einflussbereiches der Netzwerkgestaltenden wird die Modifikation der Ressource nicht weiter ausdetailliert, da diese im Wesentlichen im Bereich der Prozessverantwortlichen liegt.

Ressource – Inbetriebnahme bzw. Stilllegung (R-2/4)

Die Inbetriebnahme bzw. Stilllegung von Ressourcen wird durch Kapazitätsengpässe bzw. Überkapazitäten ausgelöst. Nicht mehr benötigte Ressourcen werden zur Einsparung von Kosten sowie zur Gewinnung von Flächen stillgelegt. Zur Befriedigung einer steigenden Nachfrage erfolgt die Erhöhung von Produktionsumfängen durch die Inbetriebnahme von Ressourcen. Standortspezifische Restriktionen wie Flächenengpässe sind hingegen hindernd bei der Inbetriebnahme von Ressourcen. Das Alter der Maschinen und ihr Zustand, die Betriebskosten sowie Produkt- bzw. Prozessanforderungen sind weitere Auslöser dieser Anpassungsreaktionen. Eine mögliche Folge einer Inbetriebnahme oder Stilllegung einer Ressource sind Veränderungen des Standortes (S-2/3/4/5).

Standort – Eröffnung bzw. Schließung (S-2/5)

Standortentscheidungen in Produktionsnetzwerken sind ein äußerst komplexes Themenfeld mit vielen Einflussfaktoren, die wiederum stark von strategischen Managemententscheidungen abhängen.[358] Von einer vollumfänglichen Auflistung möglicher Einflussfaktoren wird daher abgesehen, jedoch sollen im Folgenden einige Beispiele gut quantifizierbarer Anpassungsursachen genannt werden. Die Eröffnung bzw. Schließung eines Standortes ist möglicherweise Folge einer Produktionsverlagerung oder Kapazitätsausweitung bzw. -reduzierung. Durch die geografische Lage sind auch die Auswirkungen auf Logistikstrukturen sowohl zwischen den Standorten als auch zu Zulieferern und Absatzmärkten relevant. Die Anpassungsreaktionen PK-2/3/4 (Ramp-up/-down, Veränderung) sind ebenfalls mögliche Ursachen für eine Standorteröffnung oder -schließung (vgl. Anhang 9.1).

[358] vgl. Kinkel, S. (2009) Erfolgsfaktor Standortplanung, S. 60 - 66.

Standort – Vergrößerung bzw. Verkleinerung (S-3/4)

Die Vergrößerung eines Standortes (S-3) dient möglicherweise der Absicherungen späterer Produktionsverlagerungen. Auch Flächenpreise, Subventionen für Investitionen oder Kapazitätsauslastungen der Standorte sind mögliche Ursachen für eine Standortvergrößerung bzw. -verkleinerung. Insgesamt sind in Hinblick auf die verfügbare Fläche Engpässe und Überschüsse zu betrachten. Auch eine Inbetriebnahme bzw. Stilllegung einer Ressource (R-2/4) ist bei nicht ausreichend bzw. übermäßig verfügbarer Fläche ein Auslöser der Standortvergrößerung bzw. -verkleinerung.

Produktionskette – Ramp-up bzw. Ramp-down (PK-2/4)

Die Gründe dafür, Produkte an- oder auslaufen zu lassen, sind vielseitig und stark branchenabhängig. So geht es in der Automobilindustrie häufig darum, Produktinnovationen schnell in den Markt zu bringen (Time -to- Market) und die Nutzungszeit der Produktionsanlagen zu maximieren (Time -to- Volume).[359] Die Gründe für einen Ramp-up oder Ramp-down hängen somit stark von Innovationen aus dem Bereich Forschung und Entwicklung oder der Unternehmensstrategie ab. Da der datenbasierte Teil der Methodik für kontinuierliche und quantifizierbare Veränderungen anzuwenden ist, sollen an dieser Stelle Anpassungsursachen fokussiert werden, die objektiv eine Anpassungsreaktion hervorrufen. Disruptive bzw. qualitative Veränderungen werden zusätzlich durch die Anwendenden eingefügt. Eine mögliche quantifizierbare Veränderung stellt die finanzielle Bewertung eines Produkts und somit die Veränderung in der Nachfrage oder der Herstellungskosten dar.

Produktionskette – Veränderung (PK-3)

Die Anpassungsreaktion PK-3 (Veränderung Produktionskette) beinhaltet eine Änderung des Start- bzw. Zielknotens, eine Modusänderung oder eine Inbetriebnahme bzw. Stilllegung einer Transportstrecke. Ursache für eine Veränderung der Produktionskette sind beispielsweise standortspezifische Gegebenheiten wie technologische Kompetenzen, Lohn- bzw. Produktionskosten und Kapazitäten. Auch die Kapazitätsgrenzen der Transportmodi erfordern möglicherweise eine Veränderung in der Produktionskette. Durch politisch-rechtliche Rahmenbedingungen verändern Standorte bzw. die Transportstrecken der Standorte ihre Attraktivität für das Unternehmen und erfordern angemessene Reaktionen. Zudem sei darauf verwiesen, dass die Eröffnung

[359] vgl. Schuh, G./ Stölzle, W./ et al. (2008) Anlaufmanagement in der Automobilindustrie, S. 10.

bzw. Stilllegung eines Standorts (S-2/5) eine direkte Ursache der Veränderung der Produktionskette (PK-3) darstellt, da z. B. ein neu eröffneter Standort in das Produktionsnetzwerk integriert werden muss.

Die in Kapitel 5.3.1 qualitativ abgeleiteten Zusammenhänge dienen als Grundlage für eine weitere datenbasierte Abbildung der Identifikation von Anpassungsbedarfen.

5.3.2 Aufbau eines Datenmodells zur Abbildung von Kennzahlenentwicklungen und Anpassungsalternativen

Die in Kapitel 5.3.1 qualitativ abgeleiteten und beschriebenen Zusammenhänge werden im Folgenden in ein Datenmodell überführt, welches im weiteren Verlauf die Basis für eine datenbasierte Identifikation von Anpassungsbedarfen darstellt. Die Entwicklung eines Datenmodells ermöglicht die abstrahierte, datenorientierte Beschreibung von Objekten und deren Beziehung zueinander. Objekte mit ähnlichen Attributen werden dabei zu einer Klasse zusammengefasst.[360] Zur konzeptionellen Beschreibung der Klassen und von deren Beziehungen eignet sich die Unified Modeling Language (UML).[361] Die einzelnen Beziehungen werden als Assoziationen bezeichnet und über Verbindungslinien in einem UML-Klassendiagramm dargestellt. An den Enden der Assoziation wird durch eine Zahl angegeben, mit wie vielen Objekten der anderen Klasse das betrachtete Objekt verknüpft ist.[362] Das entwickelte Datenmodell ist in Abbildung 5-29 dargestellt und wird im Folgenden im Detail erläutert.

---

[360] vgl. Fink, A. (2005) Grundlagen der Wirtschaftsinformatik, S. 105.

[361] vgl. Staud, J. (2019) Unternehmensmodellierung, S. 10 - 15.

[362] vgl. van Randen, H. (2016) Einführung in UML, S. 9 - 10.

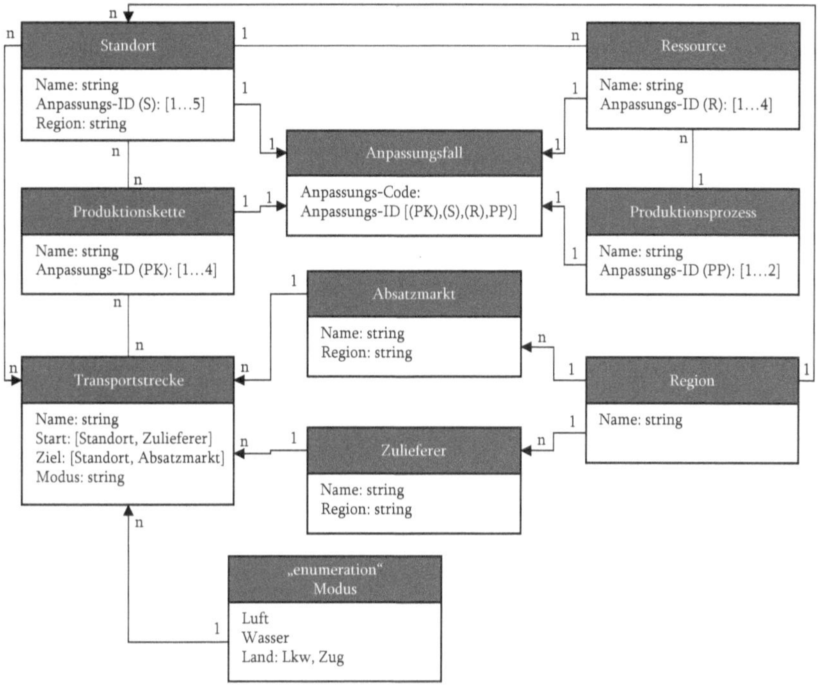

Abbildung 5-29: UML-Datenmodell zur Anpassung der Netzwerkkonfiguration

Jede der in Kapitel 5.1.1 beschriebenen Objektarten sowie jeder der sich daraus ergebenden Anpassungsfälle ist im Datenmodell implementiert. Zur eindeutigen Zuordnung erhält jedes Objekt jeder Klasse einen Namen in Form eines Strings. Eine Ausnahme bildet die Klasse Anpassungsfall, deren Eindeutigkeit in den Objekten sich aus der Codierung ergibt. Diese setzt sich aus der Anpassungsreaktion, hier als Anpassungs-ID dargestellt, aus den Objektarten Produktionskette, Standort, Ressource und einem Produktionsprozess zusammen. Eine Produktionskette besteht wiederum aus einer Anzahl *n* Transportstrecken. Diese besitzen die Attribute Start, Ziel und Modus. Jede Transportstrecke beinhaltet genau einen expliziten Modus. Dieser variiert zwischen Flug, Land und Wasser, wobei der Modus Land zwischen Zug und Lkw unterschieden wird. Zudem sind Start- bzw. Zielknoten jeder Transportstrecke durch Objekte der Klassen Absatzmarkt, Zulieferer oder Standort bestimmt. Diese liegen jeweils in einer definierten Region. Sowohl die Anzahl als auch die Größe der Regionen sind frei definierbar. Jedem Standort sind *n* Ressourcen zugeordnet. Diese werden durch den auf der Ressource durchgeführten Produktionsprozess charakterisiert. Jeder Ressource ist dabei ein Produktionsprozess zugewiesen. Zudem ist es entscheidend, dass jedem Produktionsprozess ein Standort zugeordnet ist, da bereits bekannte und eingesetzte Produktionsprozesse in der Regel mit weniger bzw. optimalerweise mit keinem (Qualifikations-)Aufwand implementiert werden.

Jede Klasse lässt sich nun um weitere für die Modellierung als relevant erachtete Attribute erweitern. Auf diese Weise werden die bereits charakterisierten Kennzahlen aus Kapitel 5.1.2 integriert. In der Klasse Standorte ist beispielsweise das Attribut Produktionsfläche von Bedeutung, um in späteren Auf- bzw. Abbauprozessen von Ressourcen die ausreichende Flächenverfügbarkeit sicherzustellen und in der Entscheidungsunterstützung zu berücksichtigen. Die Klasse Region enthält Zölle, Steuern oder Löhne. In Abbildung 5-30 sind einige Kennzahlen beispielhaft in das Datenmodell integriert.

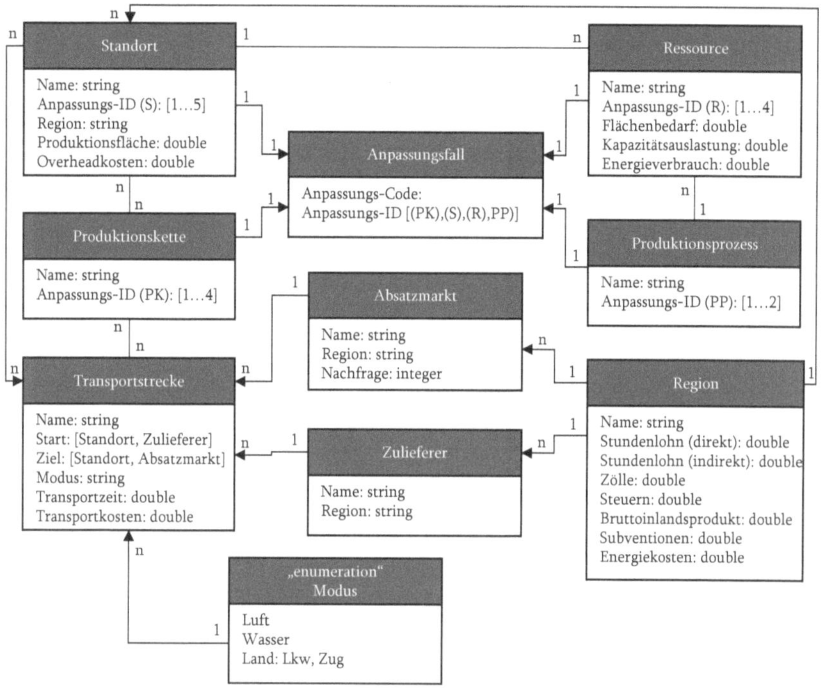

Abbildung 5-30: UML-Datenmodell erweitert um beispielhafte Kennzahlen

Die notwendigen Informationen des Datenmodells werden aus den Schnittstellen zu den Informationssystemen des Unternehmens bezogen. Dazu sei auf Kapitel 2.3.4 und 5.1.2 verwiesen, in denen erläutert wird, in welchen Systemen die relevanten Daten üblicherweise zu finden sind und wie die Datenquellen beim Aufbau eines datenbasierten Kennzahlensystems berücksichtigt werden.

5.3.3 Beschreibung des Gesamtmodells durch einen Digitalen Schatten zur Identifikation von Anpassungsbedarfen

Die vorliegende Dissertation verfolgt das Ziel, basierend auf identifizierten Kennzahlenentwicklungen Anpassungsalternativen in der Netzwerkgestaltung automatisiert zu generieren und den Entscheidenden zur Verfügung zu stellen. Dabei handelt es sich um eine wissensbasierte Entscheidungsfindung über Domänen hinweg, was eine standardisierte Informationsarchitektur für relevante Daten in der Produktion voraussetzt. BECKER ET AL. haben dazu ein Metamodell des Digitalen Schattens entwickelt, welches in Abbildung 5-31 adaptiert an den Kontext dieser Arbeit dargestellt ist und im Folgenden erläutert wird.[363]

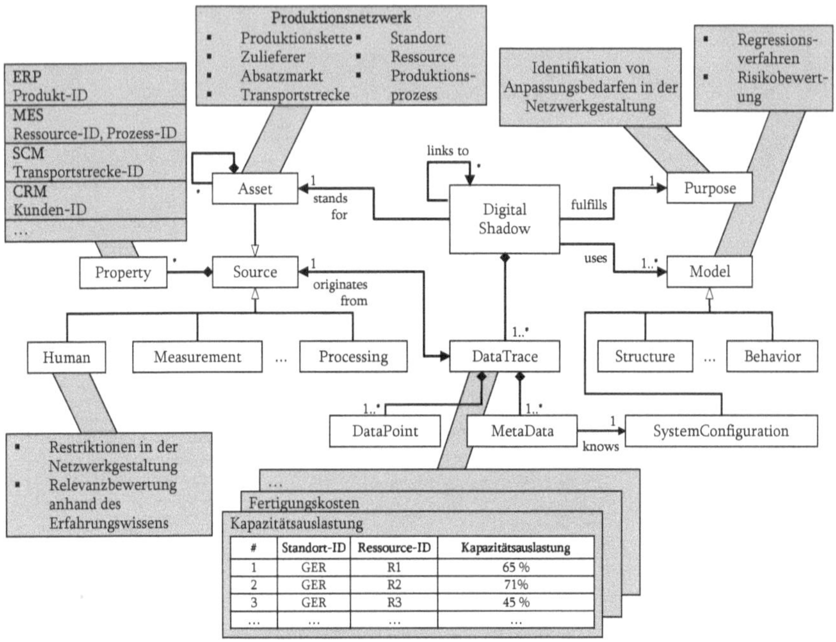

Abbildung 5-31: Das Metamodell eines Digitalen Schattens[364]

Jeder Digitale Schatten ist mit genau einem *Asset* verbunden, welches das beschriebene System repräsentiert und einen Gegenstand, eine Sache oder eine Einheit beschreibt, die einen potenziellen oder tatsächlichen Wert für eine Organisation hat. Im vorliegenden Fall bildet das Produktionsnetzwerk bestehend aus den in Kapitel 5.1.1 beschriebenen Objekttypen das *Asset*. Alle Daten, die als Teil des Digitalen Schattens betrachtet werden, müssen mit ihrer primären Quelle (*Source*) verbunden sein. Dabei kann es sich um Mensch-Maschine-Schnittstellen oder auch die in der Produktion bzw. im Unternehmen angewendeten Informationssysteme handeln. Im Rahmen dieser Arbeit stellt das Erfahrungswissen der Netzwerkgestaltenden eine entscheidende Rolle dar und wird neben den in Kapitel 2.3.4 beschriebenen IT-Systemen als *Source*

363 vgl. Becker, F./ Bibow, P./ et al. (2021) Conceptual Model for Digital Shadows, S. 273.

364 i.A.a. Becker, F./ Bibow, P./ et al. (2021) Conceptual Model for Digital Shadows, S. 273.

berücksichtigt. Das Kernelement des Digitalen Schattens bilden die *DataTraces*, welche den Sachverhalt des jeweiligen *Assets* beschreiben. Der Digitale Schatten besteht aus kontextualisierten *DataTraces* als Teilmenge der zugänglichen Daten, die aus einem oder mehreren *DataPoints* und ihren jeweiligen *MetaData* bestehen. Diese Datenmengen sind numerische Werte, Listen oder komplexe Datenobjekte und in der Produktion z. B. bewegungs- und zustandsabhängige Daten. Die *DataPoints* beziehen sich auf die Daten, die ein Digitaler Schatten benötigt, um das Verhalten des Systems entsprechend dem angestrebten Zweck zu beschreiben. Sie sind als Wert zugänglich, wenn es sich nur um kleine Datenmengen handelt, oder durch Verweis auf eine Datenbank. Die Metadaten des Digitalen Schattens listen die komplette Systemkonfiguration (*SystemConfiguration*) mit allen relevanten Stammdaten über Systemkomponenten und Unterkomponenten auf. Die Modelle (*Models*) spezifizieren den Digitalen Schatten und legen fest, welche Elemente Teil davon sind und zur Zweckerreichung dienlich sind. Sie qualifizieren bei der Beschreibung des Kontexts bestimmte Werte oder Wertveränderungen im Digitalen Schatten und helfen bei der Interpretation von Werten. Im Verlauf der Dissertation werden einzelne Modelle, wie Regressionsverfahren oder Risikobewertung, erläutert und dem hier aufzubauenden Digitalen Schatten hinzugefügt. Der angestrebte Zweck (*Purpose*) ist ebenfalls als Element im Metamodell des Digitalen Schattens verankert und stellt im Kontext dieser Dissertation die Identifikation von Anpassungsbedarfen in der Netzwerkgestaltung dar.[365] Mithilfe der Beschreibung des Digitalen Schattens zur Identifikation von Anpassungsbedarfen wurden die einzelnen Teilmodelle dieser Arbeit in einer standardisierten Informationsarchitektur dargestellt, was zum besseren Verständnis und zur Einordnung der Teilmodelle beitragen soll.

5.3.4 Modellierung der Anpassungsalternativen durch die Aufteilung des Produktionsnetzwerks in strategische Einheiten

Für eine Zuordnung von Anpassungsalternativen im Produktionsnetzwerk wird im Datenmodell zwischen den beeinflussbaren und nicht beeinflussbaren Netzwerkobjekten unterschieden. Während die beeinflussbaren Objekte auch als Output einer Anpassungsreaktion dienen, sind die nicht beeinflussbaren Objekte nur als Input zu

[365] vgl. Becker, F./ Bibow, P./ et al. (2021) Conceptual Model for Digital Shadows, 273–276.

sehen, d. h., sie sind nur zur Identifikation eines Anpassungsbedarfs nutzbar. Als direkt beeinflussbar werden die Netzwerkobjekte klassifiziert, die von den Anpassungsfällen angesprochen werden, also die Produktionsketten, Standorte, Ressourcen und Produktionsprozesse. Dem gegenüber stehen die nicht beeinflussbaren Netzwerkobjekte, zu denen der Absatzmarkt und die Zulieferer zählen (vgl. Kapitel 5.1.1). Diese werden in dem Modell als exogen definiert. Dazwischen befinden sich die Transportstrecken, welche die Standorte intern untereinander sowie Standorte mit Zulieferern bzw. Kunden verbinden. Da Standorte und Produktion beeinflussbar sind, lassen sich auch die Transportstrecken indirekt durch Gestaltungsmaßnahmen adressieren. Aufgrund der Abhängigkeit mit den exogenen Objekten des Netzwerks sind ihre Anpassungsmöglichkeiten jedoch eingeschränkt.

Die Auswahl und Verteilung passender Anpassungsalternativen im Produktionsnetzwerk orientiert sich an dem in Kapitel 2.2.3 beschriebenen Referenzprozess für die kontinuierliche Gestaltung von Produktionsnetzwerken nach SCHUH ET AL.[366] Im Referenzprozess wird auf taktischer Ebene eine Netzwerkkonfiguration für das gesamte Produktionsnetzwerk bestimmt, indem das Netzwerk in die einzelnen Wertströme zerlegt wird. Für diese Wertströme werden mögliche Szenarien entwickelt und bewertet, auf Abhängigkeiten geprüft und schließlich ausgewählt. In dieser Arbeit wird das Produktionsnetzwerk in sogenannte strategische Einheiten gefasst, welche jeweils einen Wertstrom sowie die für den Wertstrom relevanten Netzwerkobjekte enthalten. Eine strategische Einheit beinhaltet alle für eine strategische Entscheidung relevanten Objekte, die sowohl zur Identifikation als auch zur Umsetzung einer Anpassung dienen. Die Zerlegung des Produktionsnetzwerks in strategische Einheiten ermöglicht es, gleichzeitig mehrere der generischen Anpassungsfälle dem Produktionsnetzwerk zuzuordnen, indem jede strategische Einheit genau einen Anpassungsfall erhält, falls innerhalb der strategischen Einheit ein Anpassungsbedarf vorliegt. Das hat den Vorteil, dass alle Produktionsketten gleichzeitig betrachtet werden. Innerhalb einer Produktionskette ist es möglich, mehrere Netzwerkobjekte derselben Klasse zu adressieren. Dadurch wird die Identifikation von Anpassungsalternativen ermöglicht, die simultan auf unterschiedliche Kennzahlenveränderungen reagieren, beispielsweise aus zwei verschiedenen Standorten. Die Struktur der strategischen Einheit ist in Abbildung 5-32 dargestellt.

[366] vgl. Schuh, G./ Prote, J./ et al. (2017) Continuous Design of Production Networks, S. 448.

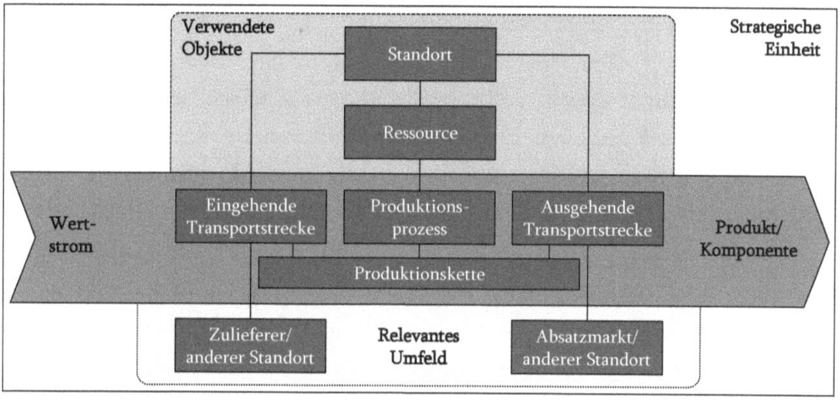

Abbildung 5-32: Modell einer strategischen Einheit

Im Zentrum jeder strategischen Einheit befindet sich der Wertstrom. Dieser bezieht sich immer auf ein bestimmtes Produkt oder eine Produktkomponente und ist somit Teil einer Produktionskette. Der Wertstrom beginnt mit der eingehenden Transportstrecke, welche das Produkt bis zu dem jeweiligen Standort liefert. Diese Transportstrecke startet entweder bei einem Zulieferer oder bei einem unternehmensinternen Standort. Im Kern des Wertstroms steht der angewendete Produktionsprozess. Als wertschöpfendes Element benötigt der Produktionsprozess zur Durchführung eine geeignete Ressource, welche sich wiederum an einem Standort befindet (vgl. Kapitel 5.1.1). Den Ausgang des Wertstroms bildet die ausgehende Transportstrecke, welche entweder zu einem weiteren Standort (und damit einer weiteren strategischen Einheit) oder zum Absatzmarkt führt.

Jedes der genannten Netzwerkobjekte kommt in einer strategischen Einheit genau einmal vor, sodass mindestens so viele strategische Einheiten entstehen wie Produktionsprozesse im Unternehmen. Falls ein Produktionsprozess am Eingang oder Ausgang an mehrere Transportstrecken geknüpft ist, ist die Anzahl der strategischen Einheiten noch höher. Die strategischen Einheiten sind so aufgebaut, dass sie alle Objekte enthalten, die für die Anpassungsreaktion eines Wertstroms relevant sind. Jeder strategischen Einheit wird einer der 61 generischen Anpassungsfälle (vgl. Anhang 9.1) zugeordnet, indem die direkt beeinflussbaren Netzwerkobjekte angesteuert werden. Die Ermittlung des Anpassungsbedarfs erfolgt anhand der Kennzahlenveränderungen, die in den Netzwerkobjekten der strategischen Einheit auftreten. Es herrscht also eine strategische Abhängigkeit innerhalb jeder strategischen Einheit, da sich die Objekte bei der Wahl einer Anpassungsalternative beeinflussen bzw. einschränken. Außerhalb der strategischen Einheiten müssen weitere, vorrangig strukturelle Interdependenzen berücksichtigt werden. So ist es möglich, dass dieselben Netzwerkobjekte in mehreren Einheiten vorkommen. Ein Standort mit beispielsweise zwei Ressourcen, welche jeweils über zwei Produktionsprozesse verfügen, resultiert in dieser Modellierungsform in vier strategischen Einheiten, sodass der Standort und auch die Ressourcen mehrmals vorkämen. Deshalb muss bei der Gestaltung aller strategischen Einheiten darauf geachtet werden, dass die Aktionen der Netzwerkobjekte eindeutig sind, d. h., in diesem Beispiel müsste der Standort in jeder der vier strategischen Einheiten die gleiche Aktion (bspw. Vergrößern) erhalten. Die Abhängigkeiten werden in Kapitel 5.4.1 in Form von Restriktionen innerhalb eines Optimierungsmodells weiter ausdetailliert.

5.4 Ableitung und Priorisierung von Anpassungsalternativen

Mit dem Ziel, Anpassungsalternativen in der Netzwerkkonfiguration auf Basis von Kennzahlenveränderungen zu identifizieren, wurde ein ganzheitlicher Pool von generischen Anpassungsfällen vorgestellt, mit Kennzahlen verknüpft und in ein Datenmodell sowie die Modellierung über strategische Einheiten überführt. Daraus ergibt sich das Entscheidungsproblem, welche generischen Anpassungsfälle welchen strategischen Einheiten unter Beachtung von Restriktionen im Produktionsnetzwerk zugeordnet werden, um einen bestmöglichen Anpassungsbedarf abzuleiten. Dieses Entscheidungsproblem wird über ein Optimierungsmodell in Kapitel 5.4.1 gelöst. Kapitel 5.4.2 beschreibt anschließend die Operationalisierung des Vorgehens in einen Softwaredemonstrator, welcher den Anwendenden die Interaktion mit dem Optimierungsmodell ermöglicht und Anpassungsalternativen zur Interpretation und Bewertung vorschlägt.

Abbildung 5-33: Gliederungsübersicht des vierten Lösungsbausteins

5.4.1 Entwicklung eines Optimierungsmodells

Entscheidungsprobleme lassen sich auf verschiedene Arten lösen. Dabei wird zwischen qualitativen, quantitativen und kombinierten Methoden unterschieden.[367] Das hier vorgestellte Entscheidungsproblem beruht trotz der vorgestellten Möglichkeit zur subjektiven Anpassung auf objektiv messbaren Kennzahlenveränderungen. Es wird dabei eine automatisierte Identifikation von Anpassungsalternativen angestrebt, weshalb Subjektivität zu vermeiden und eine quantitative Bewertungsmethode angemessen ist. Durch die Interaktivität des Tools wird qualitatives Wissen der Entscheidenden zu einem späteren Zeitpunkt berücksichtigt. Zur Abbildung des vorliegenden Entscheidungsproblems wird daher zunächst ein mathematisches Optimierungsmodell gewählt. Dieses bietet den Vorteil, das Planungsproblem in eine eindeutige mathematische Struktur zu fassen, welche die Lösung mittels etablierter Verfahren zulässt. Außerdem ermöglicht das Hinzufügen von Nebenbedingungen zum Modell die Eingrenzung des Lösungsraums.[368] Zusätzlich lassen sich Restriktionen aus der Struktur des Produktionsnetzwerks beachten.

---

[367] vgl. Burggräf, P./ Schuh, G. (2021) Fabrikplanung, S. 96 - 118.

[368] vgl. Briskorn, D. (2020) Operations Research, S. 30 - 31.

Mathematische Optimierung ist ein Gebiet des Operation-Research, das sich mit der Optimierung von Funktionen unter Nebenbedingungen befasst.[369] Ein Optimierungsmodell ist eine formale Darstellung eines Entscheidungs- oder Planungsproblems. In seiner einfachsten Form enthält es mindestens eine Alternativenmenge und eine diese bewertende Zielfunktion. Das Modell wird entwickelt, um mit geeigneten Verfahren optimale Lösungsvorschläge zu ermitteln. In seiner Grundstruktur besteht ein Optimierungsmodell aus einer Zielfunktion, die maximiert oder minimiert werden soll sowie einem Restriktionssystem, bestehend aus einer Anzahl an Nebenbedingungen, welche den Lösungsraum einschränken und den Wertebereich der Entscheidungsvariablen festlegen.[370] Wenn die zu maximierende oder minimierende Zielfunktion sowie alle Nebenbedingungen linear sind, spricht man von einem linearen Optimierungsproblem.[371] Ein mathematisches Optimierungsmodell in einer linearen Form zu fassen, bringt die Möglichkeit mit sich, auf fundamentale effiziente Verfahren für lineare Modelle zurückzugreifen. Insbesondere ist hier die Möglichkeit zu erwähnen, die abgebildeten Probleme sowie Probleminstanzen an Standardsoftware, sogenannte Solver, zu kommunizieren, welche die Probleminstanz optimal lösen. Diese Solver haben in den vergangenen Jahren ihre Leistungsfähigkeit enorm gesteigert und ermöglichen eine effiziente Lösung immer komplexerer Probleme.[372]

Aus diesem Grund wird das vorliegende Entscheidungsproblem für globale Produktionsnetzwerke in ein lineares Optimierungsmodell gefasst und mithilfe eines Solvers gelöst. Das entwickelte Optimierungsmodell ist unten aufgeführt und wird anschließend im Detail beschrieben.

---

[369] vgl. Zimmermann, H.-J. (2008) Operations Research, S. 68.

[370] vgl. Domschke, W./ Drexl, A./ et al. (2015) Einführung in Operations Research, S. 4 - 5.

[371] vgl. Domschke, W./ Drexl, A./ et al. (2015) Einführung in Operations Research, S. 17 - 18.

[372] vgl. Briskorn, D. (2020) Operations Research, S. 27 - 44.

Zielfunktion:

$$max\ N(x) = \sum_{i \in S} \sum_{j \in A} n_{ij} x_{ij} \quad (5.10)$$

Nebenbedingungen:

$$\sum_{j \in A} x_{ij} = 1\ \forall\ i \in S \quad (5.11)$$

$$x_{ij} \in \{0,1\}\ \forall\ i \in S, j \in A \quad (5.12)$$

$$x_{ij} + x_{lm} \leq 1\ \forall\ (i, j, l, m) \in K \quad (5.13)$$

$$x_{ij} = 0\ \forall\ (i, j) \in R \quad (5.14)$$

Tabelle 5.2: Übersicht über die Elemente des Optimierungsmodells

Kategorie	Abkürzung	Beschreibung
Index	i	Index einer strategischen Einheit
	j	Index eines generischen Anpassungsfalls
	l	Index einer strategischen Einheit
	m	Index eines generischen Anpassungsfalls
Entscheidungsvariable	x_{ij}	Binäre Variable, die die Zuordnung eines Anpassungsfalls zu einer strategischen Einheit angibt
Koeffizient	n_{ij}	Matrix der Nutzwerte der Anpassungsfälle für jede strategische Einheit
Zielfunktionswert	$N(x)$	Gesamtnutzwert der Anpassungsalternative für das Produktionsnetzwerk
Menge	S	Menge der strategischen Einheiten im Produktionsnetzwerk
	A	Menge der 61 generischen Anpassungsfälle (vgl. Anhang 9.1)
	K	Menge der Konflikte zwischen zwei Zuordnungen, die sich aus der Struktur des Produktionsnetzwerks ergeben

R	Menge an Restriktionen, die durch individuelle Vorgaben der Anwendenden entstehen

5.4.1.1 Beschreibung der Zielfunktion

Die Zielfunktion in Formel (5.10) des Optimierungsmodells ermöglicht die bestmögliche Generierung von Anpassungsalternativen in der Gestaltung des Produktionsnetzwerks. Die Anpassungsfälle werden dabei den strategischen Einheiten so zugeordnet, dass der Gesamtnutzwert aller Zuordnungen möglichst hoch ist. Dabei ist es die Aufgabe des Solvers, einen Wert für alle Zuordnungen zu bestimmen, sodass die Zielfunktion maximiert wird. Dazu müssen in einem ersten Schritt die Einzelnutzwerte für alle Kombinationen von potenziellen Zuordnungen berechnet werden. Diese Einzelnutzwerte dienen dann als Parameter n zur Berechnung des Gesamtnutzwertes einer Anpassungsalternative.

Für die Berechnung der Einzelnutzwerte wird eine Nutzwertanalyse verwendet. Diese ist in der Praxis ein häufig angewendetes Verfahren zur Bewertung von Handlungsalternativen und wird beispielsweise in der Standortplanung verwendet.[373] Dabei werden die Alternativen entsprechend den Präferenzen des Entscheidungsträgers bezüglich eines multidimensionalen Zielsystems geordnet.[374] Im hier vorliegenden Kontext stellen die generischen Anpassungsfälle die Handlungsalternativen dar. Das Zielsystem ergibt sich aus dem multidimensionalen Kennzahlensystem. Der Nutzen eines Anpassungsfalls berechnet sich danach, wie viele Kennzahlenveränderungen unter Berücksichtigung ihrer jeweiligen Relevanz (vgl. Kapitel 5.2.3) adressiert werden. Die Einzelnutzwerte jedes Anpassungsfalls für jede strategische Einheit wird anhand der Formel (5.15) berechnet:

[373] vgl. Burggräf, P./ Schuh, G. (2021) Fabrikplanung, S. 91 - 92.

[374] vgl. Meyer, H./ Reher, H.-J. (2020) Projektmanagement, S. 198 - 199.

$$n_{ij} = \sum_{k \in K'} r_k \cdot e_{jk} \cdot z_{ik} \; \forall \, i \in S, j \in A \quad (5.15)$$

Tabelle 5.3: Übersicht über die Elemente der Einzelnutzwertberechnung

Kategorie	Abkürzung	Beschreibung
Index	k	Index einer Kennzahlenveränderung
Menge	K'	Menge aller Kennzahlen
Berechnungsvariable	r_k	Relevanz einer Kennzahlenveränderung
Entscheidungsvariable	e_{jk}	Binäre Variable zur Zuordnung eines Anpassungsfalls zu einer Kennzahlenveränderung
	z_{ik}	Binäre Variable zur Zuordnung einer Kennzahlenveränderung zu einer strategischen Einheit

Dabei wird die Relevanz r_k einer Kennzahlenveränderung basierend auf dem beschriebenen Vorgehen anhand der kumulierten Schadenshöhe bestimmt (vgl. Kapitel 5.2.3). Die Zuordnung e_{jk} gibt an, ob ein Anpassungsfall zur Adressierung einer Kennzahlenveränderung geeignet ist und wurde in Kapitel 5.3.1 bestimmt. Die Einzelnutzwerte n müssen für jede strategische Einheit berechnet werden, da die Kennzahlenveränderungen den Objekten des Produktionsnetzwerks zugeordnet werden und zwei strategische Einheiten nicht ausschließlich dieselben Objekte enthalten dürfen. Der Anpassungsbedarf variiert entsprechend von strategischer Einheit zu strategischer Einheit. Um dies zu berücksichtigen, wird die Nutzwertanalyse um die weitere Binärvariable z_{ik} ergänzt, die angibt, ob die Kennzahlveränderung k innerhalb der strategischen Einheit $i \in S$ auftritt. Für einzelne strategische Einheiten wird die Berechnung der Einzelnutzwerte anhand einer Tabelle durchgeführt (vgl. Abbildung 5-34).

Eignung e_{jk}		Kennzahlen $k \in K'$															Einzelnutzwerte n_{ij}
		QR	TZ (I)	KA (E)	KA (Ü)	FN (E)	FN (Ü)	MP	FK	MK	VF	MF	TVF	RF	TZ (Z)	TZ (A)	
Anpasungsfälle $j \in A$	1	1	0	1	0	0	0	1	1	0	1	1	0	0	0	0	0.2
	2	0	0	1	0	0	1	0	0	0	1	0	0	1	0	0	0.9
	3	0	0	0	0	0	0	0	0	0	1	0	0	1	0	0	0.9
	.																
	61	0	1	0	0	0	0	1	1	0	0	0	0	0	0	0	1.0
Relevanz r_k		0.5	0.7	0	0	0	0	0.3	0	0.4	0	0	0	0.9	0	0	
Zuordnung z_{ik}		0	1	0	0	0	0	1	0	1	0	0	0	1	0	0	

FK = Fertigungskosten
FN(E) = Flächennutzungsgrad (Engpass)
FN(Ü) = Flächennutzungsgrad (Überkapazität)
KA(E) = Kapazitätsauslastung (Engpass)
KA(Ü) = Kapazitätsauslastung (Überkapazitäten)
MF = Maschinenflexibilität
MK = Materialkosten
MP = Mitarbeitendenproduktivität
QR = Qualitätsrate
RF = Routenflexibilität
TVF = Transportvolumenflexibilität
TZ(A) = Transportzeit zum Absatzmarkt
TZ(I) = Interne Transportzeit
TZ(Z) = Transportzeit vom Zulieferer
VF = Volumenflexibilität

Abbildung 5-34: Beispiel zur Berechnung der Einzelnutzwerte

In diesem Beispiel berechnet sich der Einzelnutzwert des Anpassungsfalls $j = 61$ für die betrachtete strategische Einheit mit Index $i = 1$ wie folgt (vgl. Formel (5.16)):

$$n_{1,61} = \sum_{k \in K'} r_k \cdot e_{jk} \cdot z_{ik} = (0{,}7 \cdot 1 \cdot 1) + (0{,}3 \cdot 1 \cdot 1) = 1{,}0 \tag{5.16}$$

Die Einzelnutzwerte werden für jede strategische Einheit berechnet und dienen als Koeffizienten für die Zielfunktion des linearen Optimierungsmodells (vgl. Formel (5.10)). Der Gesamtnutzwert N ergibt sich aus der Summe der Einzelnutzwerte aller ausgewählten Anpassungsfälle. Dabei dient die Entscheidungsvariable x_{ij} für die Zuordnung eines Anpassungsfalls $j \in A$ zu einer strategischen Einheit $i \in S$.

5.4.1.2 Beschreibung der Nebenbedingungen

Im Folgenden werden die Nebenbedingungen des Optimierungsmodells erläutert. Die erste Nebenbedingung in Formel (5.11) legt fest, dass jede strategische Einheit $i \in S$ nur einem Anpassungsfall $j \in A$ zugeordnet wird, und stellt damit sicher, dass ausschließlich sinnvolle Lösungen ermittelt werden. Die zweite Nebenbedingung in Formel (5.12) adressiert die Binarität der Variable x_{ij}, die den Wert eins annimmt, wenn eine Zuordnung stattfindet, und null, falls nicht.

Wenn die strategischen Einheiten keine Abhängigkeiten untereinander hätten, könnte die Zielfunktion sehr leicht durch die Auswahl aller Anpassungsfälle mit maximalen Einzelnutzwerten optimiert werden. In der Realität kann es allerdings dazu kommen, dass sich die ausgewählten Anpassungsfälle widersprechen und somit nicht durchführbar sind. Beispielsweise könnte ein Anpassungsfall die Stilllegung einer Ressource beinhalten, während ein anderer Anpassungsfall für die gleiche Ressource lediglich eine Modifizierung vorsieht. Deshalb müssen bei der Auswahl von Anpassungsfällen strukturelle Interdependenzen zwischen den strategischen Einheiten des Produktionsnetzwerks berücksichtigt werden (vgl. Kapitel 5.3.4). Diese Abhängigkeiten werden durch die Nebenbedingung in Formel (5.13) im Optimierungsmodell adressiert. Die Restriktion legt fest, dass zwei Zuordnungen (jeweils zwischen einer strategischen Einheit und einem Anpassungsfall) nicht beide ausgewählt werden können, falls diese Konstellation in der Konfliktliste K gespeichert ist. Dabei ist die Konfliktliste von der Struktur des Produktionsnetzwerks und der Zusammensetzung der strategischen Einheiten abhängig. Sie muss für das Produktionsnetzwerk vorab erstellt werden. Die Erstellung der Konfliktliste erfolgt mithilfe eines Algorithmus. Dabei werden alle möglichen Zuordnungen durchlaufen und auf Abhängigkeiten zwischen den strategischen Einheiten überprüft. Grundlage dafür sind die Widersprüche in den generischen Aktionen der einzelnen Netzwerkobjekte. Diese werden allgemein ermittelt und sind in Abbildung 5-35 dargestellt.

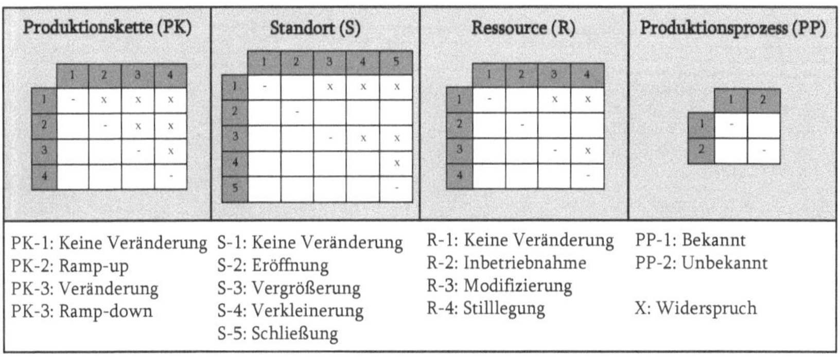

Abbildung 5-35: Widersprüche in den Anpassungsreaktionen der Objekte

Falls ein Widerspruch vorliegt, lassen sich die beiden betrachteten Aktionen nicht innerhalb desselben Objektes durchführen. Die Aktionen sind dabei so definiert, dass sie eindeutig sind und sich nicht überschneiden (vgl. Kapitel 2.2.3). Deswegen muss für ein einzelnes Objekt auch eine einheitliche Anpassungsreaktion gewählt werden. Allerdings gibt es den Ausnahmefall, dass eine Anpassungsreaktion ein neues Netzwerkobjekt kreiert. Dann ist es einerseits möglich, eine beliebige Aktion am ersten Objekt durchzuführen, andererseits aber auch, das neue Objekt zu kreieren. Beispielsweise könnte eine neue Ressource in Betrieb genommen werden, während die alte Ressource modifiziert wird. Das betrifft ebenfalls die Eröffnung eines Standortes und die Einführung eines neuen Produktionsprozesses. Auf Grundlage der Widersprüche wird nun die Konfliktliste algorithmisch erstellt. Für die Beschreibung des Algorithmus wird ein Pseudocode verwendet. Ein Pseudocode ist ein Code, der übersetzt oder interpretiert werden muss, bevor er verwendet wird. Er dient dazu, den Entwurf eines Computerprogramms für menschliche Lesende verständlich zu machen.[375] Der Algorithmus zur Bestimmung der Konfliktliste hat den in Abbildung 5-36 dargestellten Ablauf:

```
ERSTELLE leere Konfliktliste
    FÜR jede strategische Einheit:
        FÜR jede andere strategische Einheit:
            FÜR jeden Anpassungsfall:
                FÜR jeden anderen Anpassungsfall:
                    FALLS Konflikt:
                        HINZUFÜGEN der Konstellation zur Konfliktliste
```

Abbildung 5-36: Pseudocode zur Bestimmung der Konfliktliste

Die Konfliktliste speichert alle widersprüchlichen Konstellationen an Zuordnungen als Tupel und ist wie folgt aufgebaut:

$$K = [(i, j, l, m)] \text{ mit } i, l \in S;\ j, m \in A \tag{5.17}$$

Die Zuordnung einer strategischen Einheit i zu einem Anpassungsfall j bildet also zusammen mit der Zuordnung einer strategischen Einheit l zu einem Anpassungsfall m einen Widerspruch. Jeder der Widersprüche geht mit der Nebenbedingung in Formel (5.13) in das Optimierungsmodell ein.

In Hinsicht auf die individuelle Anwendung dieser Methodik wird eine weitere Nebenbedingung eingeführt, die das Einbeziehen von strategischen Vorgaben aus dem

[375] vgl. Mehlhorn, K./ Sanders, P. (2008) Algorithms and Data, S. 26.

Unternehmen ermöglicht. Dadurch können Leitlinien für die Netzwerkgestaltung bereits bei der Generierung von Anpassungsalternativen berücksichtigt und der Lösungsraum kann weiter eingegrenzt werden. In dem vorliegenden Optimierungsmodell bilden die nutzerspezifischen Restriktionen die Nebenbedingungen in Formel (5.14). Zur Berücksichtigung der strategischen Vorgaben als Nebenbedingungen im Optimierungsmodell ist zunächst eine Analyse ihrer Bedeutung für die Auswahl der Anpassungsalternativen durchzuführen. Dazu müssen die Leitlinien abstrahiert und in die Sprache des Netzwerkmodells übersetzt werden. Da die Menge an möglichen strategischen Vorgaben nicht beschränkt ist, muss dieser Prozess für jede neue Vorgabe individuell durchgeführt werden. Im Folgenden sollen exemplarisch die Nebenbedingungen für zwei dieser Vorgaben erstellt werden.

Zum einen wird der Fall betrachtet, dass das Unternehmen die Schließung eines bestimmten Standortes aufgrund seiner Relevanz für das Produktionsnetzwerk ausschließen möchte. Es könnte sich hierbei beispielsweise um den Gründungsstandort handeln, der aus Imagegründen nicht geschlossen werden darf. Zur Berücksichtigung dieser Vorschrift werden Nebenbedingungen für jede der betroffenen strategischen Einheiten erstellt, sodass alle Anpassungsfälle ausgeschlossen werden, welche die Standortaktion Schließung beinhalten. Der verwendete Algorithmus wird in Abbildung 5-37 als Pseudocode beschrieben:

```
ERSTELLE leere Ausschlussliste
    FÜR jede strategische Einheit:
        FALLS Standort enthalten:
            FÜR jeden Anpassungsfall:
                FÜR jeden anderen Anpassungsfall:
                    FALLS Standort geschlossen werden soll:
                        HINZUFÜGEN der Konstellation zur Ausschlussliste
```

Abbildung 5-37: Pseudocode der Restriktion „Standort nicht schließen“

Durch die Anwendung des Algorithmus werden alle Zuordnungen x_{ij} zwischen einer strategischen Einheit i und einem Anpassungsfall j in eine Liste aufgenommen, falls sie aufgrund der strategischen Vorgabe nicht in Betracht kommen.

Als weiteres Beispiel wird der Fall betrachtet, dass ein Produkt von besonderer Bedeutung für das Produktionsnetzwerk ist und die Einstellung der Produktion dieses

Produktes strategisch ausgeschlossen wird. Dazu werden alle Anpassungsfälle aussortiert, die für die Produktionskette einen Ramp-down vorsehen. Auch für diese Vorgabe wird über einen Algorithmus eine Liste erstellt, welche die unzulässigen Zuordnungen enthält, was in Abbildung 5-38 als Pseudocode dargestellt ist.

```
ERSTELLE leere Ausschlussliste
    FÜR jede strategische Einheit:
        FÜR jeden Anpassungsfall:
            FALLS Ramp-down für Produktionskette vorgesehen:
                HINZUFÜGEN der Konstellation zur Ausschlussliste
```

Abbildung 5-38: Pseudocode der Restriktion „Produkt nicht einstellen"

Die Menge aller Restriktionen R ergibt sich durch das Zusammenfügen aller Ausschlusslisten. Im Gegensatz zu der Konfliktliste K enthält R nur einzelne Zuordnungen, welche wieder innerhalb von Tupeln hinterlegt werden und in folgender Form dargestellt sind (vgl. Formel (5.18)):

$$R = [(i,j)] \text{ mit } i \in S;\ j \in A \tag{5.18}$$

Neben den beiden beschriebenen Restriktionen ist möglicherweise eine Vielzahl an weiteren strategischen Vorgaben für ein Produktionsnetzwerk sinnvoll. Beispielsweise könnte ein Unternehmen festlegen, dass bestimmte Kerntechnologien zum Know-how-Schutz nur an bestimmten Standorten vorkommen dürfen. Für die Umsetzung würden dann alle Anpassungsfälle darauf untersucht werden, inwiefern sie dieser Anforderung gerecht werden. Falls sie dem nicht gerecht werden, müssten sie durch weitere Restriktionen verboten werden. Weitere Möglichkeiten wären z. B. Angaben darüber, ob genügend Fläche für die Vergrößerung eines Standortes vorhanden ist oder wie viele Standorte mindestens (oder maximal) im Netzwerk vorkommen sollen.

5.4.1.3 Iterative Lösung des Optimierungsproblems und Priorisierung der Anpassungsalternativen

Nachdem alle benötigten Koeffizienten und Mengen bestimmt worden sind, ist das Aufstellen und Lösen des Optimierungsproblems möglich. Prinzipiell werden mathematische Optimierungsprobleme mit Algorithmen gelöst, welche sich in Programmiersprachen implementieren lassen. Das wichtigste Verfahren zur Lösung linearer

Optimierungsprobleme ist der Simplex-Algorithmus.[376] Dieser geht von einer zulässigen Basislösung aus und erzeugt sequenziell, durch den Übergang zu einer benachbarten Lösung, eine endliche Folge sich jeweils in Bezug auf den Zielfunktionswert nicht verschlechternder zulässiger Basislösungen. Beim Übergang von einer Basis zu der nächsten wird jeweils eine Basisvariable durch eine Nichtbasisvariable ersetzt. Die zur Bestimmung der aus der Basis zu eliminierenden Variablen benutzte Regel (Eliminationsregel) stellt dabei sicher, dass die nächste Basislösung zulässig ist. Die zur Bestimmung der neu in die Basis aufzunehmenden Variablen benutzte Regel (Aufnahmeregel) garantiert eine Verbesserung des Wertes der Zielfunktion.[377]

Sofern das Optimierungsmodell Variablen enthält, die nur ganzzahlige Werte annehmen, ist der Simplex-Algorithmus nicht anwendbar und es bedarf einer Erweiterung des linearen Optimierungsmodells. Zu den ganzzahligen Optimierungsproblemen zählen auch solche mit binären Variablen, wie sie im vorliegenden Optimierungsmodell verwendet werden.[378] Eine Möglichkeit zur Lösung ganzzahliger Probleme sind Branch-and-Bound-Verfahren. Hierbei wird zur Ermittlung einer global optimalen Lösung der Lösungsraum in mehrere Teilräume (Branches) aufteilt und für jeden Branch die lokal optimale Lösung ermittelt. Solange die Teilräume zusammen den gesamten Lösungsraum abdecken, wird damit das globale Optimum gefunden. In der unternehmerischen Praxis eignen sich Standardsolver wie beispielsweise Cplex von IBM oder auch Gurobi zur Anwendung der Algorithmen.[379]

Prinzipiell wird durch die Lösung eines Optimierungsmodells nur eine optimale Lösung ermittelt. Da im vorliegenden Fall den Netzwerkplanenden jedoch mehrere priorisierte Anpassungsalternativen als Entscheidungsunterstützung zur Verfügung gestellt werden sollen, ist die Vorgabe einer einzigen optimalen Lösung nicht zielführend. Vielmehr sollen mehrere Alternativen für das Produktionsnetzwerk generiert und anhand ihres Nutzwertes aufgelistet werden. Dadurch ergibt sich ein übersichtlicher Lösungsraum an potenziellen Alternativen, die daraufhin auf Umsetzbarkeit und Sinnhaftigkeit durch die Anwendenden überprüft werden können. Dazu wird im Folgenden eine iterative Lösung des Optimierungsproblems verfolgt, indem in jeder

[376] vgl. Domschke, W./ Drexl, A./ et al. (2015) Einführung in Operations Research, S. 14 - 17.
[377] vgl. Zimmermann, H.-J. (2008) Operations Research, S. 77 - 92.
[378] vgl. Domschke, W./ Drexl, A./ et al. (2015) Einführung in Operations Research, S. 127 - 128.
[379] vgl. Briskorn, D. (2020) Operations Research, S. 27 - 182.

nachfolgenden Iteration die Lösung der vorherigen Iteration verboten wird. Somit liefert jede Iteration eine zusätzliche Anpassungsalternative für das Produktionsnetzwerk, deren Nutzwert kleiner oder gleich groß ist wie der Nutzwert in der vorherigen Iteration. Ab der zweiten Iteration muss somit eine neue Nebenbedingung in das Optimierungsmodell aufgenommen werden, die alle vorherigen Lösungen ausschließt. In Formel (5.19) wird die allgemeine Nebenbedingung für eine Iteration aufgeführt. Sie wird für jede vorherige Lösung aufgestellt.

Für jede vorherige Lösung:

$$\sum_{(i,j)\in L} x_{ij} \leq Z - 1 \tag{5.19}$$

Tabelle 5.4: Übersicht über die Elemente der Nebenbedingung zur Iteration

Kategorie	Abkürzung	Beschreibung
Menge	L	Menge der Zuordnungen der gewählten Anpassungsfälle zu den strategischen Einheiten der vorherigen Lösung
Anzahl	Z	Anzahl der selektierten Zuordnungen

L stellt dabei die Menge an Zuordnungen der gewählten Planungsfälle $j \in A$ zu den strategischen Einheiten $i \in S$ der vorherigen Lösung in der Form $L = [(i,j)]$ dar. Die Menge $L = [(1{,}13), (2{,}52), (3{,}2)]$ gibt beispielsweise an, dass in der vorherigen Iteration drei Zuordnungen von Anpassungsfällen (13, 52 und 2) zu den strategischen Einheiten (1, 2 und 3) bestimmt wurden. Aus diesen einzelnen Zuordnungen setzt sich die Anpassungsalternative für das gesamte Produktionsnetzwerk zusammen. Die Nebenbedingung legt fest, dass die Entscheidungsvariablen der Zuordnungen einer vorherigen Iteration in einer folgenden Iteration nicht ebenfalls alle den Wert eins annehmen können. Dies wird sichergestellt, indem die Summe der betroffenen Entscheidungsvariablen kleiner ist als die Anzahl der selektierten Zuordnungen Z, welche in dem oben aufgeführten Beispiel den Wert drei hätte.

Für eine Anzahl p an Iterationen ergeben sich somit p Anpassungsalternativen für das gesamte Produktionsnetzwerk, die in absteigender Reihenfolge nach dem Gesamtnutzwert N priorisiert sind. Zusätzlich wurde in den Algorithmus ein Filter zur Bestimmung erlaubter Ähnlichkeitswerte eingebaut. Dieser ermöglicht es im Fall, dass die am höchsten priorisierten Anpassungsalternativen nur marginale Unterschiede aufweisen, diese zusammenzufassen und in aggregierter Form anschaulich für die Anwendenden darzustellen. Eine beispielhafte Priorisierung ist in Tabelle 5.5 zu sehen.

Tabelle 5.5: Priorisierung der Anpassungsalternativen (Beispiel)

Iteration	Anpassungs-alternative	Zuord-nungen	Gesamt-nutzwert	Anpassungsaktionen der Netzwerkobjekte
1	1	SE_1: 1411	10	S_1: Verkleinern (4)
		SE_2: 1411		R_3: Modifizierung (3)
		SE_3: 1131		
2	2	SE_1: 1411	8	S_1: Verkleinern (4)
		SE_2: 1411		PP_3: Neu (2)
		SE_3: 1112		
…	…	…	…	…
p	*p*	SE_1: 3541	5	PK_1: Veränderung (3)
		SE_2: 3541		S_1: Schließung (5)
		SE_3: 3441		S_3: Verkleinerung (4)
				R_4: Stilllegung (3)

Dabei lassen sich aus den Zuordnungen der einzelnen Anpassungsfälle zu den strategischen Einheiten (SE) die benötigten Aktionen für die Netzwerkobjekte ableiten. Im Anschluss daran vergleicht das anwendende Unternehmen die generierten Alternativen und bewertet diese anhand verschiedener Kriterien, beispielsweise Investitionsaufwand, Kosten, Risiko oder auch Nachhaltigkeit. Dazu sei auf andere Arbeiten verwiesen.[380]

[380] Siehe u. a. Gützlaff, A. (2021) Entscheidungsprozess zur kontinuierlichen Gestaltung und Sager, B. (2019) Konfiguration globaler Produktionsnetzwerke.

5.4.2 Interpretation und Bewertung der Anpassungsalternativen durch die Anwendenden

Die Methodik verfolgt das Ziel, die Anwendenden in der Netzwerkgestaltung auf Veränderungen im Produktionsnetzwerk aufmerksam zu machen und mögliche Anpassungsalternativen vorzuschlagen. Die konkrete Auswahl einer Anpassungsalternative ist dabei nicht Teil der Dissertation (vgl. Kapitel 5.4.1.3). Dennoch ist bereits eine erste Bewertung der Alternativen durch die Netzwerkgestaltenden möglich, indem diese entscheiden, ob eine weitere Betrachtung einer Netzwerkalternative erfolgen soll. Die Methodik könnte beispielsweise Anpassungsalternativen vorschlagen, die zwar konform mit den aufgestellten Nebenbedingungen (vgl. Kapitel 5.4.1.2) sind, jedoch anderen Richtlinien widersprechen oder nicht mit der Unternehmensstrategie konform sind. Ebenfalls ist es möglich, dass die Anwendenden über Erfahrungswissen verfügen, welches es ermöglicht einzelne Anpassungsalternativen anders als die automatisierte Lösung zu bewerten. Um die Bewertung durch die Anwendenden zuzulassen, müssen die Ergebnisse des Optimierungsmodells anschaulich und interpretierbar dargestellt werden. Ziel dieses Kapitels ist es daher, das im vorherigen Kapitel beschriebene Optimierungsmodell in einen Softwaredemonstrator zu überführen, der eine interaktive Benutzeroberfläche aufweist. Das Kapitel 5.4.2.1 dokumentiert die Entwicklung und den Aufbau des Softwaredemonstrators, dessen Benutzeroberfläche und Funktionalitäten anschließend in Kapitel 5.4.2.2 präsentiert werden.

5.4.2.1 Umfang und Aufbau des Softwaredemonstrators

Ziel des Softwaredemonstrators ist es, das Optimierungsmodell aus Kapitel 5.4.1 zu operationalisieren und in eine anwendbare Entscheidungsunterstützung für die Netzwerkgestaltung zu überführen. Da die Programmierung einer Webanwendung aufwendig ist, werden für den Demonstrator jedoch Vereinfachungen getroffen, welche die Komplexität der Programmierung reduzieren, ohne das genannte Ziel zu verfehlen. In dem Softwaredemonstrator wird nicht zwischen Produkten differenziert, sondern es wird angenommen, dass das Produktionsnetzwerk nur eine Produktionskette beinhaltet. Damit bezieht sich jeder Produktionsprozess auf dasselbe Produkt. Das führt zu einer wesentlichen Reduktion der Komplexität, sodass die Zeit für die algorithmische Lösung des Optimierungsproblems stark verringert wird. Weiter werden auch Transportstrecken nicht in das Modell des Produktionsnetzwerks aufgenommen, wodurch die Produktionsflüsse im Netzwerk nicht definiert werden müssen. Daraus resultierend können allerdings die Kennzahlen mit Bezug zur Transportstrecke nicht als Indikatoren für eine Anpassung verwendet werden. Durch diese Vereinfachungen reduziert sich auch der Umfang der strategischen Einheit auf den Produktionsprozess, die Ressource, den Standort und die Produktionskette. In Kapitel 5.2 wurde umfangreich dargelegt, wie die Relevanz einer Kennzahlenveränderung bestimmt wird. Für den Softwaredemonstrator wird es den Anwendenden ermöglicht, die Relevanz der Kennzahlenentwicklung direkt vorzugeben. Dadurch lassen sich verschiedene Situationen ohne die Änderung des Datensatzes simulieren und schnell miteinander vergleichen.

Die Basis für die Programmierung einer Softwareanwendung ist die sinnvolle Ordnung von Daten.[381] Mithilfe von Datenbanken können die benötigten Daten verwaltet, Informationen aus den Daten geliefert und die Zugriffserlaubnis auf die Daten kann festgelegt werden. Grundsätzlich lassen sich Datenbanken in die drei Hauptkategorien hierarchische Datenbanken, relationale Datenbanken und objektorientierte Datenbanken unterteilen. Für die Implementierung des hier vorgestellten Softwaredemonstrators wird die Mischform der objektrelationalen Datenbanken gewählt. Diese bauen auf den relationalen Datenbanken auf und ermöglichen damit das Speichern von Daten nach Entitäten in Form von Tabellen und werden um die Techniken der objektorientierten Programmierung erweitert. Dadurch ist neben Daten auch die Ablage von Methoden möglich, mit denen sich die Daten manipulieren lassen.[382] Auf diese Weise werden die Objekte des Produktionsnetzwerks mit den Methoden der objektorientierten Programmierung verwaltet und zugleich lassen sich weitere relationale Tabellen implementieren, welche die Anpassungsfälle und Restriktionen speichern. Die Datenbankstruktur ist in Abbildung 5-39 zu sehen.

[381] vgl. Gadatsch, A. (2019) Datenmodellierung, S. 4.

[382] vgl. Steiner, R. (2021) Relationale Datenbanken, S. 5 - 9.

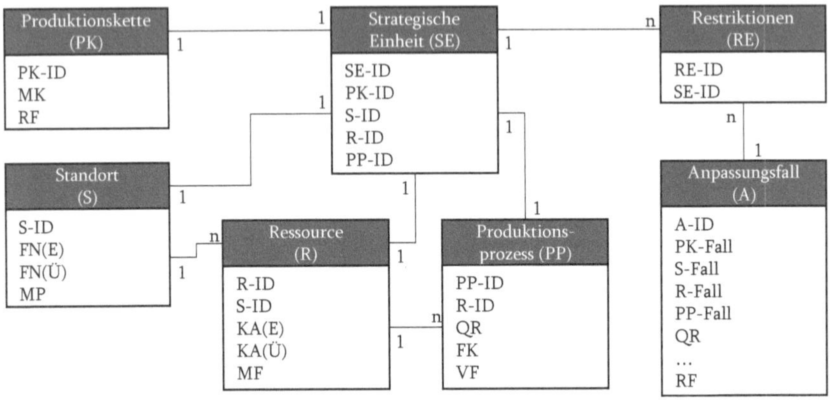

FK = Fertigungskosten
FN(E) = Flächennutzungsgrad (Engpass)
FN(Ü) = Flächennutzungsgrad (Überkapazität)
KA(E) = Kapazitätsauslastung (Engpass)
KA(Ü) = Kapazitätsauslastung (Überkapazitäten)
MF = Maschinenflexibilität
MK = Materialkosten
MP = Mitarbeitendenproduktivität
QR = Qualitätsrate
RF = Routenflexibilität
TVF = Transportvolumenflexibilität
TZ(A) = Transportzeit zum Absatzmarkt
TZ(I) = Interne Transportzeit
TZ(Z) = Transportzeit vom Zulieferer
VF = Volumenflexibilität

Abbildung 5-39: Datenmodellierung für die Datenbank

Das in Kapitel 5.3.2 vorgestellte Datenmodell bildet die Struktur der Datenbank. Es gibt jedoch einige Unterschiede hinsichtlich des Umfangs des Modells sowie der Attribute der Objekte. Zum einen wurde das Objekt der strategischen Einheit hinzugefügt, das eine zentrale Rolle in der Datenbank einnimmt. Dieses besteht aus jeweils einem Produktionsprozess mit der dafür verwendeten Ressource, dem Standort und der betroffenen Produktionskette. Alle Objekte erhalten als Attribute die sie betreffenden Kennzahlen, die hier beispielhaft ausgewählt wurden. So lassen sich auftretende Kennzahlenveränderungen direkt in den Netzwerkobjekten speichern. Ein weiterer Unterschied zu der Modellierung in der Methodik besteht in der Einbindung der Anpassungsfälle. Die Zuordnung findet nicht direkt zu den Objekten Produktionskette, Standort, Ressource und Produktionsprozess statt, sondern bezieht sich auf eine strategische Einheit. Die Anpassungsfall-Objekte werden im Programm automatisch aus der Tabelle der generischen Anpassungsfälle erstellt und erhalten als Attribute die Spalten der Tabelle. Da den Anwendenden des Softwaretools die Möglichkeit gegeben werden soll, die Ergebnisse durch Restriktionen zu beeinflussen (vgl. Kapitel 5.4.1.2), wird eine weitere Entität kreiert, die Restriktionen zwischen einer strategischen Einheit und einem Anpassungsfall speichert. Damit die Objekte sowie die Beziehungen zwischen Objekten eindeutig sind, erhalten alle Entitäten bei ihrer Erstellung einen

Identifikationsschlüssel (ID-Schlüssel). Falls eine Beziehung vorliegt, nimmt eine Entität den ID-Schlüssel einer anderen als sog. Fremdschlüssel auf.[383] So erhält das Objekt Ressource beispielsweise den Fremdschlüssel des Standortes, in dem die Ressource existiert.

Die Erstellung und Verwaltung der Datenbank erfolgen mit den Python-Bibliotheken SQLite und Flask-SQLAlchemy. SQLite ist ein sehr schlankes Datenbankmanagementsystem, das die Structured Query Language (SQL) unterstützt. Dabei handelt es sich um eine Datenbanksprache, die zur Definition der Datenbankstrukturen sowie zum Bearbeiten und Abfragen von darauf basierenden Datenbeständen über einen definierten Befehlssatz dient.[384] SQLite eignet sich für diese App, da die Datenbank leicht erstellt und lokal in einer Datei gespeichert wird. Flask-SQLAlchemy bietet die Möglichkeit, die Datenbank besser in die Anwendung zu integrieren, und ermöglicht durch Einbindung der SQLAlchemy-Bibliothek die objektorientierte Programmierung der Datenbank.

Durch die Verwendung der Datenbank ist es möglich, die Objekte des Produktionsnetzwerks zu erstellen, zu löschen oder auf andere Weise zu verwalten. Dazu müssen allerdings die entsprechenden Funktionen und Benutzeroberflächen programmiert und in einer Anwendung integriert werden. Grundsätzlich bestehen Webanwendungen aus den zwei Bestandteilen Frontend und Backend. In der Frontend-Entwicklung steht der Web-Browser (Client) im Fokus. Die Anwendenden interagieren mit einem Client, um Anfragen an einen Server zu stellen, der Antworten zurücksendet. Die Programmierung dieser Webseiten erfolgt vorrangig mit Hypertext Markup Language (HTML), welche jedoch keine vollwertige Programmiersprache darstellt, da sie weder Variablen noch Schleifen beinhaltet. Das Backend hingegen umfasst Serverplattformen wie PHP, Python und Java sowie Datenbanken und andere Technologien.[385]

Das Frontend des Softwaredemonstrators wurde mit HTML programmiert und macht 66,2 % der Code-Zeilen aus. Für das Backend wurde die Programmiersprache Python verwendet, welche 33,8 % des Projekts ausmacht. Die Interaktionen zwischen Frontend und Backend basieren auf der Python-Bibliothek Flask. Dabei handelt es sich um

---

[383] vgl. Steiner, R. (2021) Relationale Datenbanken, S. 19.
[384] vgl. Steyer, R. (2018) Programmierung in Python, S. 219.
[385] vgl. Mardan, A. (2018) Full Stack JavaScript, S. 4 - 31.

ein kleines und dennoch produktionsreifes Framework für die Entwicklung von Webanwendungen und -diensten.[386] Insgesamt besteht die Anwendung aus ca. 2000 Zeilen Code und ist in verschiedene Module unterteilt. Die wichtigsten Funktionalitäten aus Anwendungssicht werden im folgenden Kapitel vorgestellt.

5.4.2.2 Softwaredemonstrator aus Anwendungssicht

Der Softwaredemonstrator hat zur Aufgabe, die entwickelte Methodik umzusetzen, um dadurch automatisiert Anpassungsalternativen für verschiedenartige Produktionsnetzwerke zu identifizieren und für die Anwendenden zu priorisieren. Gleichzeitig stellt der Softwaredemonstrator die Interaktivität zwischen den Anwendenden und dem Optimierungsmodell sicher, um sowohl die Ergebnisse der Methodik als auch das Verständnis der Anwendenden für die Ergebnisse zu verbessern. Im Folgenden werden die Funktionen des Softwaredemonstrators vorgestellt.

In einem ersten Schritt erlaubt der Softwaredemonstrator den Anwendenden ein individuelles Produktionsnetzwerk aufzubauen. Auf diese Weise lassen sich reale Produktionsnetzwerke leicht verständlich abbilden. Die Seite ist im Demonstrator mit dem Button „Produktionsnetzwerk aufbauen“ erreichbar (vgl. Abbildung 5-40).

[386] vgl. Relan, K. (2019) Building REST APIs, S. 1.

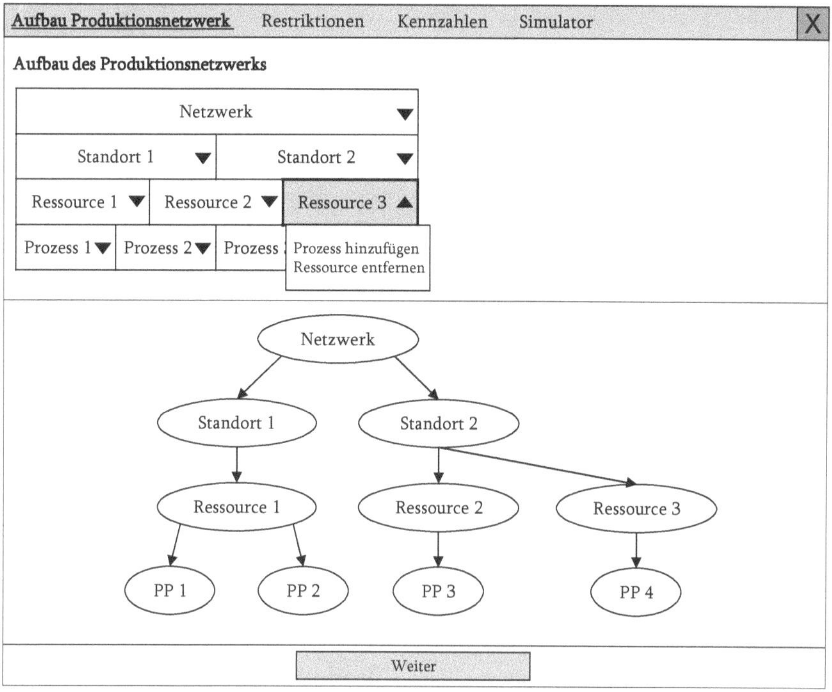

Abbildung 5-40: Aufbau des Produktionsnetzwerk im Softwaredemonstrator

Durch den Klick auf die zugehörigen Buttons lassen sich Standorte, Ressourcen und Produktionsprozesse zum Produktionsnetzwerk ergänzen. Diese Objekte werden direkt kreiert und zur Datenbank hinzugefügt. Die Anwendenden haben zu jeder Zeit die Möglichkeit, das Netzwerk durch das Hinzufügen oder Entfernen von Netzwerkobjekten zu verändern, um verschiedene Konfigurationen zu testen. Als Nächstes haben die Anwendenden die Möglichkeit, über die Seite „Einstellungen für das Produktionsnetzwerk" die nutzerspezifischen Restriktionen für das Optimierungsmodell festzulegen, deren algorithmische Erstellung in Kapitel 5.4.1.2 beschrieben wurde. Darüber lässt sich beispielsweise berücksichtigen, dass ein Produkt keinesfalls eingestellt werden darf oder die Eröffnung eines neuen Standortes keine Option darstellt. Zusätzlich gibt es spezifische Einstellungen für die Standorte, welche für jedes Standort-Objekt aus der Datenbank vorgegeben werden können. Je nach den strategischen Vorgaben der Nutzenden könnten an dieser Stelle leicht weitere Einstellungen zur Applikation hinzugefügt werden, um z. B. Einschränkungen für die Maschinen zu berücksichtigen. Die Visualisierung der nutzerspezifischen Restriktionen ist in Abbildung 5-41 dargestellt. Der Softwaredemonstrator gibt hierbei die Auswahl möglicher Restriktionen vor, sodass die Anwendenden lediglich die Möglichkeit haben Restriktionen zu (de-)aktivieren. Die Interaktivität ist an dieser Stelle daher nach MEIGNAN ET AL. als „Anpassung" zu verstehen (vgl. Kapitel 2.3.5). Zusätzliche, nicht im Softwaredemonstrator enthaltene Restriktionen stellen eine „Erweiterung" des Optimierungsmodells dar und werden mit dem in Kapitel 5.4.1.2 beschriebenen Vorgehen implementiert.

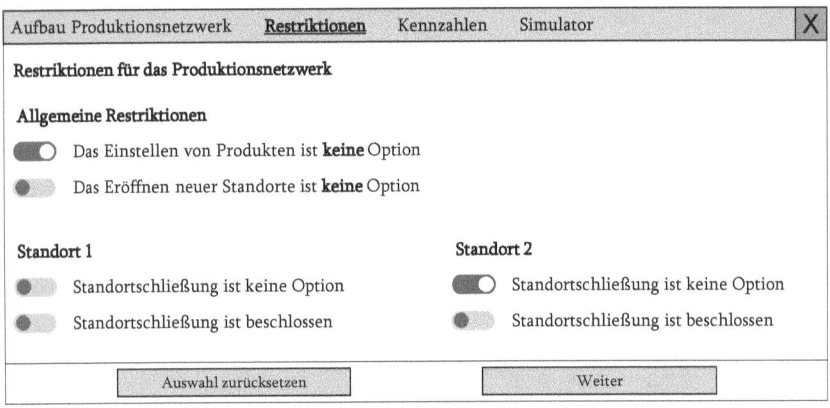

Abbildung 5-41: Auswahl nutzerspezifischer Restriktionen im Tool

Die wesentliche Funktionalität des Softwaredemonstrators liegt in der Identifikation und Priorisierung von Anpassungsalternativen. Dazu wird der Relevanzwert der Kennzahlenentwicklungen angegeben. Dadurch ist die Simulation verschiedener Situationen ohne die Änderung des Datensatzes sowie ein schneller Vergleich der Situationen möglich. Durch die Eingabe des Relevanzwertes interagieren die Anwendenden mit dem Optimierungsmodell und die Interaktivität ist nach MEIGNAN ET AL. als „Einstellung" zu verstehen (vgl. Kapitel 2.3.5). Im Softwaredemonstrator erfolgt die Angabe der Relevanzwerte durch eine manuelle Eintragung der Anwendenden zum zugehörigen Objekttyp (vgl. Abbildung 5-42). Für die tatsächliche Verwendung der Applikation in einem realen Unternehmen würden die Kennzahlen automatisiert aus den IT-Systemen abgeleitet bzw. direkt aus dem in Kapitel 5.2.3 beschriebenen Tool zur Relevanzwertbestimmung übermittelt, damit die Anpassungszeit minimiert wird.

Daraufhin werden die Eingaben in der Datenbank gespeichert und zur Berechnung der Einzelnutzwerte verwendet (vgl. Kapitel 5.4.1.1).

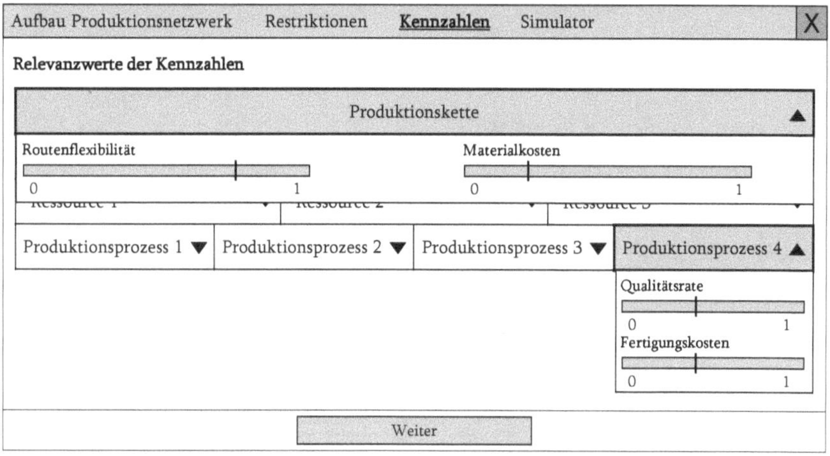

Abbildung 5-42: Darstellung der Kennzahlen und Relevanzwerte im Tool

Im Anschluss an die Angabe der Relevanzwerte wird das Optimierungsmodell für das vorliegende Produktionsnetzwerk automatisch aufgestellt und iterativ gelöst (vgl. Kapitel 5.4.1.3). Insgesamt werden fünf Iterationen durchlaufen, sodass fünf Anpassungsalternativen generiert werden. Dadurch erhalten die Anwendenden als Output eine nach ihrem Gesamtnutzwert priorisierte Liste an potenziellen Anpassungsalternativen für das Produktionsnetzwerk. Neben dem Nutzwert werden auch die selektierten Anpassungsfälle und eine Kurzbeschreibung der Alternative präsentiert, welche die relevanten Aktionen der Netzwerkobjekte beinhaltet (vgl. Abbildung 5-43). Für detaillierte Informationen zu den Anpassungsalternativen dienen die Beschreibungen der Anpassungsfälle (vgl. Anhang 9.1) sowie die Verknüpfungstabelle der ausgewählten Kennzahlen und Anpassungsfälle (vgl. Anhang 9.2). Nachträgliche Änderungen sind über die Anpassung der Benutzerfilter oder die Kennzahlenveränderungen möglich.

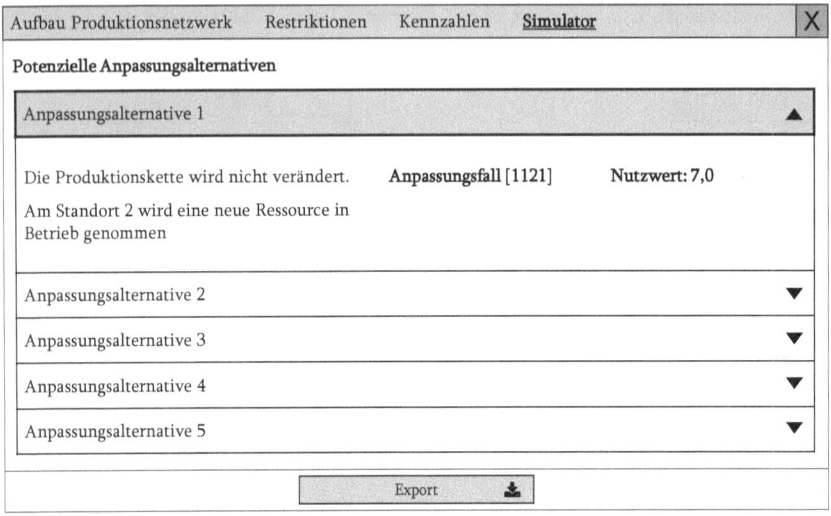

Abbildung 5-43: Priorisierung von Anpassungsalternativen als Output des Tools

Mit dem Softwaredemonstrator lassen sich dadurch verschiedene Situationen simulieren, um damit individuell zugeschnittene Anpassungsalternativen für ein Produktionsnetzwerk zu identifizieren. Das Ergebnis ist eine priorisierte Liste an Reaktionsmöglichkeiten, welche die Anwendenden anschließend anhand verschiedener Kriterien (Aufwand, Kosten, strategische Bedeutung, Risiko etc.) bewerten sollten, um schließlich eine endgültige Auswahl zu treffen. Die Entscheidung wird durch den Softwaredemonstrator erleichtert, da der Lösungsraum durch die Systematisierung der Anpassungsfälle und die Priorisierung der Netzwerkalternativen verkleinert wird. Der Softwaredemonstrator ermöglicht durch die Benutzeroberfläche die Interaktivität zwischen den Anwendenden und dem Optimierungsmodell, wodurch das Ergebnis des komplexen Problems und gleichzeitig das Verständnis der Anwendenden für die abgeleiteten Anpassungsalternativen verbessert werden.

5.5 Zwischenfazit

In Kapitel 5 wurde das entwickelte Grobkonzept zur datenbasierten Früherkennung von Anpassungsbedarfen in der Gestaltung globaler Produktionsnetzwerke ausdetailliert. Dazu wurden zunächst in Kapitel 5.1 eine Methode zur Schaffung von Transparenz über die Entwicklungen im globalen Produktionsnetzwerk vorgestellt. Sie stellt den ersten elementaren Lösungsbaustein für die Netzwerkgestaltenden dar, um frühzeitig auf mögliche Veränderungen reagieren zu können. In Kapitel 5.2 wurde anschließend dargelegt, wie sich mithilfe eines Tools die Risiken der identifizierten Veränderungen analysieren und bewerten lassen. Auf diese Weise lassen sich relevante Veränderungen nicht nur identifizieren, sondern darüber hinaus hinsichtlich ihres Risikos für das Unternehmen priorisieren. Zur Handhabung der Komplexität durch die Vielzahl an Anpassungsmöglichkeiten in der Netzwerkgestaltung wurde in Kapitel 5.3 vorgestellt, wie Anpassungsalternativen und Kennzahlenveränderungen verknüpft und modelliert werden. Entscheidend ist dabei die Überführung der Erkenntnisse in ein Datenmodell zur weiteren, in Kapitel 5.4 präsentierten Automatisierung der Entscheidungsunterstützung. Dabei wurde dargestellt, wie mithilfe eines interaktiven Tools Anpassungsalternativen abgeleitet und unter Berücksichtigung des Erfahrungswissens der Anwendenden priorisiert werden können. Die Methodik adressiert damit die inhaltlichen Anforderungen aus Theorie und Praxis gemäß Kapitel 4.1 unter Berücksichtigung der Kernideen aus Kapitel 4.2 und stellt einen Ansatz dar, um Anpassungsbedarfe in der Netzwerkgestaltung anwendungsgerecht und unter Einbeziehung von Erfahrungswissen zu identifizieren.

Im nachfolgenden Kapitel 6 wird die entwickelte Methodik anhand eines Fallbeispiels angewendet und kritisch reflektiert.

6 Anwendung und kritische Reflexion

Gemäß dem Forschungsprozesses nach ULRICH erfolgen im Folgenden die Anwendung und kritische Reflexion der in Kapitel 4 eingeführten und in Kapitel 5 ausdetaillierten Methodik zur Ableitung von Anpassungsbedarfen in der Gestaltung globaler Produktionsnetzwerke.[387] Zur besseren Verständlichkeit wird die Validierung der Methodik in zwei Teile unterteilt, die sich auf den gleichen übergeordneten Anwendungsfall bei einem Haushaltsgerätehersteller beziehen, bei welchem der Autor als externer Berater in einem industriellen Forschungsprojekt tätig war. Kapitel 6.1 fokussiert die Wahrnehmung relevanter Veränderungen und beinhaltet mit der Transparenz sowie der Risikoanalyse und -bewertung von Veränderungen die ersten beiden Lösungsbausteine der vorgestellten Methodik. In Kapitel 6.2 erfolgt mit der Modellierung des Sachverhalts sowie der Ableitung von Anpassungsbedarfen die Validierung des dritten und vierten Lösungsbausteins der Methodik (vgl. Abbildung 6-1). Beide Teile der Validierung unterliegen einer Geheimhaltung des Unternehmens und werden anonymisiert dargestellt. Die Anonymisierung beinhaltet den Verzicht auf eine ausführliche Beschreibung des Unternehmens, eine Abwandlung der realen Standorte und Absatzmärkte sowie der Kosten und Absatzzahlen zur Berechnung der potenziellen Schäden. Bei den Abwandlungen wurde durch die Beibehaltung des Verhältnisses der genannten Zahlen der Bezug zum realen Sachverhalt sichergestellt. Auf diese Weise bleibt trotz der Anonymisierung die kritische Reflexion der Methode in Kapitel 6.3 unbeeinträchtigt.

In den beiden Teilen der betrachteten Anwendungen erfolgte die Umsetzung der in Kapitel 5 eingeführten Softwaretools mit Python.

[387] vgl. Ulrich, H. (1984) Management, S. 192 - 194.

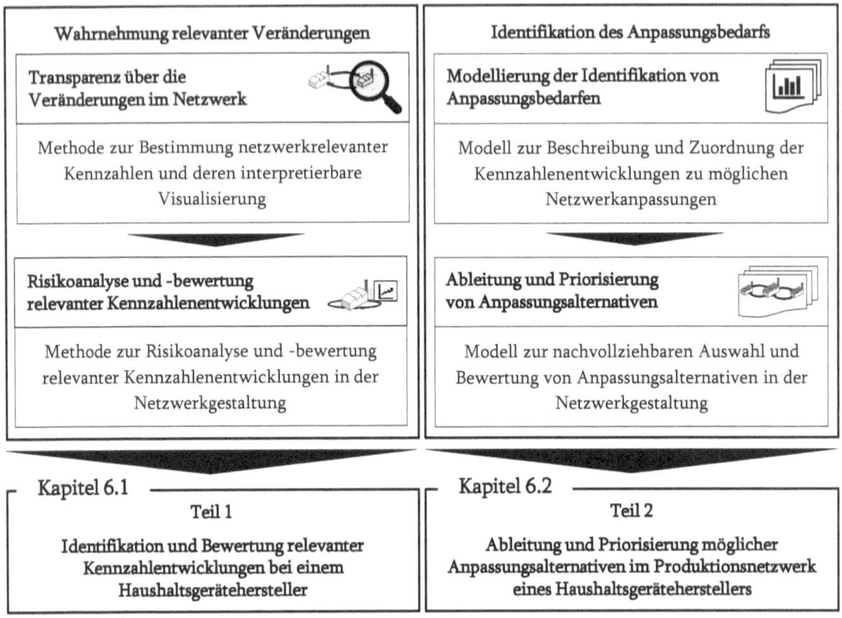

Abbildung 6-1: Einordnung des Anwendungsfalls

6.1 Identifikation und Bewertung relevanter Kennzahlenentwicklungen

Der erste Teil der Validierung fokussiert die Identifikation und Bewertung relevanter Kennzahlenentwicklungen bei einem international tätigen Haushaltsgerätehersteller. Dazu erfolgt in Kapitel 6.1.1 zunächst eine Beschreibung der Ausgangssituation und in Kapitel 6.1.2 und 6.1.3 die Anwendung der ersten beiden Lösungsbausteine der Methodik.

6.1.1 Ausgangssituation

Der international tätige Hersteller von Haushaltsgeräten fertigt mechanische und elektrische Groß- und Kleingeräte für den privaten und gewerblichen Gebrauch. Vor allem bei der Fertigung von Großgeräten sieht das Unternehmen aufgrund des historisch gewachsenen Produktionsnetzwerks und der mangelnden Transparenz über netzwerkrelevante Veränderungen Potenziale in der Netzwerkgestaltung. Eine datenbasierte Früherkennung ermöglicht die Identifikation von Anpassungsbedarfen und eine Erhöhung der Resilienz im Netzwerk. Bei den Großgeräten liegen zwei Endprodukte im Fokus, die sich im Wesentlichen aus Kunststoff- und Pressteilen zusammensetzen. Die Endmontage des ersten Endproduktes erfolgt sowohl am deutschen als auch am rumänischen Standort. Das zweite Endprodukt wird am Standort Ungarn endmontiert. Am Standort Deutschland erfolgt die Fertigung aller im Netzwerk benötigten Pressteile, deren Rohteile durch einen deutschen sowie einen österreichischen Zulieferer bereitgestellt werden. Die Pressteile werden anschließend als Zwischenprodukt an die beiden osteuropäischen Standorte per Lkw-Transport geliefert. Die Kunststoffteile für den deutschen und den rumänischen Standort werden durch einen österreichischen Zulieferer bereitgestellt. Der Standort in Ungarn hat eine eigene Kunststofffertigung, die alle Bedarfe des Standortes deckt. Die Absatzmärkte für die beiden Endprodukte lassen sich in die drei Regionen Europa, Asien und Amerika bündeln, welche von allen drei Standorten beliefert werden (vgl. Abbildung 6-2).

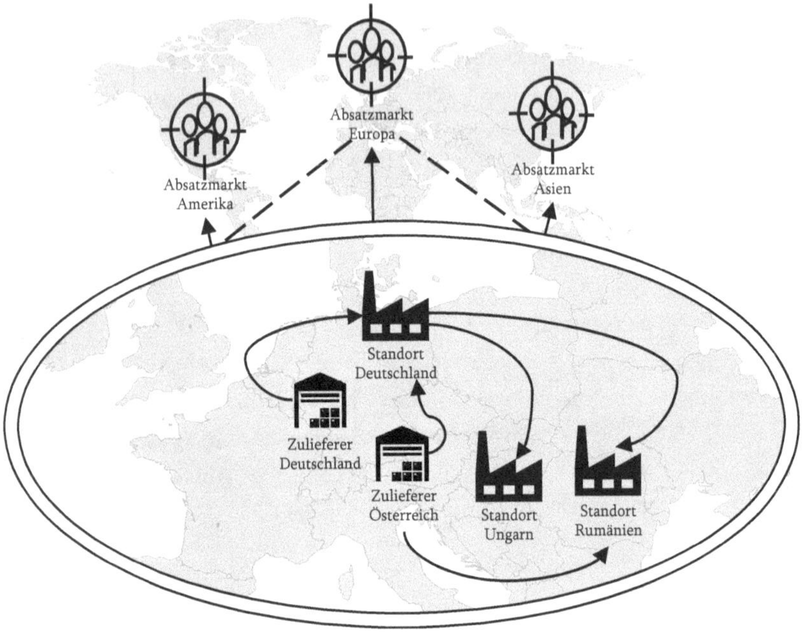

Abbildung 6-2: Übersicht der Zulieferer, Absatzmärkte und Standorte

6.1.2 Transparenz über die Veränderungen im Netzwerk

Im ersten Schritt des Fallbeispiels erfolgen die Identifikation und Charakterisierung der netzwerkrelevanten Kennzahlen. In einem Managementworkshop mit Teilnehmenden aller Standorte sowie den Verantwortlichen für die Netzwerkgestaltung wurden die in Abbildung 6-3 dargestellten relevanten Kennzahlen der Zieldimensionen Effizienz, Zeit, Qualität, Flexibilität und ökologische Nachhaltigkeit sowie die jeweilige Optimierungsrichtung bestimmt. Die Kennzahlen Kapazitätsauslastung und Flächennutzungsgrad haben abhängig vom betrachteten Fall eine positive oder negative Optimierungsrichtung. Zum einen sollen Engpässe verhindert werden (negative Optimierungsrichtung), zum anderen ist eine möglichst hohe Auslastung bzw. Nutzung anzustreben (positive Optimierungsrichtung).

Kennzahlen (Effizienz)	Optimierungsrichtung
Herstellkosten (Anteil Fertigung)	-
Herstellkosten (Anteil Material)	-
Mitarbeitendenproduktivität	+
Kapazitätsauslastung	+/-
Flächennutzungsgrad	+/-
Transportkosten	-

Kennzahlen (Zeit)	Optimierungsrichtung
Interne Transportzeit	-
Transportzeit Zulieferer	-
Transportzeit zum Absatzmarkt	+

Kennzahlen (Qualität)	Optimierungsrichtung
Qualitätsrate	+

Kennzahlen (Flexibilität)	Optimierungsrichtung
Maschinenflexibilität	+
Volumenflexibilität	+
Transportvolumenflexibilität	+
Routenflexibilität	+

Kennzahlen (Ökol. Nachhaltigkeit)	Optimierungsrichtung
CO_2-Emissionen	-

Abbildung 6-3: Betrachtete Kennzahlen im Fallbeispiel

Zur Schaffung der Transparenz wurden für die betrachteten Kennzahlen die in Kapitel 5.1.2 eingeführten Datenkarten erstellt, welche in Anhang 9.5 dieser Arbeit zu finden sind. Gemäß dem Vorgehen in Kapitel 5.1.3 wurden die Kennzahlen anschließend mit Hilfe der linearen Regression über den zeitlichen Verlauf dargestellt. Die deutlichsten Veränderungen im zeitlichen Verlauf konnten in den Kennzahlen Fertigungskosten, Kapazitätsauslastung, Transportkosten und CO_2-Emissionen identifiziert werden. Die Transportkosten wurden zur besseren Analyse in Kosten durch Lkw-Transporte und Schiff-Transporte unterteilt. Beispielhaft sind in Abbildung 6-4 die Verläufe der Lkw- und Schifftransportkosten je Stück visualisiert. Der Haushaltsgerätehersteller verfügt über eine Datengrundlage über die Kilometerpreise eines Lkws, der durchschnittlich zurückgelegten Strecke pro Lkw sowie die Anzahl an Produkten pro Lkw für die Jahre 2010 bis 2022. Anhand dieser Daten wurden die Transportkosten je Stück ermittelt, welche vor allem durch die immer größere Distanz zwischen Produktionsort und Absatzmarkt zurückzuführen ist. Für die Lkw-Transportkosten je Stück wurde ein linearer Verlauf identifiziert und mit Hilfe der linearen Regression bis in das Jahr 2030 prognostiziert. Analog wurden die Kosten für Schifftransporte ermittelt. Diese setzen sich aus Transportkosten für einen Container zum asiatischen Markt sowie der Anzahl an Produkten je Container zusammen.

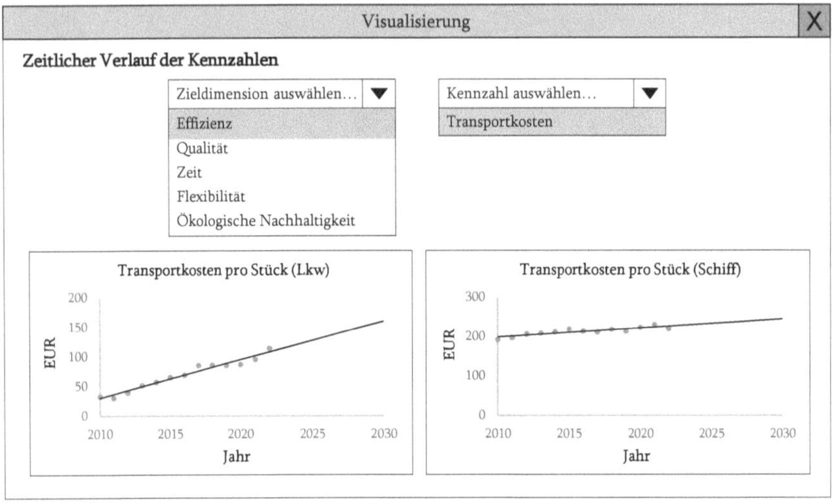

Abbildung 6-4: Verlauf der Transportkosten je Stück

Die Residuen der Regressionen aller betrachteten Kennzahlen wurden auf Normalverteilung überprüft. Im Anhang 9.6 sind die Ergebnisse der grafischen Analyse in Form von Histogrammen dargestellt. Zusätzlich wurde zur Überprüfung der Normalverteilung der Kolmogorov-Smirnov-Test für alle betrachteten Kennzahlen durchgeführt. Die Ergebnisse sind in Anhang 9.7 zu finden. Dabei wurde ein α-Signifikanzniveau von 0,05 angenommen und aufgezeigt, dass sich die Nullhypothese nicht verwerfen lässt. Es kann daher von einer Normalverteilung ausgegangen werden.

Gemeinsam mit den Teilnehmenden des Workshops konnten folgende Erkenntnisse abgeleitet werden:

- Zunehmende Gefahr von Kapazitätsengpässen für Pressen am deutschen Standort
- Steigende Herstellkosten beim Pressen und in der Endmontage am deutschen Standort
- Steigende Kosten des Lkw-Transports zwischen Deutschland und Osteuropa
- Steigende Transportkosten durch einen zunehmenden Anteil von Überseetransporten von Europa nach Asien in Folge wachsender Absatzzahlen am asiatischen Absatzmarkt

- Steigende CO_2-Emissionen durch einen zunehmenden Anteil von Übersee-transporten von Europa nach Asien infolge wachsender Absatzzahlen am asiatischen Absatzmarkt

6.1.3 Risikoanalyse und -bewertung relevanter Kennzahlenentwicklungen

Als erster Schritt zur Risikoanalyse werden die Schäden aus den beschriebenen Kennzahlenentwicklungen gemäß dem Vorgehen aus Kapitel 5.2.1 quantifiziert. In Kapitel 6.1.3.1 werden dazu zunächst Formeln zur Berechnung der Schadenshöhe eines Betrachtungsjahres basierend auf definierten Kennzahlen bestimmt. Anschließend wird in Kapitel 6.1.3.2 das Tool zur Risikoanalyse und -bewertung angewendet.

6.1.3.1 Berechnung der Schadenshöhe auf Basis der Kennzahlenentwicklungen

Im Folgenden wird anhand der Kennzahlen Fertigungskosten, Kapazitätsauslastung, Transportkosten (Lkw), Transportkosten (Schiff) sowie CO_2-Emissionen die Berechnung der Schadenshöhe durchgeführt.

Der Schaden durch Fertigungskosten $Schaden_{FK}$ berechnet den Schaden, der dadurch entsteht, dass Endprodukte zu höheren Arbeitskosten in Deutschland statt zu geringeren Arbeitskosten in Rumänien produziert werden. Dazu werden die durchschnittliche Arbeitszeit eines Endproduktes $AZ_{Stück}$, die insgesamt produzierte Anzahl an Endprodukten PM, das Lohnniveau in Deutschland AK_D sowie in Rumänien AK_R als Datengrundlage benötigt. Der Schaden berechnet sich anhand folgender Formel (6.1):

$$Schaden_{FK} = TLC_1 - TLC_0 = PM \cdot AZ_{Stück} \cdot (AK_D - AK_R) \tag{6.1}$$

Durch Gespräche mit der Fertigungsleitung wurde deutlich, dass das aktuelle Nachfragewachstum den Maschinenpark an seine Grenzen führt und Produktionsengpässe drohen. Der Schaden durch Kapazitätsauslastung $Schaden_{KA}$ berechnet daher den Schaden, der durch nicht produzierte, jedoch absetzbare Produkte entsteht. Der Schaden entsteht dabei durch entgangene Gewinne (vgl. Kapitel 5.2.1). Zur Berechnung werden Daten über die Nachfragemenge, die produzierte Menge und den Gewinn pro verkauftem Endprodukt benötigt. Zunächst entspricht die produzierte Menge der Nachfragemenge. Es wird angenommen, dass eine Kapazitätsauslastung von 100 % bei der prognostizierten Nachfrage im Jahr 2024 erreicht ist. Für den Fall, dass die Kapazitätsgrenze erreicht ist und die Nachfragemenge N über der Produktionsmenge PM liegt, berechnet sich der Schaden anhand von Formel (6.2):

$$Schaden_{KA} = (N - PM) \cdot Gewinn_{Endprodukt} \tag{6.2}$$

Der Schaden durch CO_2-Emissionen ist für den Haushaltsgerätehersteller nicht direkt quantifizierbar, da die CO_2-Bepreisung der Bundesregierung bisher nur indirekt über die Besteuerung von Heiz- und Kraftstoffen gezahlt wird und damit u. a. in den Transportkosten enthalten ist.[388] Wie jedoch vom Global Compact Netzwerk vorgeschlagen, wurde über eine interne CO_2-Bepreisung diskutiert, um die ökologische Nachhaltigkeit als Zieldimension zu berücksichtigen.[389] Eine Orientierung am Reputationsschaden (vgl. Kapitel 5.2.1) wurde für den vorliegenden Fall als zu ungenau eingestuft. Unter den am Workshop Teilnehmenden wurde somit der CO_2-Preis der Bundesregierung als Orientierungshilfe zur Schadensquantifizierung festgelegt. Die Höhe des CO_2-Preises ist bereits bis 2026 festgelegt und bildet damit eine geeignete Grundlage.[390] Festgelegt wurde der Schaden durch CO_2-Emissionen schlussendlich über die Gesamthöhe an CO_2-Emissionen durch Produktion und Transport der Endprodukte. Anschließend wurde dieser mit einer internen Bepreisung von 1 % des von der Bundesregierung festgesetzten CO_2-Preises versehen. Der zunächst gering erscheinende Prozentsatz zeigte bei ersten Berechnungen eine hohe und dennoch angemessene Berücksichtigung ökologischer Aspekte in der Schadensquantifizierung. Als Datengrundlage für die Berechnung des Schadens durch CO_2-Emissionen $Schaden_{CO2}$ werden die emittierte CO_2-Menge je Endprodukt bei der Produktion $CO_{2,P}$, der CO_2-Ausstoß durch Transporte je Endprodukt $CO_{2,T}$, die insgesamt produzierte Anzahl an Endprodukten PM sowie der CO_2-Preis der Bundesregierung CO_2Preis benötigt (vgl. Formel (6.3)). Bei den Emissionen durch Transporte wurde bei der Berechnung zwischen Lkw- und Schiffstransporten unterschieden, um ein realistisches Abbild des tatsächlich entstehenden Schadens zu generieren.

---

[388] vgl. Karsten, P./ Jakob, M. (2021) CO2-Preis im Verkehrssektor, S. 1 - 7.
[389] vgl. Global Compact Netzwerk Deutschland (2018) Interner CO2-Preis in Unternehmen.
[390] vgl. Karsten, P./ Jakob, M. (2021) CO2-Preis im Verkehrssektor, S. 6.

$$Schaden_{CO2} = PM \cdot \left(CO_{2,P} + CO_{2,T}\right) \cdot CO_2Preis \cdot 0{,}01 \tag{6.3}$$

Bei der Quantifizierung des Schadens durch steigende Transportkosten wird zwischen Transportkosten via Lkw und Schiff unterschieden. Beim Schaden durch Lkw-Transporte $Schaden_{Transport,LKW}$ werden die aktuellen Transportkosten je Stück des Betrachtungsjahres $TK_{LKW,Stück,1}$ mit der aktuellen Produktionsmenge PM_1 berechnet (vgl. Formel (6.4)). Da nur die Steigerung der Transportkosten einen Schaden für das Unternehmen darstellt, werden die ursprünglichen Transportkosten anhand der Stücktransportkosten des Basisjahres $TK_{LKW,Stück,0}$ und der Basis-Produktionsmenge PM_0 subtrahiert. Ein Schaden entsteht somit sowohl durch eine Steigerung der Stücktransportkosten als auch der Produktionsmenge im Vergleich zum Basisjahr.

$$\begin{gathered} Schaden_{Transport,LKW} = TLC_1 - TLC_0 = \\ PM_1 \cdot TK_{LKW,Stück,1} - PM_0 \cdot TK_{LKW,Stück,0} \end{gathered} \tag{6.4}$$

Zur Quantifizierung des Schadens durch Schiff-Transporte liegen dem Unternehmen keine Werte über die Stücktransportkosten vor. Die Berechnung erfolgt daher anhand des Volumens eines Standardcontainers $Vol_{Cont.}$, des Volumens des Endproduktes $Vol_{Endprodukt}$ und der Transportkosten pro Container $TK_{Cont.}$. Analog zu den Lkw-Transportkosten entsteht ein Schaden somit entweder durch eine Steigerung der Transpostkosten pro Container oder der Produktionsmenge für den asiatischen Markt PM_{A1} im Vergleich zum Basisjahr (vgl. Formel (6.5)).

$$\begin{gathered} Schaden_{Transport,Schiff} = TLC_1 - TLC_0 = \\ \frac{Vol_{Endprodukt}}{Vol_{Cont.}} \cdot \left(PM_{A1} \cdot TK_{Cont.,1} - PM_{A0} \cdot TK_{Cont.,0}\right) \end{gathered} \tag{6.5}$$

Anhand der mit den am Workshop Teilnehmenden aufgestellten und beschriebenen Formeln lassen sich die Schäden der fünf Kennzahlenentwicklungen berechnen. Bereits bei der Aufstellung der Formeln wurde die Datenverfügbarkeit berücksichtigt. An notwendigen Stellen, wie beispielsweise bei den Transportkosten via Schiff, wurden realistische Annahmen getroffen. Für alle beschriebenen Formeln konnte eine Datengrundlage der Jahre 2010–2021 geschaffen und in das Tool zur Risikoanalyse und -bewertung aus Kapitel 5.2.2 eingespeist werden. Die verwendeten Daten wurden bereits im vorherigen Schritt der Methodik auf Normalverteilung überprüft (vgl. Kapitel 5.2.2 und Kapitel 6.1.2). Damit ließen sich die kumulierten Schäden berechnen, welche für das Betrachtungsjahr 2030 in Abbildung 6-5 als Übersicht dargestellt sind.

Eine vollständige Übersicht der Schäden im Zeitverlauf wird mit Hilfe des Python-Tools in Kapitel 6.1.3.2 dargestellt.

Kennzahl	Formel	Kumulierter Schaden
Fertigungskosten	$PM \cdot AZ_{Stück} \cdot (AK_D - AK_R)$	172.386.412 EUR
Kapazitätsauslastung	$(N - PM) \cdot Gewinn_{Endprodukt}$	15.578.947 EUR
CO_2-Emissionen	$PM \cdot (CO_{2,P} + CO_{2,T}) \cdot CO_2Preis \cdot 0{,}01$	167.699.211 EUR
Transportkosten (LKW)	$PM_1 \cdot TK_{LKW,Stück,1} - PM_0 \cdot TK_{LKW,Stück,0}$	398.332.419 EUR
Transpostkosten (Schiff)	$\frac{Vol_{Endprodukt}}{Vol_{Cont.}} \cdot (PM_{A1} \cdot TK_{Cont.,1} - PM_{A0} \cdot TK_{Cont.,0})$	50.573.827 EUR

Abbildung 6-5: Kumulierte Schäden für das Betrachtungsjahr 2030

6.1.3.2 Anwendung des Tools zur Risikoanalyse und -bewertung

Im Folgenden wird die Anwendung des Python-Tools zur Risikoanalyse und -bewertung im Fallbeispiel des Haushaltsgeräteherstellers beschrieben. Nach dem Upload der Formeln und Daten erhalten die Anwendenden des Tools zunächst eine Übersicht der Schäden der Kennzahlenentwicklungen. Der verursachte Schaden summiert sich dabei zum kumulierten Schaden auf. Der kumulierte Schaden ist die Summe aller Schäden von einem Startzeitpunkt bis zum Endzeitpunkt. Diese sind in Abbildung 6-6 dargestellt. Da der Schaden durch die Kapazitätsauslastung bis 2024 null beträgt, beginnt die Kumulierung des Schadens der Kapazitätsauslastung erst 2024.

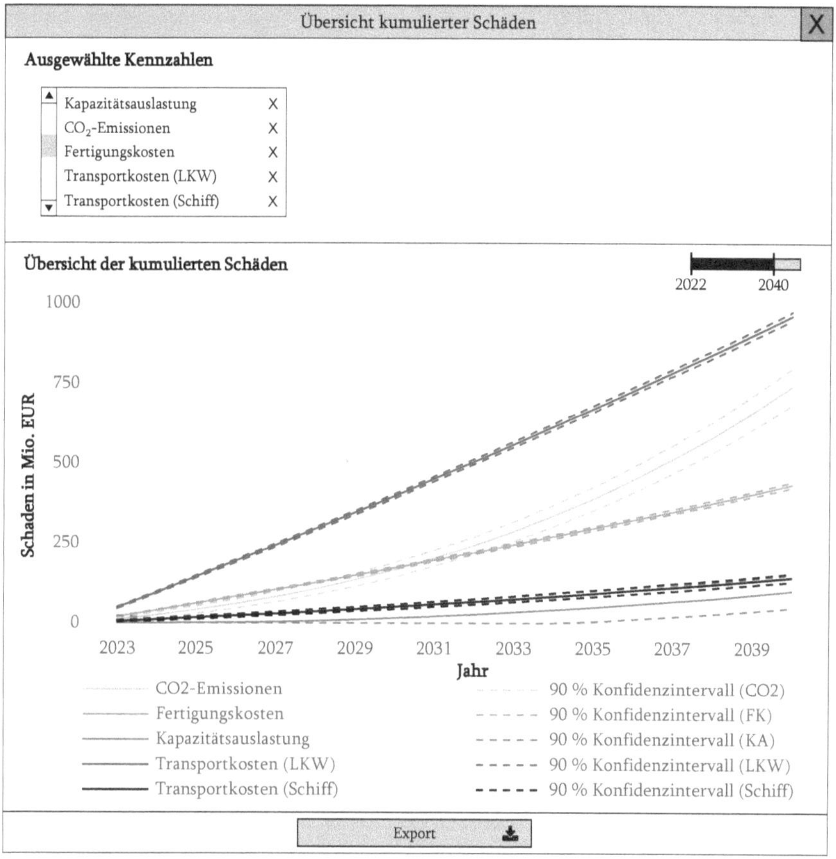

Abbildung 6-6: Verlauf der kumulierten Schäden im Fallbeispiel

Mithilfe des Tools und der darin visualisierten Schadensverläufe werden im Folgenden die Relevanzwerte bestimmt. Diese sind notwendig, um die identifizierten Risiken zu priorisieren, und dienen als Inputwerte für die Ableitung von Anpassungsbedarfen. Im Fallbeispiel wird zunächst 2030 als relevantes Betrachtungsjahr ausgewählt. Dabei wird ersichtlich, dass der Schaden durch steigende Lkw-Transportkosten den größten kumulierten Schaden im Betrachtungsjahr darstellt. Diesem folgen die kumulierten Schäden durch CO_2-Emissionen, Fertigungskosten, Schiffs-Transportkosten sowie die Kapazitätsauslastung. Die Visualisierung der Wahrscheinlichkeitsdichten der kumulierten Schadensverläufe in Abbildung 6-7 erlaubt einen Vergleich unter Berücksichtigung möglicher Unsicherheiten bei der Schadensberechnung. Relevant wird die Betrachtung der Wahrscheinlichkeitsdichte vor allem dann, wenn sich die Bereiche zweier Kennzahlenveränderungen überlappen (vgl. Kapitel 5.2.3), wie es im vorliegenden Fallbeispiel u. a. bei den Fertigungskosten und CO_2-Emissionen der Fall ist. Die von den Fertigungskosten aufgespannte Fläche ist deutlich schmaler, was bedeutet, dass der auf der x-Achse abzulesende kumulierte Schaden mit hoher Wahrscheinlichkeit im Jahr 2030 zwischen ca. 164 und 180 Millionen Euro liegt. Für die CO_2-Emissionen ist die Streuung mit 126 bis 209 Millionen Euro deutlich höher.

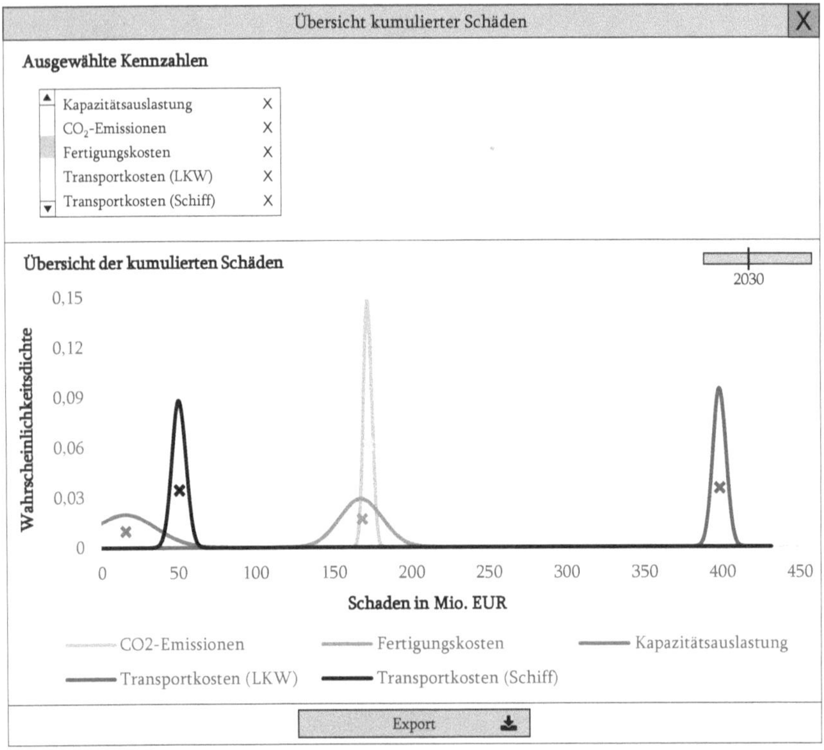

Abbildung 6-7: Abbildung der Wahrscheinlichkeitsdichten

Um an dieser Stelle das Risikoverhalten der Anwendenden sowie deren Erfahrungswissen zu berücksichtigen, nutzten die Netzwerkgestaltenden des Haushaltsgeräteherstellers das interaktive Tool zur Relevanzbewertung. Die Lkw-Transportkosten als

Kennzahlenentwicklung mit dem größten kumulierten Schaden im Jahr 2030 erhalten automatisiert den höchsten Relevanzwert von 1. Zunächst wird dieser im Tool mit dem zweithöchsten Erwartungswert der kumulierten Schäden, den Fertigungskosten, verglichen, wodurch sich die in Abbildung 6-8 dargestellte Ausgangssituation ergibt.

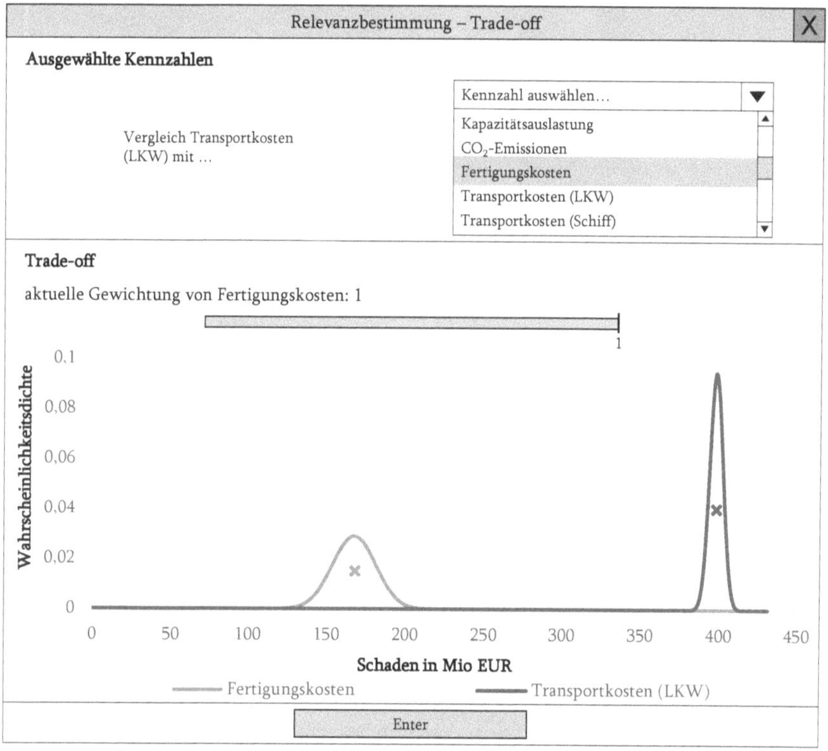

Abbildung 6-8: Ausgangssituation zur Relevanzwertbestimmung

Durch Verschieben des Schadensverlaufes mit dem Regler bestimmten die Anwendenden den Schadensverlauf, bei welchem sie indifferent zwischen beiden Verläufen sind. Im ausgewählten Beispiel in Abbildung 6-9 müsste der Schadensverlauf der Lkw-Transportkosten mit 0,435 multipliziert werden, sodass die Anwendenden zum Schadensverlauf der Fertigungskosten indifferent wären. Entsprechend wird der Kennzahl Fertigungskosten der Relevanzwert 0,435 zugeteilt.

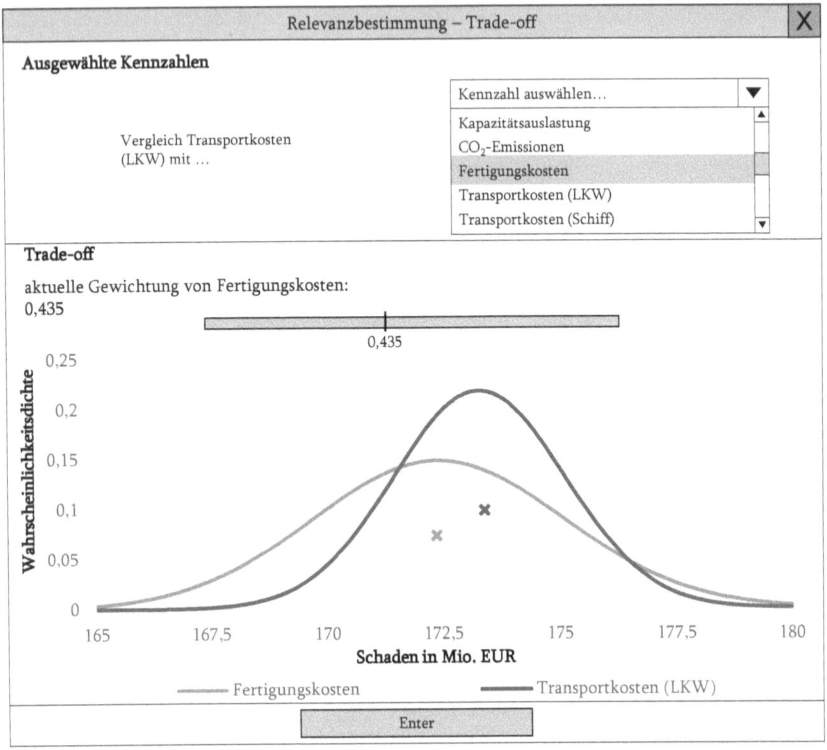

Abbildung 6-9: Indifferenz zweier Schadensverläufe

Das beschriebene Vorgehen wird für die Schadensverläufe von CO_2-Emissionen, Transportkosten (Schiff) sowie die Kapazitätsauslastung wiederholt. Alle Schadensverläufe werden dabei mit dem Schadensverlauf der Lkw-Transportkosten verglichen. Schlussendlich erhalten die Anwendenden die in Abbildung 6-10 abgebildete Auflistung aller kumulierten Schadensverläufe für das Betrachtungsjahr 2030 mit Erwartungswert, Standardabweichung sowie dem Relevanzwert. Auf diese Weise wurde das Erfahrungswissen der Anwendenden berücksichtigt und basierend auf den prognostizierten Schäden je Kennzahlenentwicklung erfolgte eine Priorisierung, die für das weitere Vorgehen zur Ableitung möglicher Anpassungsfälle relevant ist.

Kennzahl	Erwartungswert (Schaden)	Standardabweichung	Gewichtung
Transportkosten (LKW)	398.332.419 EUR	4.210.090 EUR	1
Fertigungskosten	172.386.412 EUR	2.698.493 EUR	0,435
CO_2-Emissionen	167.699.211 EUR	13.760.084 EUR	0,45
Transpostkosten (Schiff)	50.573.827 EUR	4.526.498 EUR	0,135
Kapazitätsauslastung	15.578.947 EUR	19.947.869 EUR	0,125

Abbildung 6-10: Auflistung der Relevanzwerte im Fallbeispiel

Bei der Betrachtung der Relevanzwerte wird ersichtlich, dass der kumulierte Schadensverlauf der Schiff-Transportkosten deutlich höher eingestuft wurde, als eine erste Einschätzung der Schadensverläufe aus Abbildung 6-6 vermuten lässt. Begründet wurde das von den am Workshop Teilnehmenden mit den steigenden Absatzzahlen des Haushaltsgeräteherstellers in Übersee. Zwar berücksichtigt die Formel zur Schadensberechnung aus Schiffstransporten (vgl. Formel (6.5)) die Absatzzahlprognosen der Märkte in Asien und Amerika, jedoch strebt das Unternehmen vor allem in Asien ein stärkeres Wachstum an, dessen Rentabilität durch steigende Transportkosten bedroht sein könnte. Entsprechend soll diese Entwicklung mit einer höheren Priorisierung in der Ableitung von Anpassungsbedarfen in der Netzwerkgestaltung berücksichtigt werden. Die am Workshop Teilnehmenden äußerten bereits als erste Idee für einen möglichen Anpassungsbedarf die Eröffnung eines neuen Standortes in Asien, um der Entwicklung der steigenden Schiffstransportkosten entgegenzuwirken.

6.2 Ableitung und Priorisierung möglicher Anpassungsalternativen

Analog zum ersten Fallbeispiel wird auch zur Validierung der Ableitung und Priorisierung möglicher Anpassungsalternativen im Produktionsnetzwerk als Fallbeispiel der Haushaltsgerätehersteller herangezogen. Zur Anwendung des in Kapitel 5.4 beschriebenen Softwaredemonstrators ist die Modellierung der in Kapitel 5.3.4 eingeführten strategischen Einheiten erforderlich, welche in Kapitel 6.2.1 beschrieben wird. Kapitel 6.2.2 beschreibt anschließend die Anwendung des Softwaredemonstrators.

6.2.1 Modellierung des Produktionsnetzwerks

Zur Modellierung des Produktionsnetzwerks wird zunächst die in Kapitel 6.1.1 beschriebene Ausgangssituation in die für die Programmierung des Python-Tools verwendete Notation überführt. Eine Auswahl modellierter Objekte ist in Tabelle 6.1 abgebildet, während die vollständige Auflistung aller Notationen im Anhang 9.5 zu finden ist.

Tabelle 6.1: Übersicht der Netzwerkmodellierung für das Python-Tool

Notation	Objekttyp	Beschreibung (vgl. Kapitel 6.1.1)
pk_1	Produktionskette	Produktionskette des Endproduktes 1
pk_2	Produktionskette	Produktionskette des Endproduktes 2
s_ger	Standort	Standort Deutschland
s_rou	Standort	Standort Rumänien
s_hun	Standort	Standort Ungarn
r_press	Ressource	Presse
r_em1	Ressource	Endmontage für Endprodukt 1
r_em2	Ressource	Endmontage für Endprodukt 2
pp_press	Produktionsprozess	Pressprozess
pp_em1	Produktionsprozess	Montageprozess für Endprodukt 1
pp_em2	Produktionsprozess	Montageprozess für Endprodukt 2
tsz_aut_ger	Transportstrecke	Transport vom österreichischen Zulieferer zum Standort Deutschland
ts_ger_rou	Transportstrecke	Transport vom Standort Deutschland zum Standort Rumänien
tsa_hun_am	Transportstrecke	Transport vom Standort Ungarn zum Absatzmarkt Amerika

Ausgehend von den drei Produktionsprozessen *pp_press*, *pp_em1* und *pp_em2*, die den Kern einer strategischen Einheit bilden, wird zunächst jeweils eine strategische Einheit erstellt. Diese erhält neben dem Produktionsprozess die relevante Ressource, den betroffenen Standort und die jeweilige Produktionskette. Danach werden die eigehenden und ausgehenden Transportstrecken identifiziert. Als Beispiel ist in Abbildung 6-11 für Produktionskette *pk_1* der Produktionsprozess Endmontage *pp_em1* an der Endmontagelinie *r_em1* ausgewählt. Die dazu benötigten Kunststoffteile werden vom österreichischen Zulieferer *z_aut* über die Transportstrecke *tsz_aut_rou* an den rumänischen Standort *s_rou* geliefert. Nach der Endmontage wird das Endprodukt über die Transportstrecke *tsa_rum_as* an den asiatischen Absatzmarkt *a_as* transportiert.

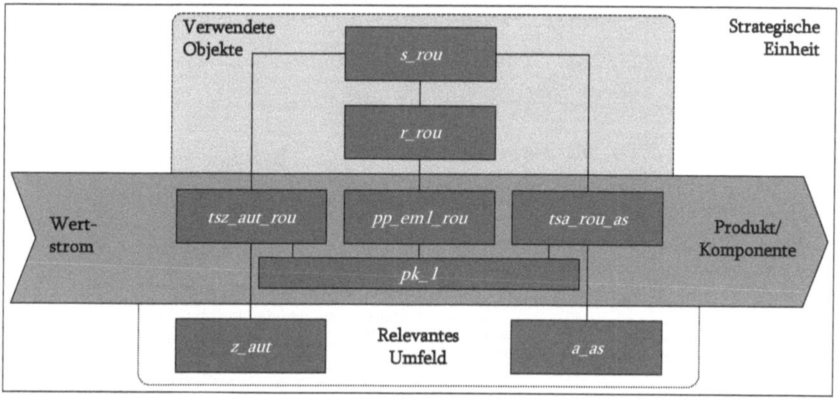

Abbildung 6-11: Modellierte strategische Einheit

Insgesamt lassen sich auf diese Weise 24 strategische Einheiten modellieren. Diese sind mit den jeweils enthaltenen Netzwerkobjekten in Tabelle 6.2 abgebildet.

Tabelle 6.2: Priorisierte Anpassungsalternativen als Ergebnis des Tools

Strategische Einheit	Enthaltende Netzwerkobjekte
SE_1	*pk_1, s_ger, r_press, pp_press, tsz_aut_ger, ts_ger_ger*
SE_2	*pk_1, s_ger, r_press, pp_press, tsz_aut_ger, ts_ger_rou*
SE_3	*pk_2, s_ger, r_press, pp_press, tsz_aut_ger, ts_ger_hun*

SE_4	*pk_1, s_ger, r_press, pp_press, tsz_ger_ger, ts_ger_ger*
SE_5	*pk_1, s_ger, r_press, pp_press, tsz_ger_ger, ts_ger_rou*
SE_6	*pk_2, s_ger, r_press, pp_press, tsz_ger_ger, ts_ger_hun*
SE_7	*pk_1, s_ger, r_em1, pp_em1, ts_ger_ger, tsa_ger_eu*
SE_8	*pk_1, s_ger, r_em1, pp_em1, ts_ger_ger, tsa_ger_as*
SE_9	*pk_1, s_ger, r_em1, pp_em1, ts_ger_ger, tsa_ger_am*
SE_{10}	*pk_1, s_ger, r_em1, pp_em1, tsz_aut_ger, tsa_ger_eu*
SE_{11}	*pk_1, s_ger, r_em1, pp_em1, tsz_aut_ger, tsa_ger_as*
SE_{12}	*pk_1, s_ger, r_em1, pp_em1, tsz_aut_ger, tsa_ger_am*
SE_{13}	*pk_1, s_rou, r_em1, pp_em1, ts_ger_rou, tsa_rou_eu*
SE_{14}	*pk_1, s_rou, r_em1, pp_em1, ts_ger_rou, tsa_rou_as*
SE_{15}	*pk_1, s_rou, r_em1, pp_em1, ts_ger_rou, tsa_rou_am*
SE_{16}	*pk_1, s_rou, r_em1, pp_em1, tsz_aut_rou, tsa_rou_eu*
SE_{17}	*pk_1, s_rou, r_em1, pp_em1, tsz_aut_rou, tsa_rou_as*
SE_{18}	*pk_1, s_rou, r_em1, pp_em1, tsz_aut_rou, tsa_rou_am*
SE_{19}	*pk_2, s_hun, r_em2, pp_em2, ts_ger_hun, tsa_hun_eu*
SE_{20}	*pk_2, s_hun, r_em2, pp_em2, ts_ger_hun, tsa_hun_as*
SE_{21}	*pk_2, s_hun, r_em2, pp_em2, ts_ger_hun, tsa_hun_am*
SE_{22}	*pk_2, s_hun, r_em2, pp_em2, ts_hun_hun, tsa_hun_eu*
SE_{23}	*pk_2, s_hun, r_em2, pp_em2, ts_hun_hun, tsa_hun_as*
SE_{24}	*pk_2, s_hun, r_em2, pp_em2, ts_hun_hun, tsa_hun_am*

In weiteren Workshops mit Fachexpertinnen und –experten des Haushaltsgeräteherstellers wurden die Ergebnisse des Vorgehens in Kapitel 6.1.3 tiefer untersucht. Auf diese Weise wurden die Veränderungen der Kennzahlen *Fertigungskosten*, *Kapazitätsauslastung*, *CO_2-Emissionen*, *Transportkosten (Lkw)* und *Transportkosten (Schiff)* auf folgende Kernaussagen heruntergebrochen:

- Zunehmende Gefahr von Kapazitätsengpässen für Pressen am deutschen Standort

- Steigende Herstellkosten beim Pressen und in der Endmontage am deutschen Standort
- Steigende Kosten des Lkw-Transports zwischen Deutschland und Osteuropa
- Steigende Transportkosten durch einen zunehmenden Anteil von Überseetransporten von Europa nach Asien infolge wachsender Absatzzahlen am asiatischen Absatzmarkt
- Steigende CO_2-Emissionen durch einen zunehmenden Anteil von Überseetransporten von Europa nach Asien infolge wachsender Absatzzahlen am asiatischen Absatzmarkt

Die Konkretisierung des Anwendungsfalls auf spezifische Transportrouten, Standorte und Absatzmärkte macht ein erneute Bewertung der Kennzahlenveränderungen analog dem in Kapitel 6.1.3 validierten Vorgehens erforderlich. Da das Vorgehen bereits ausführlich validiert wurde, sind in Tabelle 6.3 lediglich die angepassten Relevanzwerte aufgelistet.

Tabelle 6.3: Kennzahlen, Relevanzwerte und betroffene Objekte

Kennzahl	Objekte	Optimierungsrichtung	Relevanz
Kapazitätsengpass	*r_press*	Negativ	0,8
Fertigungskosten	*pp_press* *pp_em1_ger*	Negativ	0,6
Transportzeit/-kosten	*ts_ger_rum* *ts_ger_hun*	Negativ	0,5
Transportzeit/-kosten zum Absatzmarkt	*ts_ger_as* *ts_hun_as* *ts_rum_as*	Negativ	0,3
CO_2-Emissionen	*ts_ger_rum* *ts_ger_hun* *ts_ger_as* *ts_hun_as* *rs_rum_as*	Negativ	0,2

6.2.2 Anwendung des Softwaredemonstrators

Nach der erfolgreichen Abbildung des Fallbeispiels im Tool konnten erste Testläufe mit dem Python-Tool zur Ableitung der Anpassungsbedarfe durchgeführt werden. Zunächst wurden dabei verschiedene Ähnlichkeitswerte zwischen den Parametern getestet und schließlich auf 0,5 festgelegt, da dieser Wert in der Berechnung eine angemessene Anzahl abgrenzbarer Alternativen zur Verfügung stellt. Aufgrund begrenzter Rechenkapazitäten wurde die Anzahl an auszugebenden Netzwerkalternativen auf drei begrenzt. In Tabelle 6.4 sind die berechneten Anpassungsalternativen gemäß ihrer Priorisierung anhand des Gesamtnutzwertes aufgelistet. In der Spalte *Zuordnung* ist in Klammern der Anpassungsfall gemäß der in Kapitel 5.3.1 eingeführten Codierung angegeben. In der Liste der 61 Anpassungsfälle in Anhang 9.1 ist die jeweilige Beschreibung der Anpassungsfälle zu finden.

Tabelle 6.4: Priorisierte Anpassungsalternativen als Ergebnis des Tools

Iteration	Netzwerkalternative	Zuordnungen	Gesamtnutzwert
1	1	SE_3: Anpassungsfall 38 (3221)	3,9
		SE_{14}: Anpassungsfall 31 (3111)	
		SE_{20}: Anpassungsfall 38 (3221)	
2	2	SE_3: Anpassungsfall 42 (3321)	3,7
		SE_{14}: Anpassungsfall 39 (3222)	
		SE_{20}: Anpassungsfall 31 (3111)	
3	3	SE_3: Anpassungsfall 38 (3221)	3,6
		SE_{14}: Anpassungsfall 58 (4411)	
		SE_{20}: Anpassungsfall 31 (3111)	

Die Alternative mit dem höchsten Gesamtnutzwert weist den strategischen Einheiten die Anpassungsfälle 38 und 31 zu. Der Anpassungsfall 38 bei der strategischen Einheit 3 impliziert die Verlagerung des Produktionsprozesses Pressen aus Deutschland an einen neu zu eröffnenden Standort. Gleichzeitig wird in dieser Netzwerkalternative die Endmontage aus Ungarn ebenfalls an einen neuen Standort verlagert. Nach

Anpassungsfall 31 wird die Endmontage in Rumänien an einen anderen, bereits bestehenden Standort verlagert. In der zweiten Netzwerkalternative wird hingegen das Pressen in Deutschland an einen anderen, bereits bestehenden Standort verlagert, der dazu vergrößert wird. Zusätzlich wird für die Endmontage des Produktes 1 ein neuer Standort entstehen, während die Endmontage aus Rumänien an einen bestehenden Standort verlagert wird. Die dritte Netzwerkalternative weist den strategischen Einheiten 3 und 20 erneut die Anpassungsfälle 38 und 31 zu. Der Unterschied besteht hierin, dass für das Produkt 1 ein Ramp-down erfolgt, der mit einer Standortverkleinerung in Rumänien einhergeht.

Die beschriebenen Anpassungsalternativen wurden gemeinsam mit Netzwerkspezialisten und -spezialistinnen des Haushaltsgeräteherstellers diskutiert und auf ihre Sinnhaftigkeit überprüft. Dabei wurde identifiziert, dass Verlagerungen aus Osteuropa keine sinnvolle Alternative darstellen. Als Grund wurden vor allem die gut laufenden Aktivitäten und erst kürzlich getroffenen Investitionen in die Standorte in Rumänien und Ungarn angeführt. Den strategischen Einheiten 14 und 20 können somit nicht die Anpassungsfälle 31 und 38 zugeteilt werden. Ebenfalls schließt die Geschäftsführung einen neuen Standort in Deutschland aus, was zur Folge hat, dass die strategische Einheit 3 nicht mit Anpassungsfall 38 kombinierbar ist. Einen Ramp-down einer Produktkette schließt das Unternehmen aufgrund der steigenden Absatzzahlen grundsätzlich aus (Planungsfall 58). Die Verlagerung von Pressumfängen aus Deutschland an einen bestehenden Standort in Osteuropa stellt hingegen einen nachvollziehbaren und vor allem realisierbaren Impuls durch das Optimierungstool dar (Zuteilung von Anpassungsfall 42 zur strategischen Einheit 3). Gleiches gilt für einen neuen Standort für Produkt 1 in Asien (Netzwerkalternative 39).

Aus den beschriebenen Diskussionen lassen sich die folgenden neuen Nebenbedingungen für das Modell konkretisieren:

1. Verlagerung von Pressumfängen von Deutschland nach Osteuropa (feste Zuweisung der strategischen Einheit 3 und Anpassungsfall 42)
2. Ausschluss der Verlagerung aus Osteuropa (Anpassungsfälle 31,32,33,34,35,36,40,51,52,53)
3. Ausschluss der Eröffnung eines neuen Standortes in Deutschland (Anpassungsfälle 23,37,38)
4. Ausschluss eines Ramp-downs (Anpassungsfälle 54,55,56,57,58,59,60)

Unter Berücksichtigung dieser Nebenbedingungen können die Anpassungsalternativen erneut generiert werden. Dabei wird der Parameter der erlaubten Ähnlichkeit auf 0,8 erhöht, damit im jetzt eingeschränkten Lösungsraum ähnlichere Alternativen zulässig sind. In Tabelle 6.5 sind die berechneten Anpassungsalternativen gemäß ihrer Priorisierung anhand des Gesamtnutzwertes aufgelistet.

Tabelle 6.5: Priorisierte Anpassungsalternativen nach Feedback

Iteration	Netzwerkalternative	Zuordnungen	Gesamtnutzwert
1	1	SE_3: Anpassungsfall 42 (3321)	3,7
		SE_{14}: Anpassungsfall 38 (3221)	
		SE_{20}: Anpassungsfall 38 (3221)	
2	2	SE_3: Anpassungsfall 42 (3321)	3,1
		SE_{14}: Anpassungsfall 41 (3312)	
		SE_{20}: Anpassungsfall 41 (3312)	
3	3	SE_3: Anpassungsfall 42 (3321)	2,6
		SE_{14}: Anpassungsfall 24 (2222)	
		SE_{20}: Anpassungsfall 41 (3312)	

Erkennbar ist, dass aufgrund der Nebenbedingung 1 der strategischen Einheit 3 in jeder Netzwerkalternative der Anpassungsfall 42 zugeordnet wird. Dadurch wird die Vorgabe des Unternehmens berücksichtigt, dass ein bestehender Standort in Osteuropa erweitert werden soll, um die Verlagerung des Pressens aus Deutschland direkt zur entsprechenden Endmontage zu ermöglichen. In der ersten Netzwerkalternative wird den strategischen Einheiten 14 und 20 jeweils der Anpassungsfall 38 zugeordnet. Das würde bedeuten, dass für die beiden Produkte neue Standorte entstehen, die eine Endmontage näher am Absatzmarkt ermöglichen. Die Netzwerkalternative 2 unterscheidet sich dadurch, dass die Standorte in Rumänien und Ungarn präventiv erweitert werden, um auf eine Verlagerung aus Deutschland vorzubereiten. Dadurch, dass hierbei nicht die Transportprobleme zum Absatzmarkt Asien behandelt werden, ergibt sich ein geringerer Nutzwert. Die Netzwerkalternative 3 unterscheidet sich zur zweiten Alternative darin, dass es in der Produktionskette 1 zu einem Ramp-up kommt, der durch eine Standorteröffnung für das Produkt 1 ermöglicht wird.

6.3 Kritische Reflexion der Methodik

Die Anwendung der Methodik anhand der Fallbeispiele in Kapitel 6.1 und 6.2 hat gezeigt, dass die Identifikation von Anpassungsbedarfen in der Netzwerkgestaltung frühzeitig durch die Nutzung von Daten und interaktiven Tools gelingt. Da die Methodik die netzwerkgestaltenden Personen mit ihrem Erfahrungswissen in jeden Schritt einbezieht und gleichzeitig die Objektivität von Daten sowie dem Optimierungsmodell nutzt, bietet sie im Vergleich zu anderen Ansätzen eine aufwandsarme und dennoch nachvollziehbare Möglichkeit, Anpassungsbedarfe zu identifizieren. Damit ist die Methodik wirtschaftlicher und fundierter als andere Methoden.

Wie im Folgenden erläutert und kritisch reflektiert wird, werden die inhaltlichen Anforderungen aus Kapitel 4.1.1 durch die Methodik erfüllt. Die Methodik bietet durch die Charakterisierung netzwerkrelevanter Kennzahlen sowie die interaktive Darstellung den Netzwerkgestaltenden die Möglichkeit, das Produktionsnetzwerk sowie das Umfeld zu analysieren. Die Prognose und Darstellung des zeitlichen Verlaufs von Kennzahlen schaffen Transparenz über mögliche Veränderungen im Netzwerk. Die erfolgreiche Visualisierung ausgewählter Kennzahlen des Haushaltsgeräteherstellers zeigt, dass die interaktive Darstellung die Sammlung neuer Erkenntnisse sowie deren detaillierte Analyse ermöglicht. Allerdings zeigte sich, dass die Abbildung der Realität nur mit einer geeigneten Datengrundlage möglich ist. Im Fallbeispiel wurden Kennzahl zum Teil bewusst so ausgewählt, dass sie mit Daten angereichert werden können. Bei der Quantifizierung des Schadens wurde deutlich, dass das Vorgehen zur Schadensberechnung aus Kapitel 5.2.1 in die Praxis übertragbar ist. Anhand der vorgegebenen Schritte lassen sich im Kreise der netzwerkgestaltenden Personen Formeln zur Schadensbestimmung definieren. Auch hier musste jedoch bereits bei der Aufstellung der Berechnungen die Datengrundlage berücksichtigt werden und Berechnungen mussten zum Teil an die vorliegende Datenbasis angepasst werden. Mithilfe des Python-Tools konnten die Netzwerkgestaltenden die Schäden interpolieren und den kumulierten Schaden in der Zukunft analysieren. Die zum Teil überraschenden Erkenntnisse konnten mithilfe der Detailbetrachtungen nachvollzogen werden. Durch die Interaktivität des Tools konnten einige Schäden, die beispielsweise aufgrund eines auslaufenden Produktes nicht relevant waren, angepasst oder aus der Ansicht entfernt werden. Die Relevanzbestimmung der Veränderungen konnte mithilfe des Python-Tools ohne große Erklärungen und methodischen Wissen durch die Anwendenden durchgeführt werden. Da hier vor allem die Risikoaversion der Netzwerkgestaltenden relevant wird, gab es innerhalb der teilnehmenden Gruppe Diskussionen. Schlussendlich konnte jedoch eine Einigung auf Relevanzwerte der Veränderungen erfolgen. Da an dieser Stelle das Erfahrungswissen der Netzwerkgestaltenden einfließt, ist die Relevanzbewertung mit einer gewissen Subjektivität versehen. Hier eignen sich Sensitivitätsanalysen und das mehrmalige Durchführen der Methodik, um mögliche andere Ergebnisse ebenfalls zu bewerten. Der Softwaredemonstrator zur Ableitung von Anpassungsalternativen zeigt, dass eine aufwandsgerechte Modellierung des globalen Produktionsnetzwerks möglich ist. Der Aufbau des Produktionsnetzwerks über die Dropdownfunktion der Produktionsketten, Standorte, Ressourcen und Prozesse ist leicht verständlich. Ebenso sind die daraus entstehenden Anpassungsalternativen leicht nachvollziehbar. Die Kehrseite des eingeschränkten Lösungsraums ist die damit einhergehende Abweichung von der Realität. Einige identifizierte Veränderungen lassen sich auch mit anderen, nicht im Lösungsraum enthaltenen Anpassungen begegnen. Qualitative Anpassungsmöglichkeiten, wie beispielsweise die Schulung von Mitarbeitenden, werden hier nicht berücksichtigt und werden den Netzwerkgestaltenden nicht als Alternativen vorgeschlagen.

Die abgeleiteten formalen Anforderungen aus Kapitel 4.1.2 werden ebenfalls als erfüllt eingeschätzt. Die empirische Richtigkeit konnte durch die erfolgreiche Anwendung der Methodik beim Haushaltsgerätehersteller sichergestellt werden. Durch die Bestimmung der zu berücksichtigenden Kennzahlen sowie die Möglichkeit der Einschränkung des Lösungsraums der Anpassungsalternativen erlaubt die Methodik die Beschränkung auf die relevanten Sachverhalte und ist außerdem in verschiedenen Unternehmen und Branchen anwendbar und mit ihnen vergleichbar. Die Wirtschaftlichkeit sowie Verständlichkeit der Methodik konnten durch die Fallbeispiele validiert werden. Weitere Validierungen in der Praxis können die inhaltlichen und formalen Anforderungen überdies bestätigen und weitere Sachverhalte reflektieren.

7 Zusammenfassung und Ausblick

Resiliente Produktionsnetzwerke sind für produzierende Unternehmen essenziell, um trotz dynamischer Rahmenbedingungen zukünftig wettbewerbsfähig zu bleiben. Die Verkürzung der Anpassungszeit auf Veränderungen ist ein elementarer Schritt zur Schaffung von Resilienz. Die Fähigkeit, Veränderungen wahrzunehmen, sich an diese schnell anzupassen und die Richtung seiner eigenen Veränderung zu bestimmen, ermöglicht es Unternehmen, Bedrohungen zu erkennen, lange bevor sie störende Auswirkungen haben. Die Wahrnehmung von Veränderungen und die Ableitung geeigneter Anpassungsbedarfe sind die ersten beiden Phasen der Hysterese, welche die Zeit zwischen dem Eintreten einer Veränderung und dem Gegensteuern beschreibt. Die Latenzzeit noch vor der Umsetzung einer Gegenmaßnahme ist häufig im Kontext globaler Produktionsnetzwerke zu lang und es gilt sie zu reduzieren. Ein datenbasierter Ansatz bietet das Potenzial, in der Entscheidungsfindung objektiv und in Form von aktuellen Informationen zu unterstützen. Eine vollständige Automatisierung von Entscheidungen in der Netzwerkkonfiguration ist aufgrund der hohen Relevanz des Erfahrungswissens sowie der Abhängigkeit von unternehmensstrategischen Vorgaben nicht möglich. Das Ziel und das Ergebnis dieser Arbeit war es daher, eine datenbasierte und interaktive Entscheidungsunterstützung zur frühzeitigen Identifikation von Anpassungsbedarfen zu schaffen.

Dazu wurden die Grundlagen und Herausforderungen des Betrachtungsbereichs globaler Produktionsnetzwerke, Resilienz und Risikomanagement beschrieben. Zunächst wurden globale Produktionsnetzwerke definiert sowie ihr Aufbau und ihre Steuerung dargestellt. Anschließend wurden Kennzahlen im Kontext globaler Produktionsnetzwerke sowie die Grundlagen der Visualisierung erläutert. Die Resilienz globaler Produktionsnetzwerke wurde definiert und die Vielzahl an Anpassungstreibern thematisiert. Basierend auf Vorarbeiten des Autors wurden anschließend die Anpassungsformen in der Netzwerkgestaltung gemäß den Objekttypen Prozess, Ressource, Standort und Produktionskette systematisch dargestellt. Die systematischen

Anpassungsformen bilden die Grundlage für die spätere Ableitung von Anpassungsalternativen. Weiterhin erfolgte eine Beschreibung datenbasierter Verfahren im Risikomanagement. Dabei wurden Prognoseverfahren und Möglichkeiten der Risikobewertung vorgestellt. Zudem wurden die Herausforderungen in der Praxis erläutert. Basierend auf Literatur und Erfahrungen des Autors wurde eine mangelnde Transparenz über interne und externe Veränderungen in globalen Produktionsnetzwerken festgestellt. Die Auswirkungen dieser Veränderungen sind unklar und in der Praxis mangelt es an anwendungsgerechten Verfahren, diese abzuschätzen und zu priorisieren. Ferner liegt eine fehlende Unterstützung in der Handhabung der Komplexität in der Anpassung globaler Produktionsnetzwerke vor. Abschließend konnte der Praxisbedarf einer anwendungsgerechten Entscheidungsunterstützung zur Verkürzung der Reaktionszeit auf Veränderungen festgestellt und der aus den Herausforderungen resultierende Handlungsbedarf resümiert werden.

Anschließend wurden aus den identifizierten Herausforderungen Anforderungen an eine Methodik zur datenbasierten Früherkennung von Anpassungsbedarfen in der Netzwerkgestaltung formuliert. In der Literatur bestehende Ansätze wurden daraufhin analysiert und bewertet, inwiefern die Anforderungen aus der Praxis adressiert werden. Die Bewertung der ausgewählten Ansätze zeigt, dass vor allem die methodischen Ansätze nur teilweise erfüllt werden. Damit konnten der Forschungsbedarf sowie weiterer Handlungsbedarf für die datenbasierte Früherkennung von Anpassungsbedarfen nachgewiesen werden.

Zur Deckung des Praxis- und Forschungsbedarfes wurde eine Methodik hergeleitet, die sich aus vier Lösungsbausteinen zusammensetzt. Zur Schaffung der erforderlichen Transparenz über Veränderungen in der Netzwerkgestaltung wurde im ersten Lösungsbaustein zunächst ein Modell zur Gestaltung globaler Produktionsnetzwerke aufgestellt und anschließend die Charakterisierung netzwerkrelevanter Kennzahlen eingeführt. Daraufhin wurde aufgezeigt, wie sich Kennzahlenverläufe interaktiv für die Netzwerkgestaltenden visualisieren lassen, um die Identifikation und Interpretation von Veränderungen sicherzustellen. Zur Bewertung der Auswirkungen von Veränderungen wurde im zweiten Lösungsbaustein ein Vorgehen zur Quantifizierung der Schadenspotenziale von Veränderungen vorgestellt und in ein Python-Tool überführt, das es den Anwendenden ermöglicht, potenzielle Schadensentwicklungen über den Zeitverlauf zu analysieren. Das Python-Tool ermöglicht es außerdem, unter Berücksichtigung des Erfahrungswissens der Netzwerkgestaltenden die Relevanz der

Kennzahlenentwicklungen gegeneinander abzuwägen und schlussendlich zu bewerten. Im dritten Lösungsbaustein wurde eine aufwandsgerechte Modellierung der datenbasierten Identifikation von Anpassungsbedarfen vorgestellt. Darin enthalten sind zunächst die qualitative Verknüpfung von Kennzahlen und Anpassungsformen sowie deren Überführung in ein Datenmodell, was sich wiederum in das Modell eines Digitalen Schattens einordnen lässt. Anhand der Modellierung strategischer Einheiten wird darüber hinaus eine Möglichkeit geschaffen, die Komplexität in der Vielzahl an Anpassungsmöglichkeiten zu beherrschen. Die strategischen Einheiten bilden die entscheidende Grundlage für die Automatisierung der Ableitung von Anpassungsalternativen basierend auf Kennzahlenentwicklungen. Diese erfolgte im vierten Lösungsbaustein. Hierzu wurde zunächst ein Optimierungsmodell aufgestellt und in Form eines Softwaredemonstrators für die Netzwerkgestaltenden nachvollziehbar und anwendbar gemacht.

Die Methodik wurde am Fallbeispiel eines Haushaltsgeräteherstellers angewendet. Durch die Auswahl und Charakterisierung 15 netzwerkrelevanter Kennzahlen und deren anschließende Visualisierung konnten vor allem Veränderungen im zeitlichen Verlauf in den Fertigungskosten, der Kapazitätsauslastung, den Transportkosten und CO_2-Emissionen identifiziert werden. Durch die Quantifizierung des Schadens und die Anwendung des Python-Tools zur Risikoanalyse wurden die steigenden Transportkosten als kritischste Kennzahlenentwicklung identifiziert. Das wurde insbesondere durch die Visualisierung der kumulierten Schadensverläufe ermöglicht. Die Interaktivität des Python-Tools, mit welcher Schadensverläufe miteinander verglichen werden, ermöglichte es den Anwendenden nachvollziehbare Relevanzwerte zu bestimmen und die Kennzahlenveränderungen mithilfe ihres Erfahrungswissens zu gewichten. Dabei wurden Risiken in Kennzahlenveränderungen identifiziert, die bisher nicht oder nicht in der Höhe bekannt waren. Die Relevanzwerte wurden anschließend als Input für den Softwaredemonstrator zur Ableitung von Anpassungsalternativen verwendet. Die Modellierung des Produktionsnetzwerks des Haushaltsgeräteherstellers konnte aufwandsarm durchgeführt werden. Nach einer ersten Iterationsschleife zeigte sich, dass einige strategische Vorgaben einzupflegen waren, um die Generierung praxisrelevanter Anpassungsalternativen sicherzustellen. Nach dem Einpflegen der strategischen Nebenbedingungen in das Optimierungsmodell konnten drei praxistaugliche Netzwerkalternativen abgeleitet werden, welche zum Teil vom

Unternehmen noch nicht als mögliche Zukunftsszenarien in Betracht gezogen wurden. Die Iterationsschleife hebt die Interaktivität des Tools hervor und unterstreicht, dass dieses nur in Kombination mit dem Erfahrungswissen der Anwendenden einzusetzen ist und eine ergänzende und brauchbare datenbasierte Entscheidungsunterstützung für die Netzwerkgestaltung darstellt.

Ein weiterer Forschungsbedarf ergibt sich aus der Anbindung des Tools an die Datenquellen produzierender Unternehmen. Die Sammlung standortübergreifender Daten aus unterschiedlichen Informationssystemen stellt sich in der Praxis als aufwendig dar. Weiterhin sind die Ergebnisse stark abhängig von der Datenqualität. Ein Standard an Datenqualität ist netzwerkweit festzulegen und in der Praxis umzusetzen. Hinsichtlich der Anpassungsformen der Objekttypen Produktionsprozess, Ressource, Standort und Produktionskette kann eine Erweiterung des Lösungsraums erfolgen, um den Anwendenden weitere, bisher nicht beachtete Anpassungsalternativen vorzuschlagen. In Anbetracht der steigenden Bedeutung von Kreislaufwirtschaft in der Industrie stellt die Erweiterung des Modells insbesondere hinsichtlich der Rückführungslogistik vom Kunden zurück in die Lieferkette einen weiteren Forschungsbedarf dar. Die priorisierte Auswahl an Anpassungsalternativen könnte darüber hinaus mit Verfahren des Feedbacklearnings erweitert werden. Anhand des Feedbacks der Netzwerkgestaltenden könnte das Tool mögliche Präferenzen ableiten und stückweise das Erfahrungswissen der anwendenden Personen aufnehmen.

8 Literaturverzeichnis

Aamodt, A.; Nygård, M. (1995)
Different roles and mutual dependencies of data, information, and knowledge — An AI perspective on their integration. In: Data & Knowledge Engineering, Nr. 3, 16. Jg., 1995, S. 191 - 222.

Abele, E. (2006)
Handbuch globale Produktion, Hanser, München, 2006.

Aggarwal, C. C. (2017)
Outlier Analysis, 2nd ed. 2017; Springer, Cham, 2017.

Aggarwal, R.; Bohinc, J. (2012)
Black swans and supply chain strategic necessity. In: Journal of Transportation Security, Nr. 1, 5. Jg., 2012, S. 39 - 49.

Anbumozhi, V.; Kimura, F. (2020)
Regional Frameworks for Advancing Supply Chain Resilience and Business Continuity Plans. In: Anbumozhi, V./Kimura, F./ et al. (Hrsg.): Supply Chain Resilience, Springer Singapore, Singapore, 2020, S. 307 - 338.

Anbumozhi, V.; Kimura, F.; Thangavelu, S. (2020)
Supply Chain Resilience, Springer Singapore, Singapore, 2020.

Arndt, T. (2018)
Bewertung und Steigerung der Prozessqualität in globalen Produktionsnetzwerken, Dissertation, Karlsruher Institut für Technologie, 2018.

Auberger, E.; Karre, H.; Wolf, M.; Preising, H.; Ramsauer, C. (2021)
Configuration of manufacturing networks by a multi-objective perspective enabled by simulation and machine learning. In: Procedia CIRP, 104. Jg., 2021, S. 993 - 998.

Ays, J. (2021)
Gestaltung agiler Produktionsnetzwerke, Dissertation, Rheinisch-Westfälische Technische Hochschule Aachen, 2021.

Azzam, T.; Evergreen, S. (2013)
Data visualization - Part 1, Online-Ausg; Jossey-Bass, San Francisco, 2013.

Bala, B. K.; Arshad, F. M.; Noh, K. M. (2017)
System Dynamics, Springer Singapore, Singapore, 2017.

Becker, F.; Bibow, P.; Dalibor, M.; Gannouni, A.; Hahn, V.; Hopmann, C.; Jarke, M.; Koren, I.; Kröger, M.; Lipp, J.; Maibaum, J.; Michael, J.; Rumpe, B.; Sapel, P.; Schäfer, N.; Schmitz, G.; Schuh, G.; Wortmann, A. (2021)
A Conceptual Model for Digital Shadows in Industry and Its Application. In: Ghose, A./Horkoff, J./ et al. (Hrsg.): Conceptual Modeling, Springer International Publishing, Cham, 2021, S. 271 - 281.

Becker, J.; Probandt, W.; Vering, O. (2012)
Grundsätze ordnungsmäßiger Modellierung, Springer Berlin Heidelberg, Berlin, Heidelberg, 2012.

Behrens, B.-A.; Brosius, A.; Hintze, W.; Ihlenfeldt, S.; Wulfsberg, J. (2021)
Production at the leading edge of technology, Springer Berlin Heidelberg, Berlin, Heidelberg, 2021.

Benfer, M.; Verhaelen, B.; Peukert, S.; Lanza, G. (2021)
Resilience Measures in Global Production Networks: A Literature Review and Conceptual Framework. In: Die Unternehmung, Nr. 4, 75. Jg., 2021, S. 491 - 520.

Biesalski, A. (2018)
Corporate Reputation Score 2018, Berlin, 2018.

Billing, C.; Bryson, J. (2019)
Heritage and Satellite Manufacturing: Firm-level Competitiveness and the Management of Risk in Global Production Networks. In: Economic Geography, Nr. 5, 95. Jg., 2019, S. 423 - 441.

Bode, C.; Bogaschewsky, R.; Eßig, M.; Lasch, R.; Stölzle, W. (2021)
Supply Management Research, Springer Fachmedien Wiesbaden, Wiesbaden, 2021.

Bode, C.; Macdonald, J. (2017)
Stages of Supply Chain Disruption Response: Direct, Constraining, and Mediating Factors for Impact Mitigation. In: Decision Sciences, Nr. 5, 48. Jg., 2017, S. 836 - 874.

Briskorn, D. (2020)
Operations Research, Springer Berlin Heidelberg, Berlin, Heidelberg, 2020.

Bui X., T. (2023)
Proceedings of the 56th Annual Hawaii International Conference on System Sciences - January 3-6, 2023, Honolulu, 2023.

Bundesministerium für Wirtschaft und Energie (BMWi) (2021)
Schlaglichter der Wirtschaftspolitik - Januar 2021, Nr. 1, 2021

Bundesverband Materialwirtschaft, Einkauf und Logistik e. V. (BME) (2020)
Supply Chain Risk Management: Herausforderungen und Status Quo 2020 - Ergebnisse einer gemeinsamen Umfrage von riskmethods und dem Bundesverband für Materialwirtschaft, Einkauf und Logistik, 2020

Burggräf, P.; Schuh, G. (2021)
Fabrikplanung, Springer Berlin Heidelberg, Berlin, Heidelberg, 2021.

Cady, F. (2017)
The data science handbook, John Wiley & Sons Inc, Hoboken, NJ, 2017.

Chatti, S.; Tolio, T. (2016)
CIRP Encyclopedia of Production Engineering, Springer Berlin Heidelberg, Berlin, Heidelberg, 2016.

Chavez, R.; Yu, W.; Jacobs, M.; Feng, M. (2017)
Manufacturing capability and organizational performance: The role of entrepreneurial orientation. In: International Journal of Production Economics, 184. Jg., 2017, S. 33 - 46.

Cheng, Y.; Farooq, S.; Johansen, J. (2015)
International manufacturing network: past, present, and future. In: International Journal of Operations & Production Management, Nr. 3, 35. Jg., 2015, S. 392 - 429.

Choudhary, N.; Singh, S.; Schoenherr, T.; Ramkumar, M. (2022)
Risk assessment in supply chains: a state-of-the-art review of methodologies and their applications. In: Annals of operations research, 2022, S. 1 - 43.

Christodoulou, P.; Fleet, D.; Hanson, P.; Phaal, R.; Probert, D.; Shi, Y. (2007)
Making the right things in the right places - A structured approach to developing and exploiting 'manufacturing footprint' strategy, University of Cambridge Institute for Manufacturing, Cambridge, 2007.

Cios, K. J.; Kurgan, L. A.; Pedrycz, W.; Świniarski, R. W. (2007)
Data Mining - A Knowledge Discovery Approach, Springer US, Boston, MA, 2007.

Coe, N.; Dicken, P.; Hess, M. (2008)
Global production networks: realizing the potential. In: Journal of Economic Geography, Nr. 3, 8. Jg., 2008, S. 271 - 295.

Colledani, M.; Tolio, T.; Fischer, A.; Iung, B.; Lanza, G.; Schmitt, R.; Váncza, J. (2014)
Design and management of manufacturing systems for production quality. In: CIRP Annals, Nr. 2, 63. Jg., 2014, S. 773 - 796.

Costa Ferreira Junior, S.; Fleury, A. (2018)
Performance assessment process model for international manufacturing networks. In: International Journal of Operations & Production Management, Nr. 10, 38. Jg., 2018, S. 1915 - 1936.

Cui, T.; Ouyang, Y.; Shen, Z.-J. (2010)
Reliable Facility Location Design Under the Risk of Disruptions. In: Operations Research, Nr. 4-part-1, 58. Jg., 2010, S. 998 - 1011.

Daum, A.; Greife, W.; Przywara, R. (2018)
BWL für Ingenieurstudium und -praxis, 3. Aufl. 2018; Springer Vieweg, Wiesbaden, 2018.

Delfmann, W.; Reihlen, M. (2003)
Controlling von Logistikprozessen, Schäffer-Poeschel Verlag, Stuttgart, 2003.

Delfmann, W.; Reihlen, M.; Wickinghoff, C. (2003)
Prozessorientierte Logistik-Leistungsrechnung. In: Delfmann, W./Reihlen, M. (Hrsg.): Controlling von Logistikprozessen, Schäffer-Poeschel Verlag, Stuttgart, 2003

Deutsches Institut für Normung (2018)
Risikomanagement –Leitlinien (ISO 31000:2018), Beuth, Berlin, 2018.

Dietz, M. (2017)
Operative und strategische Kennzahlensysteme für Produktionsnetzwerke - Empirische Ergebnisse und konzeptionelle Überlegungen, Dissertation, Friedrich-Alexander Universität Erlangen-Nürnberg, 2017.

Dixit, V.; Verma, P.; Tiwari, M. (2020)
Assessment of pre and post-disaster supply chain resilience based on network structural parameters with CVaR as a risk measure. In: International Journal of Production Economics, 227. Jg., 2020

Domschke, W.; Drexl, A.; Klein, R.; Scholl, A. (2015)
Einführung in Operations Research, Springer Berlin Heidelberg, Berlin, Heidelberg, 2015.

Domschke, W.; Scholl, A.; Voß, S. (1997)
Produktionsplanung - Ablauforganisatorische Aspekte, 2., überarb. und erw. Aufl.; Springer, Berlin, Heidelberg, 1997.

Fahrmeir, L.; Kneib, T.; Lang, S. (2009)
Regression, Springer Berlin Heidelberg, Berlin, Heidelberg, 2009.

Ferdows, K. (2014)
Relating the Firm's Global Production Network to Its Strategy. In: Johansen, J./Farooq, S./ et al. (Hrsg.): International Operations Networks, Springer London, London, 2014, S. 1 - 11.

Ferdows, K. (2018)
Keeping up with growing complexity of managing global operations. In: International Journal of Operations & Production Management, Nr. 2, 38. Jg., 2018, S. 390 - 402.

Fiedler, R. (2020)
Controlling von Projekten - Mit konkreten Beispielen aus der Unternehmenspraxis - alle controllingrelevanten Aspekte der Projektplanung, Projektsteuerung und Projektkontrolle, 8., aktualisierte und überarbeitete Auflage; Springer Vieweg, Wiesbaden, 2020.

Fink, A. (2005)
Grundlagen der Wirtschaftsinformatik, Zweite, überarbeitete Auflage; Physica-Verlag HD, Heidelberg, 2005.

Fränken, B. (2022)
Standortrollen in Produktionsnetzwerken, Dissertation, Rheinisch-Westfälische Technische Hochschule Aachen, 2022.

Friedli, T.; Lanza, G.; Remling, D. (2021)
Global Manufacturing Management - From Excellent Plants Toward Network Optimization, 1st ed. 2021; Springer International Publishing; Imprint Springer, Cham, 2021.

Friedli, T.; Schuh, G.; Lanza, G.; Remling, D.; Gützlaff, A.; Stamer, F. (2019)
Next Level Production Networks. In: ZWF Zeitschrift für wirtschaftlichen Fabrikbetrieb, Nr. 3, 114. Jg., 2019, S. 101 - 104.

Friedli, T.; Thomas, S.; Mundt, A. (2013)
Management globaler Produktionsnetzwerke - Strategie, Konfiguration, Koordination, Hanser, München, 2013.

Gadatsch, A. (2019)
Datenmodellierung, Springer Fachmedien Wiesbaden, Wiesbaden, 2019.

Garvin, D. (1987)
Competing on the Eight Dimensions of Quality. In: Harvard Business Review, Nr. 6, 65. Jg., 1987, S. 101 - 109.

Ghose, A.; Horkoff, J.; Silva Souza, V.; Parsons, J.; Evermann, J. (2021)
Conceptual Modeling, Springer International Publishing, Cham, 2021.

Gladen, W. (2014)
Performance Measurement - Controlling mit Kennzahlen, 6., überarb. Aufl.; Springer Gabler, Wiesbaden, 2014.

Glaser, C. (2019)
Risiko im Management, Springer Fachmedien Wiesbaden, Wiesbaden, 2019.

Global Compact Netzwerk Deutschland (2018)
Interner CO2-Preis in Unternehmen - Vorbereitung auf künftige Regulierung & Gestaltung des Übergangs in die <2°-Wirtschaft,, 2018.

Golan, M.; Jernegan, L.; Linkov, I. (2020)
Trends and applications of resilience analytics in supply chain modeling: systematic literature review in the context of the COVID-19 pandemic. In: Environment systems & decisions, Nr. 2, 40. Jg., 2020, S. 222 - 243.

Golini, R.; Longoni, A.; Cagliano, R. (2014)
Developing sustainability in global manufacturing networks: The role of site competence on sustainability performance. In: International Journal of Production Economics, 147. Jg., 2014, S. 448 - 459.

Gölzer, P.; Simon, L.; Cato, P.; Amberg, M. (2015)
Designing Global Manufacturing Networks Using Big Data. In: Procedia CIRP, 33. Jg., 2015, S. 191 - 196.

Gottmann, J. (2019)
Produktionscontrolling, Springer Fachmedien Wiesbaden, Wiesbaden, 2019.

Grünig, R.; Kühn, R. (2009)
Entscheidungsverfahren für komplexe Probleme, Springer Berlin Heidelberg, Berlin, Heidelberg, 2009.

Günther, H.-O. (2012)
Produktion und Logistik, 9., aktualiserte und erw. Aufl.; Springer, Berlin, 2012.

Gurtu, A.; Johny, J. (2021)
Supply Chain Risk Management: Literature Review. In: Risks, Nr. 1, 9. Jg., 2021, S. 16.

Gutenberg, E. (1951)
Grundlagen der Betriebswirtschaftslehre - Erster Band Die Produktion, Springer Berlin Heidelberg, Berlin, Heidelberg, s.l., 1951.

Gützlaff, A. (2021)
Entscheidungsprozess zur kontinuierlichen Gestaltung von Produktionsnetzwerken, Dissertation, Rheinisch-Westfälische Technische Hochschule Aachen, 2021.

Hallikas, J.; Karvonen, I.; Pulkkinen, U.; Virolainen, V.-M.; Tuominen, M. (2004)
Risk management processes in supplier networks. In: International Journal of Production Economics, Nr. 1, 90. Jg., 2004, S. 47 - 58.

Han, J. (2012)
Data mining - Concepts and techniques, 3rd ed.; Morgan Kaufmann/Elsevier, Waltham, MA, 2012.

Hartkopf, M. (2013)
Systematik für eine kontinuierliche und langfristig ausgerichtete Planung technologischer und kapazitiver Werksentwicklungen, Dissertation, Universität Stuttgart, 2013.

Häusling, A. (2018)
Agile Organisationen - Transformationen erfolgreich gestalten - Beispiele agiler Pioniere, 1. Auflage; Haufe-Lexware GmbH & Co. KG, Freiburg, 2018.

Hayes, R. H.; Pisano, G. P.; Upton, D.; Wheelwright, S. C. (2005)
Operations, Strategy, and Technology - Pursuing the Competitive Edge, Wiley, Hoboken, NJ, 2005.

Hingst, L.; Park, Y.-B.; Nyhuis, P. (2021)
Life Cycle Oriented Planning Of Changeability In Factory Planning Under Uncertainty, Hannover : publish-Ing, 2021.

Hochdörffer, J.; Buergin, J.; Vlachou, E.; Zogopoulos, V.; Lanza, G.; Mourtzis, D. (2018)
Holistic approach for integrating customers in the design, planning, and control of global production networks. In: CIRP Journal of Manufacturing Science and Technology, 23. Jg., 2018, S. 98 - 107.

Hwang, G.; Han, J.-H.; Chang, T.-W. (2020)
An Integrated Key Performance Measurement for Manufacturing Operations Management. In: Sustainability, Nr. 13, 12. Jg., 2020, S. 5260.

Institute of Electrical and Electronics Engineers (IEEE) (2017)
2017 IEEE International Conference on Industrial Engineering and Engineering Management (IEEM), 2017 IEEE International Conference on Industrial Engineering and Engineering Management (IEEM), 10.12.2017 - 13.12.2017. IEEE (2017)

Institute of Electrical and Electronics Engineers (IEEE) (2020)
2020 IEEE International Conference on Industrial Engineering and Engineering Management (IEEM), 2020 IEEE International Conference on Industrial Engineering and Engineering Management (IEEM), 14.12.2020 - 17.12.2020. IEEE (2020)

International Data Corporation (2022)
IT & Sustainability in Deutschland 2022, 2022

Ishikawa, K. (1996)
Guide to quality control, 13. print; Asian Productivity Organization, Tokyo, 1996.

Jacob, F.; Meyer, T.; Leopoldseder, M. (2006)
Management globaler Produktionsnetzwerke. In: Abele, E. (Hrsg.): Handbuch globale Produktion, Hanser, München, 2006, S. 274 - 323.

Jindal, A.; Sangwan, K.; Saxena, S. (2015)
Network Design and Optimization for Multi-product, Multi-time, Multi-echelon Closed-loop Supply Chain under Uncertainty. In: Procedia CIRP, 29. Jg., 2015, S. 656 - 661.

Johansen, J.; Farooq, S.; Cheng, Y. (2014)
International Operations Networks, Springer London, London, 2014.

Justus, A. (2009)
Management globaler Produktionsnetzwerke - Dimensionen und Handlungsfelder für die Gestaltung, Lenkung und Entwicklung, Dissertation, Universität St. Gallen, 2009.

Kahl, T.; Zimmer, F. (2020)
Interaktive Datenvisualisierung in Wissenschaft und Unternehmenspraxis, Springer Fachmedien Wiesbaden, Wiesbaden, 2020.

Kamalahmadi, M.; Parast, M. (2016)
A review of the literature on the principles of enterprise and supply chain resilience: Major findings and directions for future research. In: International Journal of Production Economics, 171. Jg., 2016, S. 116 - 133.

Karsten, P.; Jakob, M. (2021)
CO2-Preis im Verkehrssektor - Klimaschutzinstrumente im Verkehr, Berlin, 2021.

Kern, W. (1962)
Die Messung industrieller Fertigungskapazitäten und ihrer Ausnutzung - Grundlagen u. Verfahren, Westdt. Verl., Köln, Opladen, 1962.

Kern, W. (1996)
Handwörterbuch der Produktionswirtschaft, 2., völlig neu gestaltete Aufl.; Schäffer-Poeschel, Stuttgart, 1996.

Kersten, W.; Blecker, T.; Ringle, C. (2014)
Next Generation Supply Chains - Trends and Opportunities, 1 ed.; epubli, Berlin, 2014.

Kinkel, S. (2009)
Erfolgsfaktor Standortplanung - In- und ausländische Standorte richtig bewerten, 2. Aufl.; Springer-Verlag, s.l., 2009.

Klement, P.; Auktor, G.; Pal, T.; Olivetti, E.; Blondaut, J.; Birn, L.; Anding, M.; Knipfer, K. (2023)
A Strategic Framework for Achieving Sustainability and Resilience in Global Supply Chains. In: Bui X., T. (Hrsg.): Proceedings of the 56th Annual Hawaii International Conference on System Sciences - January 3-6, 2023, Honolulu, 2023, S. 3663 - 3672.

Kornwachs, K.; Treugut, L. (2013)
Technikwissenschaften - Erkennen - Gestalten - Verantworten, Springer, Berlin, Heidelberg, 2013.

Koschate, B.-P. (2020)
Optimierung der Auftragszuordnung in strategischen Projektnetzwerken unter Berücksichtigung von Risiken - Dargestellt am Beispiel der Windenergiebranche, Dissertation, Technische Universität Hamburg, 2020.

Kosfeld, R.; Eckey, H.-F.; Türck, M. (2019)
Wahrscheinlichkeitsrechnung und Induktive Statistik, Springer Fachmedien Wiesbaden, Wiesbaden, 2019.

Kourkoumpas, D.-S.; Benekos, G.; Nikolopoulos, N.; Karellas, S.; Grammelis, P.; Kakaras, E. (2018)
A review of key environmental and energy performance indicators for the case of renewable energy systems when integrated with storage solutions. In: Applied Energy, 231. Jg., 2018, S. 380 - 398.

Krause, O.; Mertins, K. (2006)
Performance Management, 1. Aufl.; DUV Deutscher Universitäts-Verlag, s.l., 2006.

Kristianto, Y.; Gunasekaran, A.; Helo, P. (2017)
Building the "Triple R" in global manufacturing. In: International Journal of Production Economics, 183. Jg., 2017, S. 607 - 619.

Kubicek, H. (1976)
Heuristische Bezugsrahmen und heuristisch angelegte Forschungsdesign als Elemente einer Konstruktionsstrategie empirischer Forschung, Inst. für Unternehmungsführung im Fachbereich Wirtschaftswiss. d. Freien Univ, Berlin, 1976.

Landesagentur für neue Mobilitätslösungen (2022)
Studie: Zukunftsfähige Lieferketten und neue Wertschöpfungsstrukturen in der Automobilindustrie, 2022

Lanza, G.; Ferdows, K.; Kara, S.; Mourtzis, D.; Schuh, G.; Váncza, J.; Wang, L.; Wiendahl, H.-P. (2019)
Global production networks: Design and operation. In: CIRP Annals, Nr. 2, 68. Jg., 2019, S. 823 - 841.

Lanza, G.; Schuh, G.; Friedli, T.; Verhaelen, B.; Rodemann, N.; Remling, D. (2020)
Transformation globaler Produktionsnetzwerke. In: ZWF Zeitschrift für wirtschaftlichen Fabrikbetrieb, Nr. 4, 115. Jg., 2020, S. 196 - 199.

Lasch, R. (2021)
Strategisches und operatives Logistikmanagement: Prozesse, Springer Fachmedien Wiesbaden, Wiesbaden, 2021.

Liebeck, T. (2009)
Markt- und ressourcenorientierter Ansatz zur strategischen Gestaltung globaler Produktionsnetzwerke, Dissertation, Technische Universität Darmstadt, 2009.

Liebeck, T.; Meyer, T.; Abele, E. (2006)
Standortgerechte Fertigungstechnik. In: Abele, E. (Hrsg.): Handbuch globale Produktion, Hanser, München, 2006, S. 200 - 237.

Liebetrau, F. (2015)
Strategic Performance Measurement and Management in Manufacturing Networks - A Holistic Approach to Manufacturing Strategy Implementation, Dissertation, Universität St. Gallen, 2015.

Lingitz, L.; Gallina, V.; Ansari, F.; Gyulai, D.; Pfeiffer, A.; Sihn, W.; Monostori, L. (2018)
Lead time prediction using machine learning algorithms: A case study by a semiconductor manufacturer. In: Procedia CIRP, 72. Jg., 2018, S. 1051 - 1056.

Lippe, P. von der (2004)
Induktive Statistik - Formeln, Aufgaben, Klausurtraining, 6. Aufl., 6., überarb. Aufl. Reprint 2014; De Gruyter Oldenbourg, München, 2004.

Liu, J.; Dwyer, T.; Tack, G.; Gratzl, S.; Marriott, K. (2021)
Supporting the Problem-Solving Loop: Designing Highly Interactive Optimisation Systems. In: IEEE transactions on visualization and computer graphics, Nr. 2, 27. Jg., 2021, S. 1764 - 1774.

Liu, S.; Papageorgiou, L. (2013)
Multiobjective optimisation of production, distribution and capacity planning of global supply chains in the process industry. In: Omega, Nr. 2, 41. Jg., 2013, S. 369 - 382.

Locker, A.; Grosse-Ruyken, P. T. (2019)
Chefsache Finanzen in Einkauf und Supply Chain - Millionenwerte schaffen im digitalen Zeitalter, 3., aktualisierte Auflage; Springer Gabler, Wiesbaden, 2019.

Lödding, H. (2016)
Verfahren der Fertigungssteuerung - Grundlagen, Beschreibung, Konfiguration, 3. Aufl. 2016; Springer Berlin Heidelberg, Berlin, Heidelberg, 2016.

Lund, S.; Manyika, J.; Woetzel, J.; Barriball, E.; Krishnan, M.; Alicke, K.; Birshan, M.; George, K.; Smit, S.; Swan, D.; Hutzler, K. (2020)
Risk, resilience and rebalancing in global value chains, McKinsey Global Institute, 2020.

Lüpsen, H. (2021)
Varianzanalysen - Prüfen der Voraussetzungen und nichtparametrische Methoden sowie praktische Anwendungen mit R und SPSS, Köln, 2021.

Mahnke, A. (2020)
Betriebliches Risikomanagement und Industrieversicherung - Erfolgreiche Unternehmenssteuerung Durch ein Effektives Risiko- und Versicherungsmanagement, Springer Fachmedien Wiesbaden GmbH, Wiesbaden, 2020.

Mardan, A. (2018)
Full Stack JavaScript, Apress, Berkeley, CA, 2018.

Mehlhorn, K.; Sanders, P. (2008)
Algorithms and Data Structures - The Basic Toolbox, Springer Berlin Heidelberg, Berlin, Heidelberg, 2008.

Meignan, D.; Knust, S.; Frayret, J.-M.; Pesant, G.; Gaud, N. (2015)
A Review and Taxonomy of Interactive Optimization Methods in Operations Research. In: ACM Transactions on Interactive Intelligent Systems, Nr. 3, 5. Jg., 2015, S. 1 - 43.

Merchiers, A. (2008)
Bewertung globaler Standortstrukturalternativen im Maschinenbau, Zugl.: Aachen, Techn. Hochsch., Diss., 2008, Rheinisch-Westfälische Technische Hochschule Aachen, 2008.

Merendino, A.; Dibb, S.; Meadows, M.; Quinn, L.; Wilson, D.; Simkin, L.; Canhoto, A. (2018)
Big data, big decisions: The impact of big data on board level decision-making. In: Journal of Business Research, 93. Jg., 2018, S. 67 - 78.

Mertens, P. (2009)
Integrierte Informationsverarbeitung 1 - Operative Systeme in der Industrie, 17., überarbeitete Auflage; Gabler, Wiesbaden, 2009.

Meyer, C. (2011)
Betriebswirtschaftliche Kennzahlen und Kennzahlen-Systeme, 6., überarbeitete und erweiterte Auflage; Verlag Wissenschaft & Praxis, Sternenfels, 2011.

Meyer, H.; Reher, H.-J. (2020)
Projektmanagement, Springer Fachmedien Wiesbaden, Wiesbaden, 2020.

Meyer, T. (2005)
Globale Produktionsnetzwerke - Ein Modell zur kostenoptimierten Standortwahl, Dissertation, Technische Universität Darmstadt, 2005.

Moldavska, A.; Martinsen, K. (2018)
Defining Sustainable Manufacturing Using a Concept of Attractor as a Metaphor. In: Procedia CIRP, 67. Jg., 2018, S. 93 - 97.

Moldavska, A.; Welo, T. (2017)
The concept of sustainable manufacturing and its definitions: A content-analysis based literature review. In: Journal of Cleaner Production, 166. Jg., 2017, S. 744 - 755.

Moon, I.; Lee, G.; Park, J.; Kiritsis, D.; Cieminski, G. von (2018)
Advances in Production Management Systems. Production Management for Data-Driven, Intelligent, Collaborative, and Sustainable Manufacturing, Springer International Publishing, Cham, 2018.

Moser, E. (2018)
Migrationsplanung globaler Produktionsnetzwerke, Dissertation, Karlsruher Institut für Technologie, 2018.

Moser, E.; Stricker, N.; Lanza, G. (2016)
Risk Efficient Migration Strategies for Global Production Networks. In: Procedia CIRP, 57. Jg., 2016, S. 104 - 109.

Moser, R. (2014)
Strategische Planung globaler Produktionsnetzwerke - Bestimmung von Wandlungsbedarf und Wandlungszeitpunkt mittels multikriterieller Optimierung, Dissertation, Karlsruher Institut für Technologie, 2014.

Müller, T.; Jazdi, N.; Schmidt, J.-P.; Weyrich, M. (2021)
Cyber-physical production systems: enhancement with a self-organized reconfiguration management. In: Procedia CIRP, 99. Jg., 2021, S. 549 - 554.

National Academies of Sciences, Engineering, and Medicine (2012)
Disaster Resilience, National Academies Press, Washington, D.C., 2012.

Neuner, C. (2009)
Konfiguration internationaler Produktionsnetzwerke unter Berücksichtigung von Unsicherheit, Dissertation, Universität Bayreuth, 2009.

OECD (2011)
OECD Sustainable Manufacturing Toolkit - Seven steps to environmental excellence,, 2011.

Olhager, J.; Pashaei, S.; Sternberg, H. (2015)
Design of global production and distribution networks. In: International Journal of Physical Distribution & Logistics Management, Nr. 1/2, 45. Jg., 2015, S. 138 - 158.

Parker, R.; Wirth, A. (1999)
Manufacturing flexibility: Measures and relationships. In: European Journal of Operational Research, Nr. 3, 118. Jg., 1999, S. 429 - 449.

Parsons, P. (2022)
Understanding Data Visualization Design Practice. In: IEEE transactions on visualization and computer graphics, Nr. 1, 28. Jg., 2022, S. 665 - 675.

Peukert, S. (2021)
Robustheitssteigerung in Produktionsnetzwerken mithilfe eines integrierten Störungsmanagements, Dissertation, Karlsruher Institut für Technologie, 2021.

Plinke, W.; Rese, M.; Utzig, B. P. (2015)
Industrielle Kostenrechnung - Eine Einführung, 8. Aufl. 2015; Springer Berlin Heidelberg, Berlin, Heidelberg, 2015.

Ponomarov, S.; Holcomb, M. (2009)
Understanding the concept of supply chain resilience. In: The International Journal of Logistics Management, Nr. 1, 20. Jg., 2009, S. 124 - 143.

Porter, M. E. (1980)
Competitive strategy - Techniques for analyzing industries and competitors, 52. printing; Free Press, New York, 1980.

Probst, G.; Raub, S.; Romhardt, K. (2012)
Wissen managen, Gabler Verlag, Wiesbaden, 2012.

Prote, J.-P. (2018)
Verursachungsgerechte Bewertung von Standortalternativen in Produktionsnetzwerken, Dissertation, Rheinisch-Westfälische Technische Hochschule Aachen, 2018.

Reichert, F. (2009)
Die struktur- und kompetenzbasierte Methodik zur globalen taktischen Produktionsplanung, Dissertation, ETH Zürich, 2009.

Relan, K. (2019)
Building REST APIs with Flask, Apress, Berkeley, CA, 2019.

Remling, D. (2022)
Performance management in international manufacturing networks - An agency perspective, Dissertation, Universität St. Gallen, 2022.

Rinaldi, M.; Caterino, M.; Fera, M.; Manco, P.; Macchiaroli, R. (2021)
Technology selection in green supply chains - the effects of additive and traditional manufacturing. In: Journal of Cleaner Production, 282. Jg., 2021, S. 124554.

Rittstieg, M. (2018)
Einflussfaktoren der Leistungsfähigkeit von Produktionsstandorten in globalen Produktionsnetzwerken, Dissertation, Rheinisch-Westfälische Technische Hochschule Aachen, 2018.

Rodemann, N.; Ays, J.; Gützlaff, A.; Prote, J.-P.; Schuh, G. (2019)
Influencing factors for the design of agile global production networks. In: Wulfsberg, J. P./Hintze, W./ et al. (Hrsg.): Production at the leading edge of technology, Springer Berlin Heidelberg, Berlin, Heidelberg, 2019, S. 563 - 571.

Rodemann, N.; Niederau, M.; Thomas, K.; Gützlaff, A.; Schuh, G. (2021)
Systematization of Adaptation Needs in the Design of Global Production Networks. In: Behrens, B.-A./Brosius, A./ et al. (Hrsg.): Production at the leading edge of technology, Springer Berlin Heidelberg, Berlin, Heidelberg, 2021, S. 650 - 659.

Romeike, F. (2018)
Risikomanagement, Springer Gabler, Wiesbaden, 2018.

Romeike, F.; Hager, P. (2020)
Erfolgsfaktor Risiko-Management 4.0 - Methoden, Beispiele, Checklisten Praxishandbuch für Industrie und Handel, 4th ed. 2020; Springer Fachmedien Wiesbaden; Imprint: Springer Gabler, Wiesbaden, 2020.

Rudberg, M.; Olhager, J. (2003)
Manufacturing networks and supply chains: an operations strategy perspective. In: Omega, Nr. 1, 31. Jg., 2003, S. 29 - 39.

Runkler, T. A. (2020)
Data Analytics, Springer Fachmedien Wiesbaden, Wiesbaden, 2020.

Rushton, A.; Croucher, P.; Baker, P. (2014)
The Handbook of Logistics & Distribution Management, 5. ed.; Kogan Page Limited, London, Philadelphia, 2014.

Sager, B. (2019)
Konfiguration globaler Produktionsnetzwerke, Dissertation, Technische Universität München, 2019.

Sager, B.; Hawer, S.; Reinhart, G. (2016)
A Performance Measurement System for Global Manufacturing Networks. In: Procedia CIRP, 57. Jg., 2016, S. 61 - 66.

Schmaußer, T. (2011)
Gestaltung globaler Produktionsnetzwerke in der Automobilindustrie - Grundlagen, Modelle und Fallstudien, Dissertation, Katholische Universität Eichstätt-Ingolstadt, 2011.

Schmenner, R. (1982)
Multiplant Manufacturing Strategies Among the Fortune 500. In: Journal of Operations Management, Nr. 2, 2. Jg., 1982, S. 77 - 86.

Schmitz, T. (2018)
Kalibrierte Kostenmodellierung von Produktallokationen in Produktionsnetzwerken unter Berücksichtigung externe Unsicherheiten, Dissertation, Rheinisch-Westfälische Technische Hochschule Aachen, 2018.

Schuh, G.; Gützlaff, A.; Ays, J.; Rodemann, N. (2022)
Steigerung der Anpassungsgeschwindigkeit globaler Produktionsnetzwerke - Datenbasierte Früherkennung von Anpassungsbedarfen. In: Zeitschrift für erfolgreiche Unternehmenssteuerung, Nr. 2, 34. Jg., 2022, S. 10 - 17.

Schuh, G.; Gützlaff, A.; Ays, J.; Rodemann, N.; Podbreznik, M. (2021)
Pre-selection of Suitable Regression Methods for the Determination of Interactions and Forecasts in Global Production Networks, Hannover : publish-Ing, 2021.

Schuh, G.; Gützlaff, A.; Schlosser, T. X.; Rodemann, N.; Haak, N. (2022)
Software-based Identification of Adaptation Needs in Global Production Networks, Hannover : Institutionelles Repositorium der Leibniz Universität Hannover, 2022.

Schuh, G.; Gützlaff, A.; Thomas, K.; Rodemann, N. (2020)
Framework for the Proactive Identification of Adaptation Needs in the Configuration of Global Production Networks. In: Institute of Electrical and Electronics Engineers (IEEE) (Hrsg.): 2020 IEEE International Conference on Industrial Engineering and Engineering Management (IEEM), IEEE, 2020, S. 69 - 73.

Schuh, G.; Potente, T.; Varandani, R.; Schmitz, T. (2014)
Global Footprint Design based on genetic algorithms – An "Industry 4.0" perspective. In: CIRP Annals, Nr. 1, 63. Jg., 2014, S. 433 - 436.

Schuh, G.; Prote, J.; Dany, S. (2017)
Reference Process for the Continuous Design of Production Networks. In: Institute of Electrical and Electronics Engineers (IEEE) (Hrsg.): 2017 IEEE International Conference on Industrial Engineering and Engineering Management (IEEM), IEEE, 2017, S. 446 - 449.

Schuh, G.; Prote, J.-P.; Fränken, B.; Dany, S.; Gützlaff, A. (2018)
Reduction of Decision Complexity as an Enabler for Continuous Production Network Design. In: Moon, I./Lee, G. M./ et al. (Hrsg.): Advances in Production Management Systems. Production Management for Data-Driven, Intelligent, Collaborative, and Sustainable Manufacturing, Springer International Publishing, Cham, 2018, S. 246 - 253.

Schuh, G.; Prote, J.-P.; Gützlaff, A.; Rodemann, N. (2019)
Gestaltung von Produktionsnetzwerken. In: ZWF Zeitschrift für wirtschaftlichen Fabrikbetrieb, Nr. 1-2, 114. Jg., 2019, S. 7 - 10.

Schuh, G.; Prote, J.-P.; Gützlaff, A.; Thomas, K.; Sauermann, F.; Rodemann, N. (2019)

Internet of Production: Rethinking production management. In: Wulfsberg, J. P./Hintze, W./ et al. (Hrsg.): Production at the leading edge of technology, Springer Berlin Heidelberg, Berlin, Heidelberg, 2019, S. 533 - 542.

Schuh, G.; Schmidt, C. (2014)
Produktionsmanagement, Springer Berlin Heidelberg, Berlin, Heidelberg, 2014.

Schuh, G.; Stich, V. (2012)
Produktionsplanung und -steuerung 1, Springer Berlin Heidelberg, Berlin, Heidelberg, 2012.

Schuh, G.; Stölzle, W.; Straube, F. (2008)
Anlaufmanagement in der Automobilindustrie erfolgreich umsetzen, Springer Berlin Heidelberg, Berlin, Heidelberg, 2008.

Schwabish, J. A. (2021)
Better data visualizations - A guide for scholars, researchers, and wonks, Columbia University Press, New York, 2021.

Seebacher, G.; Winkler, H. (2014)
Evaluating flexibility in discrete manufacturing based on performance and efficiency. In: International Journal of Production Economics, 153. Jg., 2014, S. 340 - 351.

Shi, Y.; Gregory, M. (1998)
International manufacturing networks-to develop global competitive capabilities. In: Journal of Operations Management, Nr. 2-3, 16. Jg., 1998, S. 195 - 214.

Simchi-Levi, D.; Schmidt, W.; Wei, Y.; Zhang, P.; Combs, K.; Ge, Y.; Gusikhin, O.; Sanders, M.; Zhang, D. (2015)
Identifying Risks and Mitigating Disruptions in the Automotive Supply Chain. In: Interfaces, Nr. 5, 45. Jg., 2015, S. 375 - 390.

Sinha, D.; Sinha, S. (2020)
Managing in a VUCA World: Possibilities and Pitfalls. In: Journal of Technology Management for Growing Economies, Nr. 1, 11. Jg., 2020, S. 17 - 21.

Skinner, W. (1996)
Manufaturing Strategy on the "S" Curve. In: Production and Operations Management, Nr. 1, 5. Jg., 1996, S. 3 - 14.

Slack, N.; Lewis, M. (2002)
Operations Strategy, Financial Times/Prentice Hall, Harlow, 2002.

Slack, N.; Lewis, M. (2017)
Operations Strategy, 5. Auflage; Pearson Education Limited, Harlow, 2017.

Sprenger, P.; Parlings, M.; Hegmanns, T. (2014)
Planning Approach for Robust Manufacturing Footprint Decisions. In: Kersten, W./Blecker, T./ et al. (Hrsg.): Next Generation Supply Chains - Trends and Opportunities, 1 ed.; epubli, Berlin, 2014, S. 29 - 50.

Statistisches Bundesamt (2019)
Destatis - Verkehrsaktuell - Erzeugerpreisindex für die grenzüberschreitende Güterbeförderung im Straßenverkehr von 2010 bis 2018* (Basisjahr 2010 = 100), Wiesbaden, 2019.

Staud, J. L. (2019)
Unternehmensmodellierung - Objektorientierte Theorie und Praxis Mit UML 2. 5, 2nd ed.; Springer Berlin / Heidelberg, Berlin, Heidelberg, 2019.

Steier, G.; Benfer, M.; Werz, P.; Ziora, M.; Lanza, G. (2022)
Decision support models for strategic production network configuration – A systematic literature analysis. In: Procedia CIRP, 107. Jg., 2022, S. 1433 - 1438.

Steiner, R. (2021)
Grundkurs Relationale Datenbanken, Springer Fachmedien Wiesbaden, Wiesbaden, 2021.

Steinwasser, P. (1996)
Modulares Informationsmanagement in der integrierten Produkt- und Prozeßplanung, Meisenbach, Bamberg, 1996.

Steuernagel, A. (2017)
Strategische Unternehmenssteuerung im digitalen Zeitalter, Springer Fachmedien Wiesbaden, Wiesbaden, 2017.

Steven, M.; Klünder, T. (2020)
Big Data - Anwendung und Nutzungspotenziale in der Produktion, 1. Auflage; Verlag W. Kohlhammer, Stuttgart, 2020.

Steyer, R. (2018)
Programmierung in Python, Springer Fachmedien Wiesbaden, Wiesbaden, 2018.

Stich, V.; Schröer, T.; Linnartz, M.; Marek, S.; Herkenrath, C.; Hocken, C.; Kaufmann, J. (2021)
Wertschöpfungsnetzwerke in Zeiten von Infektionskrisen - Expertise des Forschungsbeirats der Plattform Industrie 4.0, Stand: Juni 2021; acatech - Deutsche Akademie der Technikwissenschaften, München, 2021.

Stricker, N. (2016)
Robustheit verketteter Produktionssysteme, Dissertation, Karlsruher Institut für Technologie, 2016.

Swink, M.; Narasimhan, R.; Kim, S. (2005)
Manufacturing Practices and Strategy Integration: Effects on Cost Efficiency, Flexibility, and Market-Based Performance. In: Decision Sciences, Nr. 3, 36. Jg., 2005, S. 427 - 457.

Tan, K.; Lim, K. (2019)
Impact of Manufacturing Flexibility on Business Performance: Malaysian's Perspective. In: Gadjah Mada International Journal of Business, Nr. 3, 21. Jg., 2019, S. 308 - 329.

Tao, F.; Qi, Q.; Liu, A.; Kusiak, A. (2018)
Data-driven smart manufacturing. In: Journal of Manufacturing Systems, 48. Jg., 2018, S. 157 - 169.

Tavasli, S. (2008)
Six Sigma Performance Measurement System - Prozesscontrolling als Instrumentarium der modernen Unternehmensführung, 1. Aufl. 2007; Gabler Verlag / GWV Fachverlage GmbH Wiesbaden, Wiesbaden, 2008.

Theyel, G.; Hofmann, K.; Gregory, M. (2018)
Understanding Manufacturing Location Decision Making: Rationales for Retaining, Offshoring, Reshoring, and Hybrid Approaches. In: Economic Development Quarterly, Nr. 4, 32. Jg., 2018, S. 300 - 312.

Thomas, S. (2013)
Produktionsnetzwerksysteme - Ein Weg zu effizienten Produktionsnetzwerken, Dissertation, Universität St. Gallen, 2013.

Thommen, J.-P. (2017)
Allgemeine Betriebswirtschaftslehre - Umfassende Einführung aus managementorientierter Sicht, 8., vollst. überarb. Aufl. 2017; Springer Gabler, Wiesbaden, 2017.

Tiwari, S.; Wee, H.; Daryanto, Y. (2018)
Big data analytics in supply chain management between 2010 and 2016: Insights to industries. In: Computers & Industrial Engineering, 115. Jg., 2018, S. 319 - 330.

Tomczak, T. (1992)
Forschungsmethoden in der Marketingwissenschaft. Ein Plädoyer für den qualitativen Forschungsansatz. In: Marketing ZFP, Nr. 2, 14. Jg., 1992, S. 77 - 87.

Treber, S. (2020)
Transparenzsteigerung in Produktionsnetzwerken - Verbesserung des Störungsmanagements durch verstärkten Informationsaustausch, Dissertation, Karlsruher Institut für Technologie, 2020.

Trent, R. J. (2010)
Managing Global Supply and Risk - Best Practices, Concepts, and Strategies, 1st ed.; J. Ross Publishing, Ft. Lauderdale, 2010.

Trkman, P.; McCormack, K. (2009)
Supply chain risk in turbulent environments—A conceptual model for managing supply chain network risk. In: International Journal of Production Economics, Nr. 2, 119. Jg., 2009, S. 247 - 258.

Tykal, D. (2009)
Die strategische Rolle von Produktionsstandorten in Hochlohnländern - Relevanz und Gestaltungsmerkmale von Lead Factories in Produktionsnetzwerken, Dissertation, Universität St. Gallen, 2009.

Ulrich, H. (1984)
Management, Haupt, Bern, Stuttgart, 1984.

Ulrich, P.; Hill, W. (1976)
Wissenschaftstheoretische Grundlagen der Betriebswirtschaftslehre. In: Wirtschaftswissenschaftliches Studium, 1976

van Randen, H. J. (2016)
Einführung in UML - Analyse und Entwurf von Software, Springer Vieweg, Wiesbaden, 2016.

Váncza, J. (2016)
Production Networks. In: Chatti, S./Tolio, T. (Hrsg.): CIRP Encyclopedia of Production Engineering, Springer Berlin Heidelberg, Berlin, Heidelberg, 2016, S. 1 - 8.

Verband Deutscher Maschinen- und Anlagenbau (2009)
Manufacturing Execution Systems (MES) Kennzahlen, Ausg. Oktober 2009; Beuth, Berlin, 2009.

Verhaelen, B.; Mayer, F.; Peukert, S.; Lanza, G. (2021)
A comprehensive KPI network for the performance measurement and management in global production networks. In: Production Engineering, 2021, S. 635 - 650.

Verhaelen, B.; Peukert, S.; Lanza, G. (2021)
Site Selection Processes in Global Production Networks. In: Friedli, T./Lanza, G./ et al. (Hrsg.): Global Manufacturing Management - From Excellent Plants Toward Network Optimization, 1st ed. 2021; Springer International Publishing; Imprint Springer, Cham, 2021, S. 101 - 116.

Ward, P. (1996)
Configurations of Manufacturing Strategy, Business Strategy, Environment and Structure. In: Journal of Management, Nr. 4, 22. Jg., 1996, S. 597 - 626.

Weissgerber, T.; Winham, S.; Heinzen, E.; Milin-Lazovic, J.; Garcia-Valencia, O.; Bukumiric, Z.; Savic, M.; Garovic, V.; Milic, N. (2019)
Reveal, Don't Conceal: Transforming Data Visualization to Improve Transparency. In: Circulation, Nr. 18, 140. Jg., 2019, S. 1506 - 1518.

Werner, H. (2020)
Supply Chain Management - Grundlagen, Strategien, Instrumente und Controlling, 7., vollständig überarbeitete und erweiterte Auflage; Springer Gabler, Wiesbaden, 2020.

Westkämper, E.; Decker, M. (2006)
Einführung in die Organisation der Produktion, Springer-Verlag Berlin Heidelberg, Berlin, Heidelberg, 2006.

Wieland, A.; Wallenburg, C. (2012)
Dealing with supply chain risks. In: International Journal of Physical Distribution & Logistics Management, Nr. 10, 42. Jg., 2012, S. 887 - 905.

Wieland, A.; Wallenburg, C. (2013)
The influence of relational competencies on supply chain resilience: a relational view. In: International Journal of Physical Distribution & Logistics Management, Nr. 4, 43. Jg., 2013, S. 300 - 320.

Wiendahl, H.-P. (1997)
Fertigungsregelung - Logistische Beherrschung von Fertigungsabläufen auf Basis des Trichtermodells; 42 Tabellen, Hanser, München, Wien, 1997.

Wiendahl, H.-P.; ElMaraghy, H.; Nyhuis, P.; Zäh, M.; Wiendahl, H.-H.; Duffie, N.; Brieke, M. (2007)
Changeable Manufacturing - Classification, Design and Operation. In: CIRP Annals, Nr. 2, 56. Jg., 2007, S. 783 - 809.

Wiendahl, H.-P.; Reichardt, J.; Nyhuis, P. (2015)
Handbook Factory Planning and Design, Springer Berlin Heidelberg, Berlin, Heidelberg, 2015.

Wiezorrek, A. (2017)
Beitrag zur Konfiguration von globalen Wertschöpfungsnetzwerken, Dissertation, Technische Universität Dortmund, 2017.

Wilson, G. (2021)
Realising end-to-end transparency in the supply chain. In: Supply Chain, 2021

Wittek, K. (2013)
Standortübergreifende Programmplanung in flexiblen Produktionsnetzwerken der Automobilindustrie, Springer Gabler, Wiesbaden, 2013.

Witten, I. H. (2011)
Data mining - Practical machine learning tools and techniques, 3rd ed.; Morgan Kaufmann Publishers, Burlington, MA, 2011.

Witthohn, C. (2019)
Konfiguration globaler Produktionsnetzwerke im Spannungsfeld von Kosten- und Risikominimierung, Dissertation, Rheinisch-Westfälische Technische Hochschule Aachen, 2019.

Wohlrabe, K. (2022)
Aktuelle Entwicklungen bei Materialengpässen und Lieferproblemen in der Industrie. In: ifo Schnelldienst, Nr. 8/2022, 75. Jg., 2022, S. 35 - 37.

Wulfsberg, J.; Hintze, W.; Behrens, B.-A. (2019)
Production at the leading edge of technology, Springer Berlin Heidelberg, Berlin, Heidelberg, 2019.

Xu, M.; Cui, Y.; Hu, M.; Xu, X.; Zhang, Z.; Liang, S.; Qu, S. (2019)
Supply chain sustainability risk and assessment. In: Journal of Cleaner Production, 225. Jg., 2019, S. 857 - 867.

Yang, S.; Peukert, S.; Lanza, G. (2021)
Design for X - Site-Specific Adaptation of Production Processes and Products. In: Friedli, T./Lanza, G./ et al. (Hrsg.): Global Manufacturing Management - From Excellent Plants Toward Network Optimization, 1st ed. 2021; Springer International Publishing; Imprint Springer, Cham, 2021, S. 117 - 128.

Zhang, Q.; Vonderembse, M.; Lim, J.-S. (2003)
Manufacturing flexibility: defining and analyzing relationships among competence, capability, and customer satisfaction. In: Journal of Operations Management, Nr. 2, 21. Jg., 2003, S. 173 - 191.

Zimmermann, H.-J. (2008)
Operations Research - Methoden und Modelle. Für Wirtschaftsingenieure, Betriebswirte, Informatiker, 2., aktualisierte Auflage; Vieweg+Teubner Verlag, Wiesbaden, 2008.

Zirkler, B.; Nobach, K.; Hofmann, J.; Behrens, S. (2019)
Projektcontrolling, Springer Fachmedien Wiesbaden, Wiesbaden, 2019.

Betreute studentische Arbeiten

Während der Erstellung der Dissertation hat der Autor unter wissenschaftlicher und inhaltlicher Leitung verschiedene studentische Arbeiten betreut, die eine datenbasierte Früherkennung in der Netzwerkgestaltung untersucht haben. Die Erkenntnisse wurden im Rahmen der vorliegenden Dissertation an unterschiedlichen Stellen aufgegriffen:

Haak, Nicholas
Softwaregestützte Identifikation von Anpassungsalternativen in globalen Produktionsnetzwerken, Bachelorarbeit, 2021. Erkenntnisse sind in Kapitel 5.3.4, 5.4.1 und 5.4.2 eingeflossen.

Podbreznik, Miha
Methodik zur Auswahl geeigneter Regressionsverfahren zur Ermittlung von Wirkzusammenhängen und Prognosen in globalen Produktionsnetzwerken, Masterarbeit, 2021. Erkenntnisse sind in Kapitel 5.1.3 eingeflossen.

Tetzel, Gereon
Kennzahlenbasierte Identifikation möglicher Anpassungsursachen in der Gestaltung globaler Produktionsnetzwerke, Masterarbeit, 2021. Erkenntnisse sind in Kapitel 5.1.1, 5.3.1 und 5.3.2 eingeflossen.

Weiser, André
Risikoanalyse kontinuierlicher Kennzahlenveränderungen in globalen Produktionsnetzwerken, Bachelorarbeit, 2022. Erkenntnisse sind in Kapitel 5.2.1 eingeflossen.

9 Anhang

9.1 Liste der 61 Anpassungsfälle

PK = Produktionskette 1 = keine Veränderung 2 = Ramp-up 3= Veränderung 4 = Ramp-down	S = Standort 1 = keine Veränderung 2 = Eröffnung 3 = Vergrößerung 4 = Verkleinerung 5 = Schließung	R = Ressource 1 = keine Veränderung 2 = Inbetriebnahme 3= Modifikation 4 = Stilllegung	PP = Produktionsprozess 1 = Bekannt 2 = Neu

PK	S	R	PP	Beschreibung
1	1	1	2	Dieser Fall liegt vor, wenn lokal der Fertigungsvorgang einer Ressource geändert wird. Dies kann im Rahmen einer lokalen Optimierung geschehen.
1	1	2	1	Der Fall liegt vor, wenn eine Ressource ohne Anpassung des Standortes und der Produktionskette in Betrieb genommen wird. Dies kann beispielsweise der Auflösung eines Kapazitätsengpasses dienen.
1	1	2	2	Der Fall liegt vor, wenn eine Ressource ohne Anpassung des Standortes und der Produktionskette in Betrieb genommen wird. Die neuen Ressourcen bedingen einen neuen Fertigungsvorgang, beispielsweise durch einen Technologiewechsel. Dies kann beispielsweise der Auflösung eines Kapazitätsengpasses dienen.
1	1	3	1	Der Fall liegt vor, wenn eine Ressource ohne Anpassung des Standortes und der Produktionskette modifiziert wird. Dies kann beispielsweise der Auflösung eines Kapazitätsengpasses dienen.

1	1	3	2	Der Fall liegt vor, wenn eine Ressource ohne Anpassung des Standortes und der Produktionskette modifiziert wird. Die Ressourcenmodifikationen bedingen einen neuen Fertigungsvorgang, beispielsweise durch einen Technologiewechsel. Dies kann beispielsweise der Auflösung eines Kapazitätsengpasses dienen.
1	1	4	1	Der Fall liegt vor, wenn eine Ressource ohne Anpassung des Standortes und der Produktionskette stillgelegt wird. Dies kann beispielsweise der Auflösung einer Überkapazität dienen.
1	3	1	1	In diesem Fall werden Produktionsflächen erweitert, ohne diese zu nutzen. Dies kann der Absicherung einer möglichen späteren Produktionsverlagerung dienen.
1	3	1	2	Dieser Fall kann eine Vorbereitung für eine spätere Produktionsverlagerung sein, indem der Produktionsschritt an einen parallel an einem anderen Standort durchgeführten Produktionsschritt angeglichen wird, während die notwendigen baulichen Veränderungen für die Verlagerung durchgeführt werden.
1	3	2	1	Es werden neue Ressourcen an einem vergrößerten Standort in Betrieb genommen. Dies kann der Ausweitung der Kapazitäten dienen. Modus und Ziel der Produktionskette werden nicht verändert, es muss nur die Kapazität der Produktionskette vergrößert werden. Dies ist aber nicht Teil des Planungsfalls.
1	3	2	2	In diesem Fall wird die Kapazität einer Produktionskette vergrößert, indem neue Ressourcen in Betrieb genommen werden. Dazu notwendige Veränderungen auf baulicher Ebene werden ebenfalls durchgeführt.

1	3	3	1	In diesem Fall wird die Produktionsfläche vergrößert und Ressourcen werden modifiziert, aber keine neuen Ressourcen beschafft. Dies kann der Sicherstellung einer späteren, kurzfristigen Produktionsverlagerung dienen.
1	3	3	2	Der Fall liegt beispielsweise vor, wenn zur Vorbereitung einer Produktionsverlagerung oder zur Erhöhung der Flexibilität die Produktionsfläche vergrößert wird. Gleichzeitig werden Modifikationen an Ressourcen und Veränderungen an Fertigungsvorgängen durchgeführt, um diesen Schritt vorzubereiten.
1	3	4	1	Um die notwendige Produktionsfläche an einem Standort sicherzustellen, kann dieser erweitert werden und gleichzeitig können Ressourcen stillgelegt werden. Dieser Fall beinhaltet keine Aussage über eine spätere Verwendung der Produktionsfläche.
1	4	1	1	In diesem Fall wird überzählige Produktionsfläche reduziert, ohne Ressourcen stillzulegen oder zu modifizieren.
1	4	1	2	In diesem Fall wird eine Standortverkleinerung durchgeführt, ohne Ressourcen zu verändern. Allerdings werden die Fertigungsvorgänge angepasst. Dies kann der Standardisierung von Fertigungsvorgängen über mehrere Standorte hinweg dienen.
1	4	2	1	Dieser Fall liegt vor, wenn im Rahmen einer größeren Reorganisation das Anforderungsprofil eines Standortes so verändert wird, dass neue Ressourcen in Betrieb genommen werden müssen, der Standort aber in Summe weniger Produktionsfläche aufweist.
1	4	2	2	Dieser Fall liegt vor, wenn im Rahmen einer Standortverkleinerung das Standortprofil so verändert wird, dass die Notwendigkeit der Inbetriebnahme einer neuen Ressource besteht. Dieser Schritt ist mit der Einführung eines unbekannten Fertigungsvorgangs verbunden.

1	4	3	1	Ein Standort wird verkleinert, die dabei berücksichtigten Ressourcen werden nur modifiziert. Die Standortverkleinerung dient beispielsweise der Verkleinerung ungenutzter Produktionsfläche.
1	4	3	2	Ein Fall, bei dem der Standort verkleinert wird, die vorhandenen Ressourcen aber nur modifiziert werden.
1	4	4	1	In diesem Fall werden Ressourcen im Rahmen einer Standortverkleinerung stillgelegt.
2	1	1	2	Dieser Fall liegt vor, wenn die Produktionskette nur freie Kapazitäten anderer, existierender Ressourcen nutzt. Allerdings sind in diesem Fall unbekannte Fertigungsvorgänge zur Produktion neuer Produkte notwendig.
2	1	2	2	In diesem Fall handelt es sich um einen normalen Ramp-up-Vorgang, bei dem keine baulichen Anpassungen notwendig sind, allerdings Ressourcen neu in Betrieb genommen werden müssen, um die Produktion neuer Produkte zu ermöglichen.
2	1	3	2	In diesem Fall handelt es sich um einen normalen Ramp-up-Vorgang, bei dem keine baulichen Anpassungen notwendig sind, allerdings Ressourcen modifiziert werden müssen. Zur Produktion neuer Produkte sind neue Fertigungsvorgänge notwendig.
2	2	2	2	In diesem Fall wird ein Standort eröffnet, dabei findet zeitgleich ein Ramp-up einer Produktionskette statt. Dies kann der Fall sein, wenn der Standort spezifisch für diese Produktionskette eröffnet wird.
2	3	1	2	In diesem Fall wird der Standort erweitert, im Rahmen des Ramp-ups ist die Beschaffung/Modifikation von Ressourcen nicht notwendig. Die Standorterweiterung dient der Vorbereitung einer späteren Kapazitätsausweitung.

2	3	2	2	In diesem Fall wird der Standort erweitert, im Rahmen des Ramp-ups wird eine Ressource in Betrieb genommen, auf der neuen Ressource wird ein neuer Fertigungsvorgang eingesetzt.
2	3	3	2	In diesem Fall wird ein Standort im Rahmen eines Ramp-ups erweitert, die Ressourcen werden allerdings modifiziert und müssen nicht neu beschafft werden.
2	4	1	2	In diesem Fall resultiert die Neuallokation einer Produktionskette in einer Standortprofiländerung, die wiederum zu einer Standortverkleinerung führt.
2	4	2	2	Dieser Fall liegt vor, wenn im Rahmen einer größeren Reorganisation das Anforderungsprofil eines Standortes so verändert wird, dass neue Ressourcen in Betrieb genommen werden müssen. Der Grund dafür kann der Ramp-up-Prozess sein.
2	4	3	2	Dieser Fall liegt vor, wenn im Rahmen einer größeren Reorganisation das Anforderungsprofil eines Standortes so verändert wird, dass Ressourcen modifiziert werden müssen. Der Grund dafür kann der Ramp-up-Prozess sein.
3	1	1	1	In diesem Fall kann die Durchführung eines Produktionsschrittes an einen anderen Standort verlagert werden, wo aber die gleichen Ressourcen und Fertigungsvorgänge genutzt werden. In diesem Fall ist eine Anpassung des Ziels und des Modus der Produktionskette notwendig.
3	1	1	2	Dieser Fall liegt vor, wenn ein Produktionsschritt an einen anderen Standort verlagert wird, wo aber alle Ressourcen vorhanden sind. Die Verlagerung an einen anderen Standort resultiert in einem neuen Fertigungsvorgang.
3	1	2	1	Dieser Fall liegt vor, wenn ein Produktionsschritt an einen anderen Standort verlagert wird, dazu müssen dort

				die notwendigen Ressourcen in Betrieb genommen werden. Die Fertigungsvorgänge sind bekannt, da der Schritt schon an einem anderen Standort so durchgeführt worden ist.
3	1	2	2	Dieser Fall liegt vor, wenn ein Produktionsschritt an einen anderen Standort verlagert wird, dazu müssen dort die notwendigen Ressourcen in Betrieb genommen werden. Dabei wird ein neuer Fertigungsvorgang eingeführt.
3	1	3	1	Dieser Fall liegt vor, wenn ein Produktionsschritt an einen anderen Standort verlagert wird, dazu müssen dort die vorhandenen Ressourcen modifiziert werden. Die Fertigungsvorgänge sind bekannt, da der Schritt schon an einem anderen Standort so durchgeführt worden ist.
3	1	3	2	Dieser Fall liegt vor, wenn ein Produktionsschritt an einen anderen Standort verlagert wird, dazu müssen dort die vorhandenen Ressourcen modifiziert werden. Dabei wird ein neuer Fertigungsvorgang eingeführt.
3	1	4	1	Dieser Fall liegt vor, wenn ein Produktionsschritt an zwei Orten parallel durchgeführt wird. In diesem Fall können die Ressourcen an einem Standort stillgelegt werden, daher muss die Produktionskette angepasst werden.
3	2	2	1	In diesem Fall werden Produktionsschritte, die bisher schon an einem anderen Standort durchgeführt werden, an einen neuen Standort verlagert, dazu müssen Ressourcen in Betrieb genommen werden. Da die Produktionsschritte schon an anderen Standorten durchgeführt wurden, sind die Fertigungsvorgänge bekannt.

3	2	2	2	In diesem Fall wird ein Standort eröffnet, dazu müssen neue Ressourcen in Betrieb genommen werden. Zur Integration in existierende Produktionsketten müssen diese verändert werden.
3	3	1	1	Dieser Fall liegt vor, wenn ein Produktionsschritt an einen anderen Standort verlagert wird, in diesem Fall muss dazu der empfangende Standort vergrößert werden. Die Ressourcen befinden sich allerdings schon in Betrieb an dem Standort.
3	3	1	2	Dieser Fall liegt vor, wenn der Standort präventiv erweitert wird, die notwendigen Ressourcen für eine Kapazitätsausweitung aber nicht beschafft werden. Gleichzeitig wird der Fertigungsvorgang im Rahmen einer Verlagerung eines Produktionsschritts verändert.
3	3	2	1	Dieser Fall liegt vor, wenn ein Produktionsschritt an einen anderen Standort verlagert wird, in diesem Fall muss dazu der empfangende Standort vergrößert werden. Es müssen Ressourcen an dem empfangenden Standort in Betrieb genommen werden.
3	3	2	2	Dieser Fall liegt vor, wenn ein Produktionsschritt an einen Standort verlagert wird, dieser wird dazu vergrößert. Um die notwendige Kapazität bereitzustellen, werden zusätzliche Ressourcen in Betrieb genommen, dazu wird ein neuer Fertigungsvorgang eingeführt.
3	3	3	1	Dieser Fall liegt vor, wenn ein Produktionsschritt an einen anderen Standort verlagert wird, in diesem Fall muss dazu der empfangende Standort vergrößert werden. Die Ressourcen befinden sich an dem Standort allerdings schon in Betrieb, müssen aber modifiziert werden.
3	3	3	2	Dieser Fall liegt vor, wenn ein Produktionsschritt an einen Standort verlagert wird, dieser wird dazu vergrößert. Um die notwendige Kapazität bereitzustellen, werden

				Ressourcen modifiziert, dazu wird ein neuer Fertigungsvorgang eingeführt.
3	3	4	1	Dieser Fall liegt vor, wenn neben einer Standortvergrößerung Ressourcen im Rahmen einer Umstrukturierung stillgelegt werden, um Platz für neue Ressourcen zu schaffen.
3	4	1	1	In diesem Fall wird der Standort verkleinert, ohne Ressourcen zu verändern.
3	4	1	2	In diesem Fall wird der Standort verkleinert, ohne Ressourcen zu verändern.
3	4	2	1	Dieser Fall liegt vor, wenn im Rahmen einer größeren Reorganisation das Anforderungsprofil eines Standortes so verändert wird, dass neue Ressourcen in Betrieb genommen werden müssen. Teil der Änderung ist eine Verkleinerung der Produktionsfläche.
3	4	2	2	Dieser Fall liegt vor, wenn im Rahmen einer größeren Reorganisation das Anforderungsprofil eines Standortes so verändert wird, dass neue Ressourcen in Betrieb genommen werden müssen. Grund der Änderung des Anforderungsprofils kann die Veränderung einer Produktionskette sein.
3	4	3	1	Der Fall liegt beispielsweise vor, wenn eine Verlagerung eines Produktionsschrittes zu einer Standortverkleinerung inklusive der Modifikation von Ressourcen führt.
3	4	3	2	Dieser Fall liegt vor, wenn die Verlagerung eines Produktionsschrittes zu einer Standortverkleinerung führt, in deren Rahmen Ressourcen modifiziert werden.
3	4	4	1	Der Fall liegt beispielsweise vor, wenn eine Verlagerung eines Produktionsschrittes zu einer Standortverkleinerung inklusive der Stilllegung von Ressourcen führt.

3	5	4	1	In diesem Fall wird ein Standort geschlossen, die betroffenen Produktionsketten müssen verändert werden, damit sie noch durchgängige Kanten darstellen.
4	1	1	1	Dieser Fall liegt vor, wenn die von dem Ramp-down betroffenen Ressourcen auch von anderen Produktionsketten belegt werden.
4	1	3	1	In diesem Fall werden die Ressourcen auch von anderen Produktionsketten belegt, spezifische Erweiterungen von Ressourcen werden im Rahmen des Ramp-down hinzugefügt oder entfernt.
4	1	4	1	In diesem Fall werden Ressourcen, die in die Produktionskette involviert sind, im Rahmen des Ramp-downs stillgelegt.
4	4	1	1	Dieser Fall tritt dann auf, wenn der Ramp-down einer Produktionskette mit einer Standortverkleinerung zusammenfällt. Es werden keine Ressourcen stillgelegt oder modifiziert. Dies kann der Fall sein, wenn die Produktionskette von großer strategischer oder finanzieller Bedeutung für das gesamte Unternehmen ist.
4	4	3	1	Dieser Fall tritt dann auf, wenn der Ramp-down einer Produktionskette mit einer Standortverkleinerung zusammenfällt. Es werden keine Ressourcen stillgelegt, sondern nur modifiziert. Dies kann der Fall sein, wenn die Produktionskette von großer strategischer oder finanzieller Bedeutung für das gesamte Unternehmen ist.
4	4	4	1	Dieser Fall tritt dann auf, wenn der Ramp-down einer Produktionskette mit einer Standortverkleinerung zusammenfällt. Dies kann der Fall sein, wenn die Produktionskette von großer strategischer oder finanzieller Bedeutung für das gesamte Unternehmen ist.
4	5	4	1	In diesem Fall wird ein Standort geschlossen, dies fällt mit dem Ramp-down einer Produktionskette zusammen.

				Dieser Fall kann auftreten, wenn an dem Standort nur eine Produktionskette existiert.

9.2 Verknüpfung ausgewählter Kennzahlen mit den Anpassungsfällen

Produktionskette	Standort	Ressource	Produktionsprozess	Qualitätsrate	Interne Transportzeit	Kapazitätsauslastung (Engpass)	Kapazitätsauslastung (Überschuss)	Flächennutzungsgrad (Engpass)	Flächennutzungsgrad (Überschuss)	Mitarbeitendenproduktivität	Herstellkosten (Fertigung)	Herstellkosten (Material)	Volumenflexibilität	Maschinenflexibilität	Transportvolumenflexibilität	Routenflexibilität	Transportzeit zum Zulieferer	Transportzeit zum Absatzmarkt	CO_2-Emissionen
1	1	1	2	x	-	x	-	-	-	x	x	-	x	x	-	-	-	-	-
1	1	2	1	-	-	x	-	-	x	-	-	-	x	-	-	x	-	-	-
1	1	2	2	-	-	-	-	-	-	-	-	-	x	-	-	x	-	-	-
1	1	3	1	x	-	x	x	-	-	x	x	-	x	-	-	x	-	-	-
1	1	3	2	x	-	x	-	-	-	x	x	-	x	-	-	x	-	-	-
1	1	4	1	x	-	-	x	-	-	-	-	-	-	-	-	-	-	-	-
1	3	1	1	-	-	-	-	x	-	-	-	-	x	-	-	-	-	-	-
1	3	1	2	-	-	-	-	-	-	-	-	-	x	-	-	-	-	-	-
1	3	2	1	-	-	x	-	-	-	-	-	-	x	-	-	x	-	-	-
1	3	2	2	-	-	-	-	-	-	-	-	-	x	-	-	x	-	-	-
1	3	3	1	-	-	-	-	-	-	-	-	-	x	-	-	x	-	-	-
1	3	3	2	-	-	-	-	-	-	-	-	-	x	-	-	x	-	-	-
1	3	4	1	-	-	-	-	x	-	-	-	-	-	-	-	-	-	-	-

1	4	1	1	-	-	-	-	-	x	-	-	-	-	-	-	-	-	-	-
1	4	1	2	-	-	-	-	-	-	-	-	-	-	-	-	-	-	-	-
1	4	2	1	-	-	-	-	-	x	-	-	-	-	-	-	-	-	-	-
1	4	2	2	-	-	-	-	-	-	-	-	-	-	-	-	-	-	-	-
1	4	3	1	-	-	-	x	-	-	-	-	-	-	-	-	-	-	-	-
1	4	3	2	-	-	-	-	-	-	-	-	-	-	-	-	-	-	-	-
1	4	4	1	x	-	-	x	-	-	-	-	-	-	-	-	-	-	-	-
2	1	1	2	-	-	-	-	-	-	-	-	-	-	-	-	-	-	-	-
2	1	2	2	-	-	-	x	-	-	-	-	-	-	-	-	-	-	-	-
2	1	3	2	-	-	-	x	-	-	-	-	-	-	-	-	-	-	-	-
2	2	2	2	-	-	-	-	-	-	-	-	-	-	-	-	-	-	-	x
2	3	1	2	-	-	-	-	-	-	-	-	-	-	-	-	-	-	-	-
2	3	2	2	-	-	-	x	-	-	-	-	-	-	-	-	-	-	-	-
2	3	3	2	-	-	-	x	-	-	-	-	-	-	-	-	-	-	-	-
2	4	1	2	-	-	-	-	-	-	-	-	-	-	-	-	-	-	-	-
2	4	2	2	-	-	-	-	-	-	-	-	-	-	-	-	-	-	-	-
2	4	3	2	-	-	-	-	-	-	-	-	-	-	-	-	-	-	-	-
3	1	1	1	-	x	-	x	-	-	-	x	x	-	-	x	-	x	x	x
3	1	1	2	-	x	-	-	-	-	-	x	x	-	-	-	-	-	-	x
3	1	2	1	-	x	-	-	-	-	x	x	x	-	-	-	-	-	-	x
3	1	2	2	-	x	-	-	-	-	x	x	x	-	-	-	-	-	-	x
3	1	3	1	-	-	-	x	-	-	x	x	x	-	-	-	-	-	-	x
3	1	3	2	-	-	-	-	-	-	x	x	x	-	-	-	-	-	-	x
3	1	4	1	x	-	-	-	-	-	-	-	-	-	-	-	-	-	-	x
3	2	2	1	-	x	x	-	-	-	-	-	-	x	-	-	x	x	x	x
3	2	2	2	-	x	x	-	-	-	-	-	-	x	-	-	x	x	x	x
3	3	1	1	-	x	-	-	-	-	-	x	x	-	-	-	-	-	-	x

3	3	1	2	-	x	-	-	-	-	-	x	x	-	-	-	-	-	-	x
3	3	2	1	-	x	-	-	-	-	x	x	x	-	-	-	-	-	-	x
3	3	2	2	-	x	-	-	-	-	x	x	x	-	-	-	-	-	-	x
3	3	3	1	-	-	-	-	-	-	x	x	x	-	-	-	-	-	-	x
3	3	3	2	-	-	-	-	-	-	x	x	x	-	-	-	-	-	-	x
3	3	4	1	-	-	-	-	-	-	-	-	-	-	-	-	-	-	-	x
3	4	1	1	-	-	-	-	-	-	-	-	-	-	-	-	-	-	-	x
3	4	1	2	-	-	-	-	-	-	-	-	-	-	-	-	-	-	-	x
3	4	2	1	-	-	-	-	-	-	-	-	-	-	-	-	-	-	-	x
3	4	2	2	-	-	-	-	-	-	-	-	-	-	-	-	-	-	-	x
3	4	3	1	-	-	-	-	-	-	-	-	-	-	-	-	-	-	-	x
3	4	3	2	-	-	-	-	-	-	-	-	-	-	-	-	-	-	-	x
3	4	4	1	x	-	-	-	-	-	-	-	-	-	-	-	-	-	-	x
3	5	4	1	x	-	-	-	-	x	-	-	-	-	-	-	-	-	-	x
4	1	1	1	-	x	-	-	-	-	x	x	-	-	-	-	-	-	-	x
4	1	3	1	-	x	-	-	-	-	x	x	-	-	-	-	-	-	-	x
4	1	4	1	-	x	-	-	-	-	x	x	-	-	-	-	-	-	-	x
4	4	1	1	-	x	-	-	-	-	x	x	-	-	-	-	-	-	-	x
4	4	3	1	-	x	-	-	-	-	x	x	-	-	-	-	-	-	-	x
4	4	4	1	-	x	-	-	-	-	x	x	-	-	-	-	-	-	-	x
4	5	4	1	-	x	-	-	-	-	x	x	-	-	-	-	-	-	-	x

9.3 Python-Skript: Identifikation und Bewertung von Kennzahlenverläufen

Skript 1 - main

```
from turtle import width
from dash import Dash, html, dcc, ctx
```

```
from dash.dependencies import Input, Output, State
import plotly.graph_objects as go
import pandas as pd
import numpy as np
import locale

locale.setlocale(locale.LC_ALL, "de_DE.utf-8")

from src.damages.load_data import load_data
from src.plot_utils.overview.create_plot import overview_plot
from src.plot_utils.cum_damages.create_plot import cum_damages_plot
from src.plot_utils.tradeoff.create_plot import tradeoff_plot,
tradeoff_plot_highlighted

app = Dash(__name__)

DAMAGES = load_data("data/")
DAMAGES_WEIGHTS = pd.DataFrame()
PREVIOUS_HIGHLIGHT = None

def reset_weights_df(year):
    names = [d.name for d in DAMAGES]
    mys = [d.damage_of_year(year)[0] for d in DAMAGES]
    stds = [d.damage_of_year(year)[1] for d in DAMAGES]

    global DAMAGES_WEIGHTS
    DAMAGES_WEIGHTS = pd.DataFrame(
        {
            "Schaden": names,
            "Erwartungswert": mys,
            "Standardabweichung": stds,
        }
    )
    DAMAGES_WEIGHTS.sort_values("Erwartungswert", ascending=False, inplace=True)

    weights = [None for _ in range(len(DAMAGES))]
    weights[0] = 1.0
    DAMAGES_WEIGHTS["Gewichtung"] = weights

def fig_weights_df():
```

```

fig = go.Figure(
    data=[
        go.Table(
            header=dict(
                values=list(DAMAGES_WEIGHTS.columns),
                fill_color="paleturquoise",
                align="center",
            ),
            cells=dict(
                values=[
                DAMAGES_WEIGHTS["Schaden"],
                [locale.format_string("%d", round(n), 1) + "€"
                for n in DAMAGES_WEIGHTS["Erwartungswert"].values],
                [locale.format_string("%d", round(n), 1) + "€"
                for n in DAMAGES_WEIGHTS["Standardabweichung"]]
                ],
                DAMAGES_WEIGHTS["Gewichtung"],
                ],
                fill_color="lavender",
                align="center",
            ),
        )
    ]
)

fig.update_layout(
    title=dict(text=f"<b>Übersicht Gewichtung</b>", xanchor="center", x=0.5),
)

```

```
    return fig

def update_weights(weight):
    global DAMAGES_WEIGHTS

    nan_idx = np.flatnonzero(np.isnan(DAMAGES_WEIGHTS["Gewichtung"].values))[0]

    if weight <= 1:
        new_weights = DAMAGES_WEIGHTS["Gewichtung"].values
        new_weights[nan_idx] = weight
        DAMAGES_WEIGHTS["Gewichtung"] = new_weights
    else:
        new_weights = [None for _ in range(len(DAMAGES_WEIGHTS))]
        new_weights[nan_idx] = 1.0
        DAMAGES_WEIGHTS["Gewichtung"] = new_weights
        DAMAGES_WEIGHTS.sort_values("Gewichtung", ascending=False, inplace=True)

app.layout = html.Div(
    children=[
        html.H1(children="Gewichtung der Schäden", style={"textAlign": "center"}),
        html.Div(
            children=[
                dcc.Graph(
                    id="overview-graph",
                    style={"display": "inline-block", "width": "120vh"},
                    figure=overview_plot(DAMAGES),
                ),
                dcc.Graph(
                    id="all_damages-graph",
                    style={"display": "inline-block", "width": "80vh"},
                ),
            ],
            style={"display": "flex", "flex-direction": "row"},
```

```
                ),
                html.Div(
                    children=[
                        html.Div(
                            children=[
                                dcc.Graph(
                                    id="tradeoff-graph",
                                    style={"display": "inline-block", "width": "110vh"},
                                ),
                                html.Div(
                                    children=[
                                        dcc.Slider(
                                            0.01,
                                            1.006,
                                            0.005,
                                            value=1.0,
                                            marks=None,
                                            tooltip={
                                                "placement": "bottom",
                                                "always_visible": True,
                                            },
                                            id="weight-slider",
                                        ),
                            ],
                            style={
                                "margin-left": "100px",
                                "margin-right": "300px",
                                "margin-bottom": "20px",
                            },
                        ),
                        html.Button(
                            id="submit-button",
                            n_clicks=0,
                            children="Enter",
                            style={
```

```
                        "font-size": "12px",
                        "width": "140px",
                        "display": "inline-block",
                        "margin-left": "380px",
                        "height": "37px",
                        "verticalAlign": "top",
                        },
                ),
                html.Div(
                        className="row",
                        children=[
                                html.Div(
                                [
                                dcc.Markdown(
                                """
                **Referenzschaden**
            """
                                ),
                                html.Pre(id="ref-interval"),
                                ],
                                className="three columns",
                                ),
                                html.Div(
                                [
                                dcc.Markdown(
                                """
                **Vergleichsschaden**
            """
                                ),
                                html.Pre(id="compared-interval"),
                                ],
                                className="three columns",
                                ),
                                ],
                                ),
                        ],
```

```
                        style={"padding": 10, "flex": 1},
                    ),
                    html.Div(
                        children=[
                            dcc.Graph(
                            id="Damage_weight-table", style={"display": "inline-block", "width": "90vh"},
                            ),
#html.Button(id= 'submit-button', n_clicks=0, children='Enter', style={'font-size': 12px', 'width': 140px', 'display': 'inlineblock', 'margin-bottom': '10px', 'margin-right': '50px', 'height':'37px', 'verticalAlign': 'top'}),
                            html.Button(
                            id="reset-button",
                            n_clicks=0,
                            children= "Gewichte Zurücksetzen",
                            style={
                            "font-size": "12px",
                            "width": "250px",
                            "display": "inline-block",
                            "margin-bottom": "1000px",
                            "margin-left": "250px",
                            "height": "37px",
                            "verticalAlign": "top",
                            },
                            ),
                        ],
                        style={"padding": 10, "flex": 1},
                    ),
                ],
```

```
                    style={"display": "flex", "flex-direction": "row"},
                ),
            ]
)
@app.callback(
    Output("all_damages-graph", "figure"),
    Output("Damage_weight-table", "figure"),
    Output(component_id="weight-slider", component_property="value"),
    Output("submit-button", "disabled"),
    Input("overview-graph", "clickData"),
    Input(component_id="submit-button", component_property="n_clicks"),
    Input(component_id="reset-button", component_property="n_clicks"),
    State(component_id="weight-slider", component_property="value"),
)
def display_click_data(clickData, submit_button, reset_button, weight):
    if clickData is None:
        fig = go.Figure()
        table = go.Figure()
    else:
        year = clickData["points"][0]["x"]
        fig = cum_damages_plot(DAMAGES, year)

        if ctx.triggered[0]["prop_id"] == "submit-button.n_clicks":
            update_weights(weight)
        else:
            # amend dataframe
            reset_weights_df(year)

        table = fig_weights_df()

    if DAMAGES_WEIGHTS.isnull().values.any():
        disable_button = False
    else:
        disable_button = True

    return fig, table, 1.0, disable_button
```

```
@app.callback(
    Output(component_id="tradeoff-graph", component_property="figure"),
    Output(component_id="ref-interval", component_property="children"),
    Output(component_id="compared-interval", component_property="children"),
    Input(component_id="Damage_weight-table", component_property="figure"),
    Input(component_id="weight-slider", component_property="value"),
    Input(component_id="tradeoff-graph", component_property="clickData"),
)
def update_output_div(damage_table, scaling_factor, clickData):
    ref_text = ""
    compared_text = ""
    if DAMAGES_WEIGHTS.empty:
        fig = go.Figure()
    else:
        global PREVIOUS_HIGHLIGHT

        if ctx.triggered[0]["prop_id"] != "tradeoff-graph.clickData":
            PREVIOUS_HIGHLIGHT = None

        highlight_area = False

        if clickData is not None:
            new_click = clickData["points"][0]["x"]
            limit1 = new_click
            limit2 = PREVIOUS_HIGHLIGHT
            PREVIOUS_HIGHLIGHT = new_click

            if (limit1 is not None) and (limit2 is not None):
                highlight_area = True

        if ctx.triggered[0]["prop_id"] != "tradeoff-graph.clickData":
```

```
                    PREVIOUS_HIGHLIGHT = None
                    highlight_area = False

            damage_color_dict = {damage.name: damage.plotting_color for damage in DAMAGES}

            if DAMAGES_WEIGHTS.isnull().values.any():

                if highlight_area:
                    fig, ref_text, compared_text = tradeoff_plot_highlighted(
                        DAMAGES_WEIGHTS, scaling_factor, damage_color_dict, limit1,limit2
                    )
                else:
                    fig, _, _, _, _, _, _ = tradeoff_plot(
                        DAMAGES_WEIGHTS, scaling_factor, damage_color_dict
                    )
            else:
                fig = go.Figure()

        return fig, ref_text, compared_text

if __name__ == "__main__":
    app.run_server(debug=True)
```

Skript 2 - damage

```
import pandas as pd
import numpy as np
from scipy.stats import t, norm
from shapely.geometry import Polygon

class Damage:
    def __init__(self, name: str, data: pd.DataFrame, plotting_color: str) -> None:
        self.name = name
        self.plotting_color = plotting_color

```

```
        data.index = data.index.astype("int64")
        self.data = data.loc[~(data == 0).all(axis=1)]
    def damage_of_year(self, year: int):
        row = self.data.loc[year]

        return row["cum damage"], row["cum damage standard deviation"]

    def plot_distribution_vals(self, year: int, scale=1.0):
        my, sigma = self.damage_of_year(year)

        nd = NormalDistribution(my, sigma, scale)

        return nd.plot_coordinates()

class NormalDistribution:
    def __init__(self, my: float, sigma: float, scale=1.0) -> None:
        self.my = my * scale
        self.sigma = sigma * scale
        self.scale = scale

    def conf_intervall_95prct(self):
        return self.my - 1.96 * self.sigma, self.my, self.my + 1.96 * self.sigma

    def conf_intervall_3sigma(self):
        return self.my - 3 * self.sigma, self.my, self.my + 3 * self.sigma

    def plot_coordinates(self):

        lower_display_value, _, upper_display_value = self.conf_intervall_3sigma()

        x_coords = np.linspace(lower_display_value, upper_display_value, num=1000)
        y_coords = norm.pdf(x_coords, self.my, self.sigma)

        x_centroid, y_centroid = Polygon(
            [(x, y) for x, y in zip(x_coords, y_coords)]
```

```
                ).centroid.coords[:][0]
            return x_coords, y_coords, x_centroid, y_centroid
```

Skript 3 – load_data

```
import pandas as pd
from os import listdir
from os.path import isfile, join
from .damage import Damage

COLOR_PALETTE = ["#ff7777", "#fffa69", "#8fff84", "#52adf1", "#ff6ac2"]

def load_data(path: str):

    damages = []

    for i, f in enumerate([f for f in listdir(path) if isfile(join(path, f))]):
        name = f.split(".")[0]
        df = pd.read_csv(
            f"{path}{f}",
            index_col="year",
            usecols=[
                "year",
                "cum damage",
                "cum damage lower limit (90%)",
                "cum damage upper limit (90%)",
                "cum damage standard deviation",
            ],
        )
        damages.append(Damage(name,df, COLOR_PALETTE[i]))

    return damages
```

Skript 4 – create_plot (cum damages)

```
import plotly.graph_objects as go

def cum_damages_plot(damages: list, year: int):
    fig = go.Figure()

    for damage in damages:

        x_coords, y_coords, x_centroid, y_centroid =
```

```
                damage.plot_distribution_vals(year)

                fig.add_trace(
                        go.Scatter(
                                x=x_coords,
                                y=y_coords,
                                mode="lines",
                                name=damage.name,
                                line=dict(color=damage.plot
                                ting_color),
                        )
                )

                fig.add_trace(
                        go.Scatter(
                                x=[x_centroid],
                                y=[y_centroid],
                                name=damage.name,
                                showlegend=False,
                                mode="markers",
                                marker_symbol="x",
                                marker_size=10,
                                line=dict(color=damage.plot
                                ting_color),
                        )
                )

        fig.update_layout(
                title=dict(text=f"<b>Kumulierte Schäden {year}</b>",
                xanchor="center", x=0.4),
                xaxis_title="Schaden [€]",
                yaxis=dict(title="Wahrscheinlichkeitsdichte", showtick-
                labels=False),
        )

        return fig
```

Skript 5 – create_plot (overview)

```
import plotly.graph_objects as go

```

```
def overview_plot(damages: list):
    fig = go.Figure()

    for damage in damages:

        data_df = damage.data.copy()
        data_df[data_df < 0] = 0

        fig.add_trace(
            go.Scatter(
                x=data_df.index,
                y=data_df["cum damage"],
                mode="lines",
                name=damage.name,
                line=dict(color=damage.plotting_color),
            )
        )

        fig.add_trace(
            go.Scatter(
                x=data_df.index,
                y=data_df["cum damage lower limit (90%)"],
                mode="lines",
                name=f"{damage.name} 90% Konfidenzintervall",
                line=dict(color=damage.plotting_color, dash="dash"),
            )
        )

        fig.add_trace(
            go.Scatter(
                x=data_df.index,
                y=data_df["cum damage upper limit (90%)"],
                mode="lines",
                name=f"{damage.name} 90% Konfidenzintervall",
                showlegend=False,
```

```
                        line=dict(color=damage.plotting_color, dash="dash"),
                    )
                )

        fig.update_layout(
            hovermode="x unified",
            title=dict(
                text="<b>Kummulierte Schäden Übersicht</b>", xanchor="center", x=0.4
            ),
            yaxis_title="Schaden [€]",
        )

        return fig
```

Skript 6 – create_plot (trade off)

```
import pandas as pd
import plotly.graph_objects as go
import locale

locale.setlocale(locale.LC_ALL, "de_DE.utf-8")

from ...damages.damage import NormalDistribution

def tradeoff_plot(
    tradeoff_df: pd.DataFrame, scaling_factor: int, damage_color_dict: dict):
    fig = go.Figure()

    ref_my = tradeoff_df.iloc[0]["Erwartungswert"]
    ref_sigma = tradeoff_df.iloc[0]["Standardabweichung"]
    ref_name = tradeoff_df.iloc[0]["Schaden"]
    ref_dist = NormalDistribution(ref_my, ref_sigma, scaling_factor)
    ref_color = damage_color_dict[ref_name]
    x_coords, y_coords, x_centroid, y_centroid = ref_dist.plot_coordinates()
    ref_x = x_coords
    ref_y = y_coords

```

```
fig.add_trace(
    go.Scatter(
        x=x_coords,
        y=y_coords,
        mode="lines",
        hoverinfo="none",
        name=ref_name,
        line=dict(color=ref_color),
    )
)

fig.add_trace(
    go.Scatter(
        x=[x_centroid],
        y=[y_centroid],
        name=ref_name,
        showlegend=False,
        hoverinfo="none",
        mode="markers",
        marker_symbol="x",
        marker_size=10,
        line=dict(color=ref_color),
    )
)

compared_my = tradeoff_df[pd.isnull(tradeoff_df["Gewichtung"])].iloc[0]["Erwartungswert"]

compared_sigma = tradeoff_df[pd.isnull(tradeoff_df["Gewichtung"])].iloc[0]["Standardabweichung"]

compared_name = tradeoff_df[pd.isnull(tradeoff_df["Gewichtung"])].iloc[0]["Schaden"]

compared_dist = NormalDistribution(compared_my, compared_sigma)
compared_color = damage_color_dict[compared_name]

x_coords, y_coords, x_centroid, y_centroid = compared_dist.plot_coordinates()
compared_x = x_coords
```

```
        compared_y = y_coords

        fig.add_trace(
            go.Scatter(
                x=x_coords,
                y=y_coords,
                mode="lines",
                hoverinfo="none",
                name=compared_name,
                line=dict(color=compared_color),
            )
        )

        fig.add_trace(
            go.Scatter(
                x=[x_centroid],
                y=[y_centroid],
                name=compared_name,
                showlegend=False,
                hoverinfo="none",
                mode="markers",
                marker_symbol="x",
                marker_size=10,
                line=dict(color=compared_color),
            )
        )

        fig.update_layout(
            title=dict(
                text=f"<b>Tradeoff</b> (aktuelle Gewichtung von {compared_name}:{scaling_factor})",
                xanchor="center",
                x=0.4,
            ),
            xaxis_title="Schaden [€]",
            yaxis=dict(title="Wahrscheinlichkeitsdichte", showticklabels=False),
            hovermode="x unified",
        )

```

```
    return fig, ref_x, ref_y, ref_name, compared_x, compared_y, compared_name

def tradeoff_plot_highlighted(
    tradeoff_df: pd.DataFrame,
    scaling_factor: int,
    damage_color_dict: dict,
    limit1: float,
    limit2: float,
):
    fig, ref_x, ref_y, ref_name, compared_x, compared_y, compared_name = tradeoff_plot(
        tradeoff_df, scaling_factor, damage_color_dict
    )

    lower_limit = min([limit1, limit2])
    upper_limit = max([limit1, limit2])

    fig.add_vrect(
        x0=lower_limit,
        x1=upper_limit,
        fillcolor="gray",
        opacity=0.5,
        layer="below",
        line_width=0,
    ),

    ref_below = ref_y[ref_x < lower_limit].sum() / ref_y.sum()
    ref_above = ref_y[ref_x > upper_limit].sum() / ref_y.sum()
    ref_between = 1 - ref_below - ref_above

    ref_text = f"""Der verursachte Schaden durch {ref_name} liegt zu...
        ...{round(ref_between *100, 2)}% zwischen {locale.format_string('%d', round(lower_limit), 1)}€ und {locale.format_string('%d', round(upper_limit), 1)}€
        ...{round(ref_below *100, 2)}% unterhalb von {locale.format_string('%d', round(lower_limit), 1)}€
        ...{round(ref_above *100, 2)}% überhalb von {locale.format_string('%d', round(upper_limit), 1)}€
        """

```

```
            compared_below = compared_y[compared_x < lower_limit].sum() / compared_y.sum()
            compared_above = compared_y[compared_x > upper_limit].sum() / compared_y.sum()
            compared_between = 1 - compared_below - compared_above

            compared_text = f"""Der verursachte Schaden durch {compared_name} liegt zu...
                ...{round(compared_between *100, 2)}% zwischen {locale.format_string('%d', round(lower_limit), 1)}€ und {locale.format_string('%d', round(upper_limit), 1)}€
                ...{round(compared_below *100, 2)}% unterhalb von {locale.format_string('%d', round(lower_limit), 1)}€
                ...{round(compared_above *100, 2)}% überhalb von {locale.format_string('%d', round(upper_limit), 1)}€
                """

            return fig, ref_text, compared_text
```

9.4 Python-Skript: Ableitung und Priorisierung von Anpassungsalternativen

```
# ## Bibliotheken
# **Die benötigten Bibliotheken werden importiert**
from gurobipy import *
import pandas as pd
import itertools
import numpy as np

# ## Klassen der Netzwerkobjekte
# **Die Klassen aller Netzwerkobjekte werden definiert. Die benötigten Attribute und Funktionen werden erstellt. Die Netzwerkobjekte erhalten die Kennzahlenveränderungen als Attribute. Die Strategische Einheit erhält ihre Netzwerkobjekte. Die Anpassungsalternative erhält alle Einträge der Tabelle.**
# Die Klasse für die Transportstrecken wird erstellt
class TransportRoute:
        def __init__(self, id):
                self.id = id
                self.tz = 0
```

```
        self.hk m = 0
        self.tvf = 0
        self.tz_z = 0
        self.tz_a = 0
        self.co2 = 0

    def _repr_(self):
        return 'TransportRoute' + str(self.id)
    def get_indicators(self):
        indicators = {'tz': self.tz, 'hk_m' : self.hk_m , 'tvf': self.tvf,
        'tz_z': self.tz_z, 'tz_a': self.tz_a, 'co2' : self.co2}
        return indicators

# Die Klasse der Produktionsketten wird erstellt
class Chain:
    def _ init_ (self, id):
        self.id = id
        self.rf = 0

    def _ repr_ (self):
        return 'ProductChain ' + str(self.id)
    def get_indicators(self):
        indicators = {'rf': self.rf}
        return indicators

# Die Klasse der Standorte wird erstellt
class Site:
    def _ init_ (self, id):
        self.id = id
        self.fag_eng = 0
        self.fag_uber = 0
        self.mp = 0

    def _repr(self):
        return 'Site' + str(self.id)
    def get_indicators(self):
        indicators = {'fag_eng': self.fag_eng, 'fag_uber':
        self.fag_uber, 'mp': self.mp}
        return indicators

# Die Klasse der Ressourcen wird erstellt
```

```
class Resource:
    def _ init_ (self, id):
        self.id = id
        self.ka_eng = 0
        self.ka uber = 0
        self.mf = 0

    def _repr_(self):
        return 'Resource' + str(self.id)

    def get_indicators(self):
        indicators = {'ka_eng': self.ka_eng, 'ka_uber': self.ka_uber, 'mf': self.mf}
        return indicators

# Die Klasse der Produktionsprozesse wird erstellt
class Process:
    def _init_(self, id):
        self.id = id
        self.qr = 0
        self.hk_f = 0
        self.vf = 0

    def _repr_(self):
        return 'Process' + str(self.id)

    def get_indicators(self) :
        indicators = {'qr': self.qr, 'hk_f': self.hk_f, 'vf': self.vf}
        return indicators

# Die Klasse der Strategischen Einheiten wird erstellt
class Unit:
    def _init_(self, id, pk, s, r, pp, ts_in, ts_out):
        self.id = id
        self.pk = pk
        self.site = s
        self.resource = r
        self.process = pp
        self.ts_in = ts_in
        self.ts_out = ts_out
```

```
	def _repr_(self):
		return 'Unit' + str(self.id)

# Funktion zur Aufzählung von Objekten mit KPI-Veränderungen
def get_changed_indicators(self):
	unit_objects = [self.pk, self.site, self.resource, self.process, self.ts_in, self.ts_out]
	unit_changes = []

	for obj in unit_objects:

		obj_indicators = obj.get_indicators()
		obj_KPIs = [ind[0] for ind in obj_indicators.items() if ind[1] != 0]

		for KPI in obj_KPIs:
			obj_change = (obj, KPI)
			unit_changes.append(obj_change)

		return unit_changes

# Die Klasse der Anpassungsalternativen wird erstellt
class Alternative:
	def _init_(self, id, chain_case, site_case, resource_case , process_case, discription, tz, hk_m, tvf, tz_z, tz_a, rf, fag_eng,
		fag_uber, mp, ka_eng, ka_uber, mf, qr, hk_f, vf, co2):
		self.id = id
		self.chain_case= chain_case
		self.site- case = site- case
		self.resource- case = resource- case
		self.process_case = process_case
		self.discription = discription
		self.tz = tz
		self.hk_m = hk_m
		self.tvf = tvf
		self.tz_z = tz_z
		self.tz- a = tz- a
		self.rf = rf
		self.fag_eng = fag_eng
		self.fag_uber = fag_uber
```

```
                self.mp = mp
                self.ka_eng = ka_eng
                self.ka_uber = ka_uber
                self.mf = mf
                self.qr = qr
                self.hk_f = hk_f
                self.vf = vf
                self.co2 = co2

    def _repr_(self):
        return 'Alternative ' + str(self.id)


# ## Netzwerkobjekte
# **Die Netzwerkobjekte aus der Validierung werden erstellt**
# Produktionsketten (Endprodukte)
pk1 = Chain(1)
pk2 = Chain(2)

# Standorte
s_ger = Site(1)
s_rou = Site(2)
s_hun = Site(3)

# Deutschland
r_press_ger = Resource( 1)
pp_press_ger = Process(1)
r_em1_ger = Resource( 2)
pp_em1_ger = Process(2)

# Rumänien
r_em1_rou = Resource( 3)
pp_em1_rou = Process(3)

# Ungarn
r_em2_hun = Resource( 4)
pp_em2_hun = Process(4)

# Transportstrecken
# Transport vom Zulieferer
```

```
tsz_aut_ger = TransportRoute(1)
tsz_aut_rou = TransportRoute(2)
tsz_ger_ger = TransportRoute(3)
tsz_hun_hun = TransportRoute(4)

# Interne Transportstrecken
ts_ger_ger = TransportRoute(5)
ts_ger_rou = TransportRoute(6)
ts_ger_hun = TransportRoute(7)

# Transport zum Absatzmarkt
tsa_ger_eu = TransportRoute(8)
tsa_ger_as = TransportRoute(9)
tsa_ger_am  = TransportRoute(10)

tsa_rou_eu = TransportRoute(11)
tsa_rou_as = TransportRoute(12)
tsa_rou_am  = TransportRoute(13)

tsa_hun_eu  = TransportRoute(14)
tsa_hun_as  = TransportRoute(15)
tsa_hun_am = TransportRoute(16)


# ## Strategische Einheiten
# **Die Strategischen Einheiten werden erstellt**
# SE aus Vormontage
# Zulieferer AUT
se1 = Unit(id=1, pk=pk1, s=s_ger, r=r_press_ger, pp=pp_press_ger, ts_in=tsz_aut_ger, ts_out=ts_ger_ger)
se2 = Unit(id=2, pk=pk1, s=s_ger, r=r_press_ger, pp=pp_press_ger, ts_in=tsz_aut_ger, ts_out=ts_ger_rou)
se3 = Unit(id=3, pk=pk2, s=s_ger, r=r_press_ger, pp=pp_press_ger, ts_in=tsz_aut_ger, ts_out=ts_ger_hun)
# Zulieferer GER
se4 = Unit(id=4, pk=pk1, s=s_ger, r=r_press_ger, pp=pp_press_ger, ts_in=tsz_ger_ger, ts_out=ts_ger_ger)
se5 = Unit(id=5, pk=pk1, s=s_ger, r=r_press_ger, pp=pp_press_ger, ts_in=tsz_ger_ger, ts_out=ts_ger_rou)
se6 = Unit(id=6, pk=pk2, s=s_ger, r=r_press_ger, pp=pp_press_ger, ts_in=tsz_ger_ger, ts_out=ts_ger_hun)
```

```
# SE aus Endmontage
# Standort GER
se7 = Unit(id=7, pk=pk1, s=s_ger, r=r_em1_ger, pp=pp_em1_ger, ts_in=ts_ger_ger, ts_out=tsa_ger_eu)
se8 = Unit(id=8, pk=pk1, s=s_ger, r=r_em1_ger, pp=pp_em1_ger, ts_in=ts_ger_ger, ts_out=tsa_ger_as)
se9 = Unit(id=9, pk=pk1, s=s_ger, r=r_em1_ger, pp=pp_em1_ger, ts_in=ts_ger_ger, ts_out=tsa_ger_am)
se10 = Unit(id=10, pk=pk1, s=s_ger, r=r_em1_ger, pp=pp_em1_ger, ts_in=tsz_aut_ger, ts_out=tsa_ger_eu)
se11 = Unit(id=11, pk=pk1, s=s_ger, r=r_em1_ger, pp=pp_em1_ger, ts_in=tsz_aut_ger, ts_out=tsa_ger_as)
se12 = Unit(id=12, pk=pk1, s=s_ger, r=r_em1_ger, pp=pp_em1_ger, ts_in=tsz_aut_ger, ts_out=tsa_ger_am)
# Standort ROU
se13 = Unit(id=13, pk=pk1, s=s_rou, r=r_em1_rou, pp= pp_em1_rou, ts_in=ts_ger_rou, ts_out=tsa_rou_eu)
se14 = Unit(id=14, pk=pk1, s=s_rou, r=r_em1_rou, pp=pp_em1_rou, ts_in=ts_ger_rou, ts_out=tsa_rou_as)
se15 = Unit(id=15, pk=pk1, s=s_rou, r=r_em1_rou, pp=pp_em1_rou, ts_in=ts_ger_rou, ts_out=tsa_rou_am)
se16 = Unit(id=16, pk=pk1, s=s_rou, r=r_em1_rou, pp=pp_em1_rou, ts_in=tsz_aut_rou, ts_out=tsa_rou_eu)
se17 = Unit(id=17, pk=pk1, s=s_rou, r=r_em1_rou, pp=pp_em1_rou, ts_in=tsz_aut_rou, ts_out=tsa_rou_as)
se18 = Unit(id=18, pk=pk1, s=s_rou, r=r_em1_rou, pp=pp_em1_rou, ts_in=tsz_aut_rou, ts_out=tsa_rou_am)
# Standort HUN
se19 = Unit(id=19, pk=pk2, s=s_hun, r=r_em2_hun, pp=pp_em2_hun, ts_in=ts_ger_hun, ts_out=tsa_hun_eu)
se20 = Unit(id=20, pk=pk2, s=s_hun, r=r_em2_hun, pp=pp_em2_hun, ts_in=ts_ger_hun, ts_out=tsa_hun_as)
se21 = Unit(id=21, pk=pk2, s=s_hun, r=r_em2_hun, pp=pp_em2_hun, ts_in=ts_ger_hun, ts_out=tsa_hun_am)
se22 = Unit(id=22, pk=pk2, s=s_hun, r=r_em2_hun, pp=pp_em2_hun, ts_in=tsz_hun_hun, ts_out=tsa_hun_eu)
se23 = Unit(id=23, pk=pk2, s=s_hun, r=r_em2_hun, pp=pp_em2_hun, ts_in=tsz_hun_hun, ts_out=tsa_hun_eu)
se24 = Unit(id=24, pk=pk2, s=s_hun, r=r_em2_hun, pp=pp_em2_hun, ts_in=tsz_hun_hun, ts_out=tsa_hun_eu)
```

```
# Die SEs werden in eine Liste gepackt
units = [se1, se2, se3, se4, se5, se6, se7, se8, se9, se10, se11, se12, se13, se14, se15, se16, se17, se18, se19, se20, se21, se22, se23, se24]


# ## Anpassungsfälle
# **Die Anpassungsfälle werden aus einer Excel-Tabelle eingelesen**
df = pd.read_excel('Anpassungs fälle.xlsx')
df = df.iloc[:, 1:]
df.rename(columns={'lz_a' : 'tz_a' }, inplace=True)

# **Aus jeder Zeile der Tabelle wird ein Objekt erstellt**
alternatives = []
for index, row in df.iterrows():
        # Die Alternativen erhalten alle Kennzahlen als Attribute
        alt= Alternative(id=index+1, chain_case=row'[PK' ], site_case=row['S' ], resource_case=row'[R' ], process_case=row['PP'], discription=row['Beschreibung' ],
                tz=row['tz '], hk_m=row['hk_m '], tvf=row['tvf ], tz_z=row['tz_z' ], tz_a=row[ 'tz_z' ],
                rf=row['rf '], fag_eng=row['fag_eng' ], fag_uber=row['fag_uber' ], mp=row['m p' ],
                ka_eng=row['ka_eng' ], ka_uber=row['ka_uber' ], mf=row['mf ], qr=row['qr' ], hk_f=row['hk_f ], vf=row['vf ], co2=row['co2' ])
alternatives.append(alt)


# ## Strukturellen Restriktionen
# **Die strukturellen Restriktionen werden für die vorliegende Netzwerkstruktur bestimmt**
def get_contradictions(units , alternatives):

# Die Widersprüche ergeben sich aus dem morphologischen Kasten
nw_pool = {1: [2,3,4], 2: [1,3,4], 3: [1,2,4), 4: [1,2,3]}
site_pool = {1: [3, 4, 5], 2: [], 3: [1, 4, 5), 4: [1, 3, 5), 5: [1, 3, 41}
resource_pool = {1: [3, 4), 2: (), 3: [1, 4), 4: [1, 31}

# Alle Widersprüche werden ermittelt
contradiction_dict = {}
```

```
for unit_1 in units:
    unit1_contradictions = {}
    for unit 2 in units:
        if unit- 2.id == unit- 1.id:
            continue
        unit2_contradictions = {}
        for alt 1 in alternatives:
            alt_contradictions = {alt_1.id: [)}
            for alt_2 in alternatives:
                if alt_2.id == alt_1.id:
                    continue
                if unit_1.pk is unit_2.pk and alt_2.chain_case in nw_pool[alt_1.chain_case]:
                    if alt_2.id not in alt_contradictions[alt_1.id]:
                    alt_contradictions[alt_1.id) .append(alt_2.id)

                if unit_1.site is unit_2.site and alt_2.site_case in site_pool[alt_1.site_case):
                    if alt_2.id not in alt_contradictions[alt_1.id]:
                    alt_contradictions[alt_1.id).append(alt_2.id)

                if unit_1.resource is unit_2.resource and alt_2.resource_case in resource_pool[alt_1.resource_case]:
                    if alt_2.id not in alt_contradictions[alt_1.id]:
                    alt_contradictions[alt_1.id].append(alt_2.id)

            unit2_contradictions.update (alt_contradictions)
        unit1_contradictions[unit_2.id) = unit2_contradictions
    contradiction_dict[unit_1.id) = unit1_contradictions
```

```

    # Die Widersprüche werden gezählt
    total count = 0
    for b1 in contradiction dict:
            for b2 in contradiction_dict[b1]:
                    for a1 in contradiction_dict[b1)[b2):
                            for a2 in contradiction_dict[b1)[b2)[a1):
                                    total_count += 1

    print(f'The total count of contradictions in the network is: {total_count}')

    return contradiction dict


# ## Kennzahlenveränderungen ermitteln
# **Die Kennzahlenveränderungen innerhalb einer Strategischen Einheit werden ermittelt**
def change_in(unit:)
# Alle Kennzahlenveränderungen werden abgerufen
chain = unit.pk
chain_indicators = chain.get_indicators()
site = unit.site
site_indicators = site.get_indicators()
resource = unit.resource
resource_indicators = resource.get_indicators()
process = unit.process
process_indicators = process.get_indicators()
ts_in = unit.ts_in
ts_in_indicators = ts_in.get_indicators()
ts_out = unit.ts_out
ts_out_indicators = ts_out.get_indicators()
ts_indicators = {}
for key in ts_in_indicators.keys():
ts_indicators[key] = ts_in_indicators[key] + ts_out_indicators[key]


if not any(chain_indicators.values()) and not any(site_indicators.values()) and not any(resource_indicators.values()) and not any(process_indicators.values()) and not any(ts_indicators.values()):
        return None

```

```
# Es wird eine geordnete Liste der Kennzahlen zurückgegeben
return chain_indicators, site_indicators, resource_indicators, process_indicators, ts_indicators


###Irrelevante Strategische Einheiten werden aussortiert
def filter_units(units):
    added_units = []
    for u1 in units:
        # Die Kennzahlenveränderungen werden abgerufen
        unit_changes = u1.get_changed_indicators()

        # Es wird überprüft, ob alle Kennzahlenveränderungen bereits behandelt werden können
        all_covered = True
        for obj_changes in unit_changes:
            covered_changes = [y for (x,y) in added_units]
            covered_changes = [item for sublist in covered_changes for item in sublist]

        # Falls es sich um eine neue KP/ handelt, wird dies gespeichert
        if obj_changes not in covered_changes:
            all_covered = False

        if all_covered:
            continue
        # falls es eine neue KPI ist...
        else:
            # werden die anderen SEs entfernt
            for (u2, u2_changes) in added_units:

                other_changes = covered_changes.copy()
                for u2_change in u2_changes:
                    other_changes.remove(u2_change)

```

```
                        if all(change in unit_changes or change in other_changes for change in u2_changes):
                            added_units.remove((u2, u2_changes))

                # und die neue SE zur Liste hinzugefügt
                added_units.append((u1, unit_changes))

    leftover_units = [u for (u, ind) in added_units]
    print(f'Complete KPI coverage reached with remaining units: {[u.id for u in leftover_units]}')
    return leftover_units


###Nutzwertanalyse
# **Die Nutzwerte zwischen jeder Strategischen Einheit und jedem Planungsfall wird berechnet**
def get_all_scores(units , df):
    # Alle Nutzwerte werden in eine Liste gespeichert
    scores_dict = {}
    for unit in units:
        # zunächst werden die Kennzahlenveränderungen ermittelt
        nw_change, site_change, resource_change, process_change, ts_change = change_in(unit)
        nw_change.update(site_change)
        nw_change.update(resource_change)
        nw_change.update(process_change)
        nw_change.update(ts_change)

        df_vals = df.iloc[:, 5:]
        df_order = df_va ls[['rf' ,'f ag_eng' ,'f ag_uber' ,'mp' ,'k a_eng' ,'ka_uber' ,'mf' ,'q r','h k_f','vf','tz' ,'h k_m','t vf' ,'tz_z' ,'tz_ a', ' co2' ]]

        # Die Matrix aus der Excel-Datei wird mit den Ausprägungen multipliziert und aufsummiert um die Einzelnutzwerte zu berechnen
        df_order = df_order.mul(nw_change, axis=1)
        df_order['sum' ] = df_order.sum(axis=1)
```

```
            df_order['id' ] = list(range(1,62))
            results = df_order[['id' , 'sum' ]].copy()
            results.set_index(' id' , inplace=True)
            results_dict = results.to_dict()
            unit_dict = {unit.id: results_dict[ 'sum' ]}
            scores_dict.update(unit_dict)
        # Alle Nutzwerte werden zurückgegeben
        return scores_dict


# ## Lineares Optimierungsmodell
# **Das Optimierungsmodell wird aufgestellt und erhält als Nebenbedingungen die erstellten Restriktionen und vorherigen Lösungen. Das Optimierungsproblem wird gelöst und die Alternative mit maximalem Nutzwert zurückgegeben**
# Das lineare Optimierungsmodell wird aufgestellt und das Optimierungsproblem wird gelöst
def construct_model(units, alts, scores, contradictions, assignments, restrictions, max_units):

        # Das Optimierungsmodell wird erstellt und die Optimierungsrichtung vorgegeben
        model = Model('Network Model')
        model.modelSense = GRB .MAXIMIZE

        # Die Binärvariabel x stellt die Zuordnung einer SE mit einer Alternative dar
        # Die Zielfunktion ist die Summe der Nutzwerte der Zuordungen
        x={}
        for unit in units:
            for alt in alts:
                x[(unit, alt)] = model.addVar(vtype= 'b' , obj=scores[uni]t[alt], name=f'x_{unit}_{alt}')

        # Nebenbedingungen

        # Jeder SE darf maximal eine Alternative zugeordnet werden
        for i in units:
            model.addConstr(quicksum(x[(i , j)] for j in alts) <= 1)

```

```
        # Die maximale Anzahl an zuzuweisenden Alternativen wird durch den Nutzer begrenzt (Standard n=3)
        model.addConstr(quicksum(x[(i ,j)] for i in units for j in alts) <= max_units)

        # Die Widersprüche zwischen zwei Zuordnungen werden aufgenommen
        for unit 1 in contradictions:
                for unit_2 in contradictions[unit_1]:
                        for alt_1 in contradictions[unit_1][unit_2] :
                                if alt_1 in alts:
                                        for alt_2 in contradictions[unit_1][unit_2][alt_1]:
                                                if alt_2 in alts:
                                                model.addConstr (x[(unit_1, alt_1)] + x[(unit_2, alt_2)] <= 1)

        # Die Vorgegebenen Alternativen des Nutzers werden aufgenommen
        for unit, alt in assignments:
                if alt in alts:
                        model.addConstr(x[(unit , alt)] == 1)

        # Die Restriktionen des Nutzers werden aufgenommen
        for unit, alt in restrictions:
                if alt in alts:
                        model.addConstr(x[(unit , alt)]== 0)


        model.setParam(GRB .Param.PoolSolutions, 1)
        model.setParam(GRB .Param.LogToConsole , 0)


        return (model, x)


# Das lineare Optimierungsmodell wird aufgestellt und das Optimierungsproblem wird gelöst
def optimize(model, x, alts, similarity_constraints, past_solutions:)
```

```

        # Die gleichen Units wählen, wie in der vorherigen Lösung
        if len(past_solutions) >=1:
                selected_units = past_solutions0[ )[0).keys ()
                for i in selected units:
                        model.addConstr(quicksum(x[(i ,j)) for j in alts) == 1)

        # Vorherige Lösungen verbieten
        for assignment, score in past_solutions:
                assignments = assignment.items()
                model.addConstr(quicksum(x[pair) for pair in assignments) <= (len(assignments)-1))

        # Zu ähnliche Lösungen verbieten
        for constraint in similarity_constraints:
                        model.addConstr(quicksum(x[pair] for pair in constraint) <= (len(constraint)-1))

        model.optimize()

        # Falls es keine Lösung gibt, nichts zurückgeben
        if model.status in (GRB.INF_OR_UNBD, GRB.INFEASIBLE, GRB.UNBOUNDED):
                sol = None

        else:
                assignment = {}
                for v in model.getVars ():
                        if v.X == 1:
                                split = v.VarName.split('_')
                                assignment[int(split[1))) = int(split[2))
                                sol = (assignment, model.ObjVal)

        return sol


# ### Similarity Constraints
# Alternativen mit zu hoher Ähnlichkeit werden durch die Nutzervorgabe verboten
```

```
def get_similarity_constraints(units , alternatives, solutions, similarity, max_units):
    constraints = []
    solution_length = min(len(units), max_units)
    alternative_combinations = [x for x in itertools.product(alternatives, repeat=solution_length))

    # für jede bisher ermittelte Lösung...
    for sol in solutions:

        assignment = sol[0)
        chain_cases = [)
        site_cases = [)

        sol_units = assignment.keys()

        # werden die Alternativen analysiert
        for unit_id in assignment:
            alt_id = assignment[unit_id]

            alt= [a for a in alternatives if a.id == alt_id][0]
            chain_cases.append(alt.chain_case)
            site_cases.append(alt.site_case)

        # und mit allen möglichen neuen Lösungen verglichen
        for possible_solution in alternative_combinations:
            sol_chain_cases = []
            sol_site_cases = []
            for unit_solution in possible_solution:
                sol_chain_cases.append (unit_solution.chain_case)
                sol_site_cases.append (unit_solution.site_case)

            arr1 = np.array(chain_cases)== np.array(sol_chain_cases)
            arr2 = np.array(site_cases)== np.array(sol_site_cases)

            solution_values = []

```

```
            # Der Ähnlichkeitswert wird berechnet
            for i in range(len(arr1)):
                if arr1[i] and arr2[i]:
                    val = 1
                elif arr1[i] or arr2[i]:
                    val = 0.5
                else:
                    val = 0

                solution_values.append(val)

            sol_similarity = sum(solution_values) / len(solution_values)

            # Falls die Ähnlichkeit zu hoch ist werden die Nebenbedingungen erstellt
            if sol_similarity > similarity:
                constraint = [(u, a.id) for (u,a) in zip(sol_units, possible_solution)]
                constraints.append(constraint)

    # Die Nebenbedingungen werden zurückgegeben
    return constraints


# ## Vorgaben des Nutzers
# **Die Restriktionen aus der strategischen Vorgabe des Nutzers werden ermittelt** <br>
# Restriktionen für das Fallbeispiel 2
def get_restrictions(units , alternatives):

    forced_assignments = []
    # Der Strategischen Einheit 3 (Pressen GER) den Planungsfall 42 zuordnen
    forced_assignments.append((3, 42))

    restrictions = []

    for unit in units:
        for alt in alternatives:
```

```
            # Ramp Down verhindern
            if alt.chain_case == 4:
                restrictions.append((unit.id, alt.id))
            # keinen neuen Standort für Umfänge aus Deutschland öffnen
            if unit.site is s_ger and alt.site_case == 2:
                restrictions.append((unit.id, alt.id))
            # Verlagerung aus Osteuropa verhindern
            if unit.site is s- hun or unit.site is s- rou:
                if alt.id in [31,32,33,34,35,36,40,42,51,52,53]:
                    restrictions.append((unit.id, alt.id))
    return forced_assignments, restrictions
# ## Ergebnisse
# **Die Funktionen werden verknüpft und die Anpassungsalternativen werden durch wiederholte Lösung des Optimierungsmodells generiert.**
def get_results(units, alternatives, df, allowed_similarity, max_units, include_restrictions:)
    # Die Einheiten werden gefiltert
    units = filter_units(units)
    unit_ids = [unit.id for unit in units]
    alt_ids = [alt.id for alt in alternatives]
    # Die Restriktionen aus der Netzwerkstruktur werden ermittelt
    contradictions = get_contradictions(units, alternatives)
    # Die Vorgaben des Nutzers werden abgerufen
    if include_restrictions:
        assignments , restrictions = get_restrictions(units , alternatives)
    else:
        assignments , restrictions = [],[]
```

```
# Die Nutzwerte werden berechnet
scores_dict = get_all_scores(units, df)

# Das Optimierungsmodell wird aufgestellt
model, x = construct_model(unit_ids, alt_ids, scores_dict, contradictions, assignments, restrictions, max_units)

solutions = []
used_constraints = []

# Das Optimierungsproblem wird iterativ gelöst
for i in range(3):

# Neue Nebenbedingungen aus der Ähnlichkeit werden nach jeder Iteration abgerufen
similarity_constraints = get_similarity_constraints(units, alternatives, solutions, similarity=allowed_similarit,ymax_units =max_units)
unused_constraints = [constr for constr in similarity_constraints if constr not in used_constraints]
used_constraints.append(unused_constraints)

sol = optimize(model, x, alt_ids, similarity_constraints, solutions)

if sol is None:
        break
else:
        solutions.append(sol)

# Die Lösung wird ausgegeben
i=1
for sol in solutions:
        assignment , score = sol
        print('    ')
        print(f'\033[1m Lösung {i}: {score} \033[0m')
        for ass in assignmen t.items ():
                alt_id = ass[1]
                alt= [a for a in alternatives if a.id == alt_id][0]
```

```
                        print(f'\033[1m Unit {ass[0]} --> {alt}: \033[0m {alt.discription}')

                i+=1


# ## Kennzahlenveränderungen
# **Die berechneten Relevanzen der Kennzahlen aus der Validierung werden vorgegeben**
# Kapazitätsengpass
r_press_ger.ka_eng = 0.8

# Transportzeit
ts_ger_rou.tz = 0.5
ts_ger_hun.tz = 0.5
tsa_ger_as.tz_a = 0.3
tsa_rou_as.tz_a = 0.3
tsa_hun_as.tz_a = 0.3

# Herstellkosten
pp_press_ger.hk_f = 0.6
pp_em1_ger.hk_f = 0.6

# C02-Emissionen
ts_ger_rou.co2 = 0.2
ts_ger_hun.co2 = 0.2
tsa_ger_as.co2 = 0.2
tsa_rou_as.co2 = 0.2
tsa_hun_as.co2 = 0.2


# Aufruf aller Funktionen
get_results(units=units , alternatives=alternatives, df=df, allowed_similarity=0.5, max_units=3, include_restrictions=True)
```

9.5 Datenkarten (Auswahl)

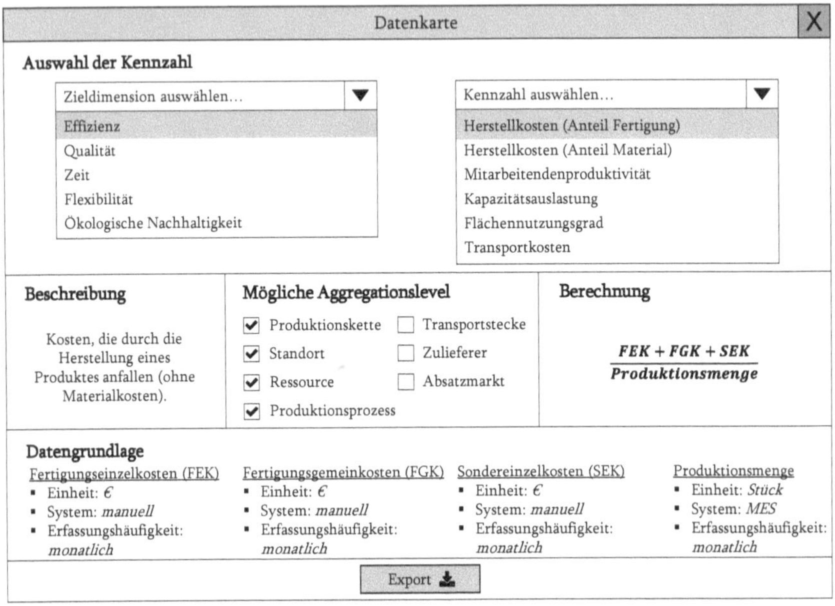

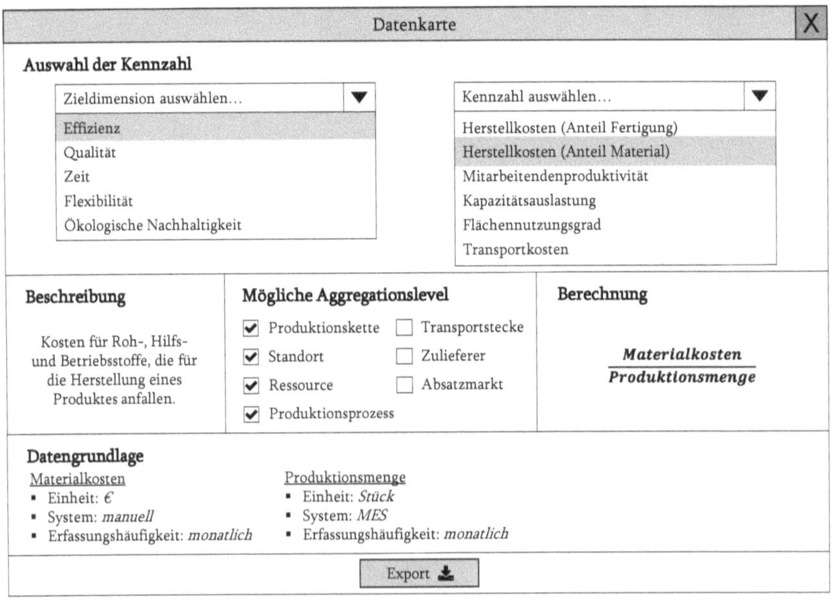

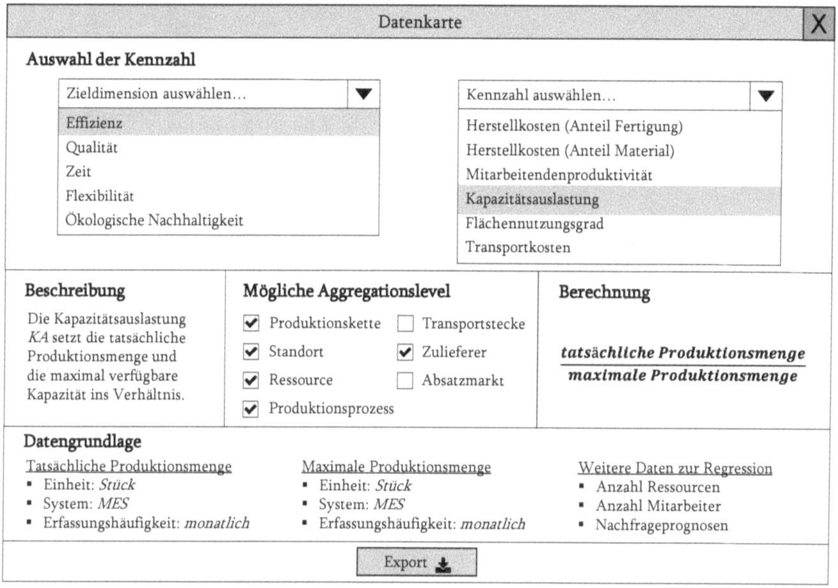
Datenkarte
X
Auswahl der Kennzahl
Zieldimension auswählen…
Effizienz
Qualität
Zeit
Flexibilität
Ökologische Nachhaltigkeit
Kennzahl auswählen…
Herstellkosten (Anteil Fertigung)
Herstellkosten (Anteil Material)
Mitarbeitendenproduktivität
Kapazitätsauslastung
Flächennutzungsgrad
Transportkosten
Beschreibung
Die Kapazitätsauslastung KA setzt die tatsächliche Produktionsmenge und die maximal verfügbare Kapazität ins Verhältnis.
Mögliche Aggregationslevel
☑ Produktionskette
☐ Transportstecke
☑ Standort
☑ Zulieferer
☑ Ressource
☐ Absatzmarkt
☑ Produktionsprozess
Berechnung
tatsächliche Produktionsmenge / maximale Produktionsmenge
Datengrundlage
Tatsächliche Produktionsmenge
Einheit: Stück
System: MES
Erfassungshäufigkeit: monatlich
Maximale Produktionsmenge
Einheit: Stück
System: MES
Erfassungshäufigkeit: monatlich
Weitere Daten zur Regression
Anzahl Ressourcen
Anzahl Mitarbeiter
Nachfrageprognosen
Export

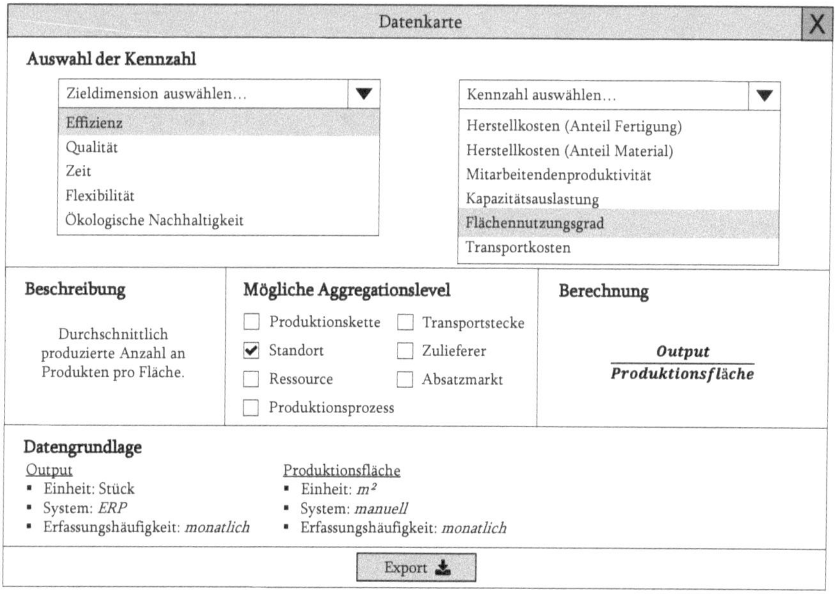
Datenkarte
X
Auswahl der Kennzahl
Zieldimension auswählen…
Effizienz
Qualität
Zeit
Flexibilität
Ökologische Nachhaltigkeit
Kennzahl auswählen…
Herstellkosten (Anteil Fertigung)
Herstellkosten (Anteil Material)
Mitarbeitendenproduktivität
Kapazitätsauslastung
Flächennutzungsgrad
Transportkosten
Beschreibung
Durchschnittlich produzierte Anzahl an Produkten pro Fläche.
Mögliche Aggregationslevel
☐ Produktionskette
☐ Transportstecke
☑ Standort
☐ Zulieferer
☐ Ressource
☐ Absatzmarkt
☐ Produktionsprozess
Berechnung
Output / Produktionsfläche
Datengrundlage
Output
Einheit: Stück
System: ERP
Erfassungshäufigkeit: monatlich
Produktionsfläche
Einheit: m²
System: manuell
Erfassungshäufigkeit: monatlich
Export

Datenkarte X

Auswahl der Kennzahl

Zieldimension auswählen... ▼
- Effizienz
- Qualität
- Zeit
- Flexibilität
- Ökologische Nachhaltigkeit

Kennzahl auswählen... ▼
- Herstellkosten (Anteil Fertigung)
- Herstellkosten (Anteil Material)
- Mitarbeitendenproduktivität
- Kapazitätsauslastung
- Flächennutzungsgrad
- Transportkosten

Beschreibung

Transportkosten eines Produktes bis zum Absatzmarkt.

Mögliche Aggregationslevel

- ☐ Produktionskette
- ☑ Transportstecke
- ☐ Standort
- ☐ Zulieferer
- ☐ Ressource
- ☐ Absatzmarkt
- ☐ Produktionsprozess

Berechnung

$TK_{p1} \cdot PM_{p1} \cdot S_{p1}$

Datengrundlage

Transportkosten pro Stück (TK_{p1})
- Einheit: €/km
- System: *SCM*
- Erfassungshäufigkeit: *monatlich*

Produktionsmenge (PM_{p1})
- Einheit: *Stück*
- System: *MES*
- Erfassungshäufigkeit: *monatlich*

Transportstrecke (S_{p1})
- Einheit: *km*
- System: *SCM*
- Erfassungshäufigkeit: *monatlich*

Export

Datenkarte X

Auswahl der Kennzahl

Zieldimension auswählen... ▼
- Effizienz
- Qualität
- Zeit
- Flexibilität
- Ökologische Nachhaltigkeit

Kennzahl auswählen... ▼
- Qualitätsrate

Beschreibung

Anteil der ohne Fehler produzierten Produkte von der Gesamtproduktionsmenge.

Mögliche Aggregationslevel

- ☑ Produktionskette
- ☐ Transportstecke
- ☑ Standort
- ☑ Zulieferer
- ☑ Ressource
- ☐ Absatzmarkt
- ☑ Produktionsprozess

Berechnung

$$\frac{Gutmenge}{Produktionsmenge}$$

Datengrundlage

Gutmenge
- Einheit: Stück
- System: *MES*
- Erfassungshäufigkeit: *monatlich*

Produktionsmenge (PM_{p1})
- Einheit: *Stück*
- System: *MES*
- Erfassungshäufigkeit: *monatlich*

Export

9.6 Histogramme der standardisierten Residuen

Produktionsmenge
PM

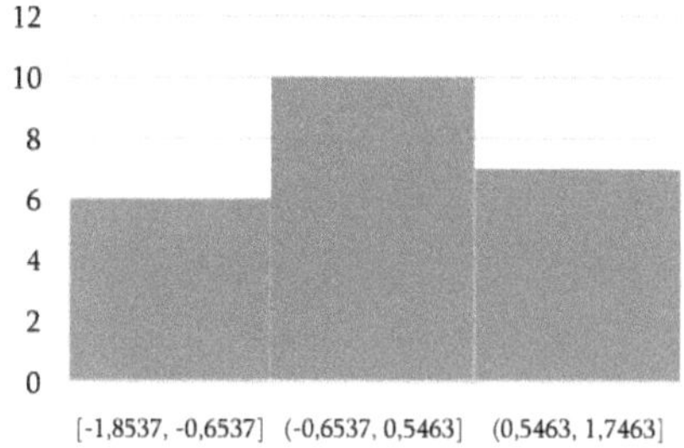

Lohnkostenunterschied
AK_D-AK_R

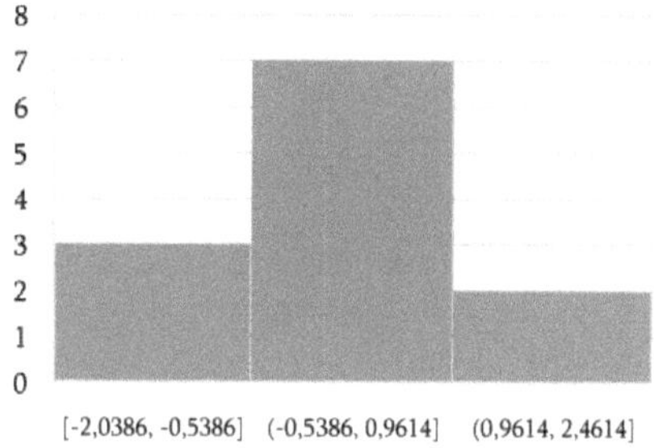

Nachfragemenge
N

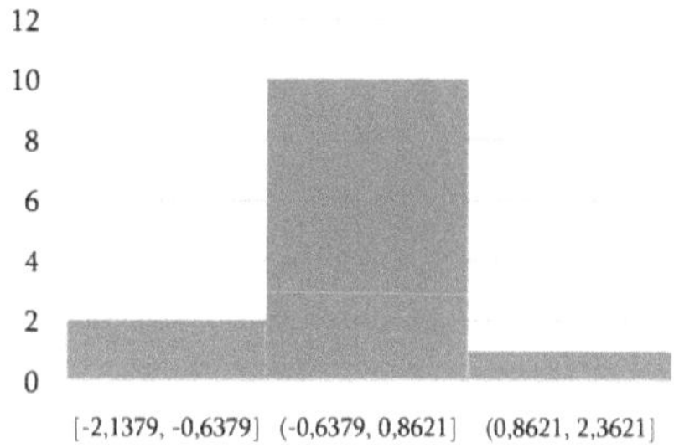

Gewinn je Endprodukt
$Gewinn_{Endprodukt}$

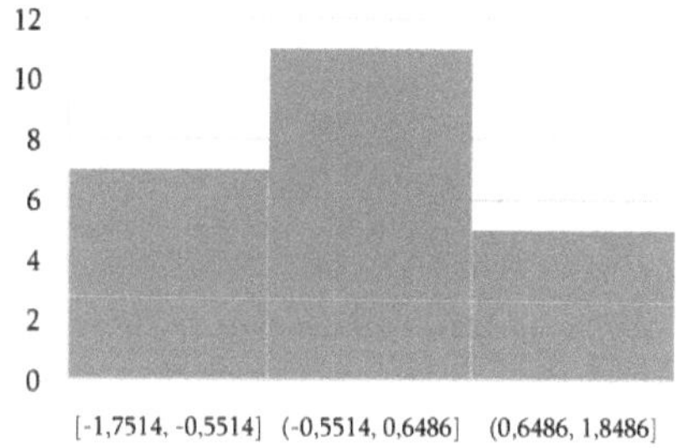

CO_2-Emissionen (Produktion)
$CO_{2,P}$

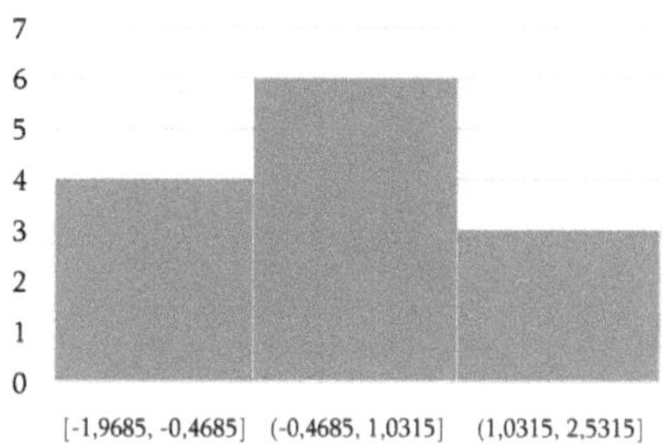

CO_2-Emissionen (Lkw-Transport)
$C0_{2,T,Lkw}$

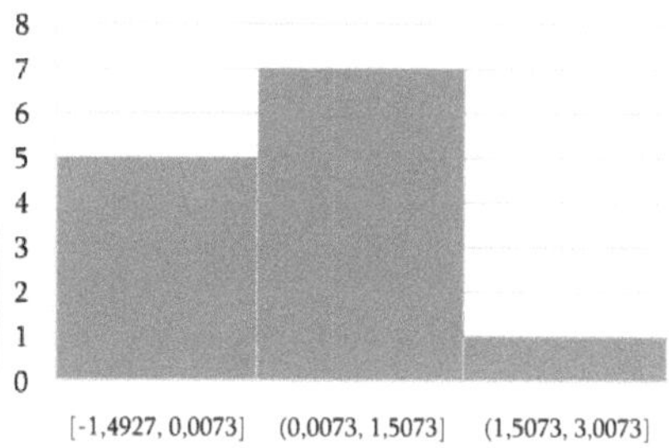

Produktionsmenge asiatischer Markt
PM_A

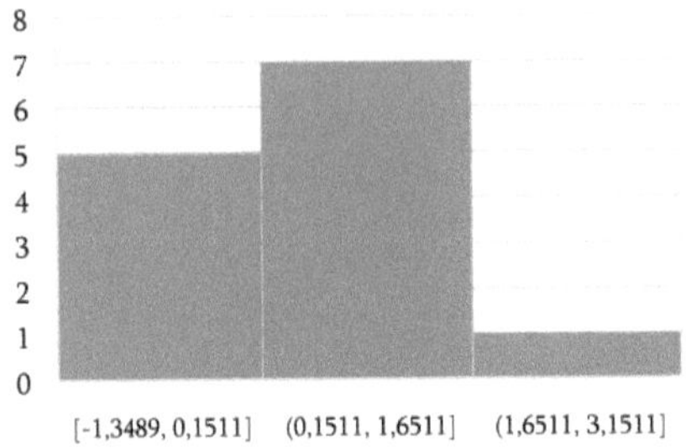

CO_2-Emissionen (Schiff-Transport)
$CO_{2,T,Schiff}$

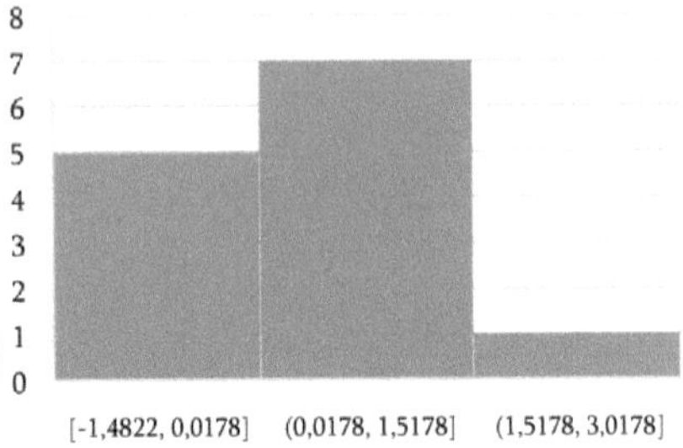

CO_2-Preis
CO_2Preis

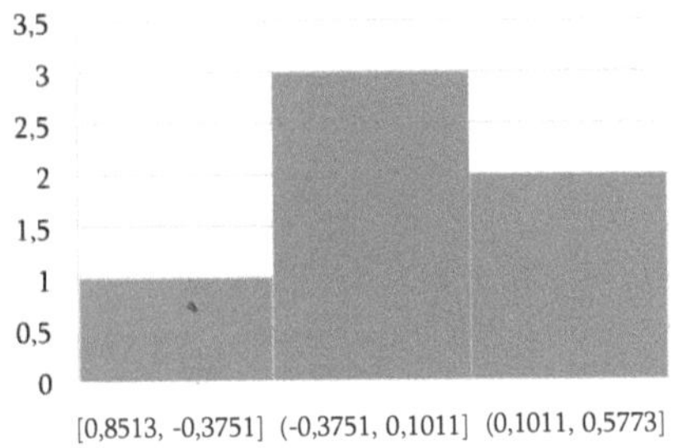

Transportkosten je Stück (Lkw)
$TK_{Lkw,Stück}$

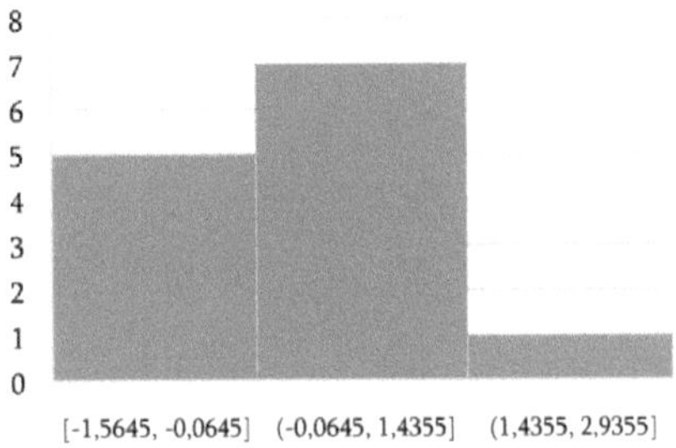

Transportkosten (Schiffscontainer)
$TK_{Cont.}$

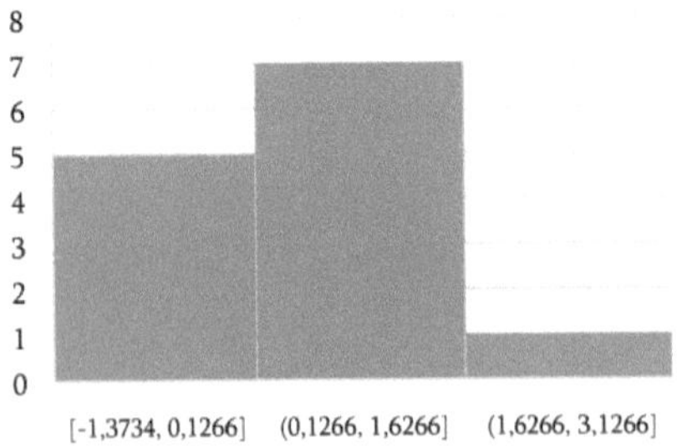

9.7 Ergebnisse des Kolmogorov-Smirnov-Tests

Kennzahl	Abkürzung	Maximale Abweichung	Kritischer Wert (α=0,05)
Produktionsmenge	PM	0,1693	0,2749
Lohnkostenunterschied	$AK_D - AK_R$	0,1308	0,3754
Nachfragemenge	N	0,1348	0,3614
Gewinn je Endprodukt	$Gewinn_{Endprodukt}$	0,1140	0,2693
CO_2-Emissionen (Produktion)	$CO_{2,P}$	0,1458	0,3614
CO_2-Emissionen (Lkw-Transport)	$CO_{2,T,Lkw}$	0,2212	0,3614
Produktionsmenge asiatischer Markt	PM_A	0,1961	0,3614
CO_2-Emissionen (Schiff-Transport)	$CO_{2,T,Schiff}$	0,1434	0,3614
CO_2-Preis	CO_2Preis	0,3099	0,5193
Transportkosten je Stück (Lkw)	$TK_{Lkw,Stück}$	0,1229	0,3614
Transportkosten (Schiffscontainer)	$TK_{Cont.}$	0,1907	0,3614

9.8 Vollständige Netzwerkmodellierung für das Python-Tool

Notation	Objekttyp	Beschreibung (vgl. Kapitel 6.1.1)
pk_1	Produktionskette	Produktionskette des Endproduktes 1
pk_2	Produktionskette	Produktionskette des Endproduktes 2
s_ger	Standort	Standort Deutschland
s_rou	Standort	Standort Rumänien

s_hun	Standort	Standort Ungarn
r_press	Ressource	Presse
r_em1	Ressource	Endmontage für Endprodukt 1
r_em2	Ressource	Endmontage für Endprodukt 2
pp_press	Produktionsprozess	Pressprozess
pp_em1	Produktionsprozess	Montageprozess für Endprodukt 1
pp_em2	Produktionsprozess	Montageprozess für Endprodukt 2
tsz_aut_ger	Transportstrecke	Transport vom österreichischen Zulieferer zum Standort Deutschland
tsz_ger_ger	Transportstrecke	Transport vom deutschen Zulieferer Standort Deutschland
tsz_aut_rou	Transportstrecke	Transport vom österreichischen Zulieferer zum Standort Rumänien
ts_hun_hun	Transportstrecke	Transport innerhalb des ungarischen Standorts (Kunststoffteile zur Endmontage)
ts_ger_ger	Transportstrecke	Transport innerhalb des deutschen Standorts (Pressteile zur Endmontage)
ts_ger_rou	Transportstrecke	Transport vom Standort Deutschland zum Standort Rumänien
ts_ger_hun	Transportstrecke	Transport vom Standort Deutschland zum Standort Ungarn
tsa_ger_eu	Transportstrecke	Transport vom Standort Deutschland zum Absatzmarkt Europa
tsa_ger_as	Transportstrecke	Transport vom Standort Deutschland zum Absatzmarkt Asien
tsa_ger_am	Transportstrecke	Transport vom Standort Deutschland zum Absatzmarkt Amerika
tsa_rou_eu	Transportstrecke	Transport vom Standort Rumänien zum Absatzmarkt Europa

tsa_rou_as	Transportstrecke	Transport vom Standort Rumänien zum Absatzmarkt Asien
tsa_rou_am	Transportstrecke	Transport vom Standort Rumänien zum Absatzmarkt Amerika
tsa_hun_eu	Transportstrecke	Transport vom Standort Ungarn zum Absatzmarkt Europa
tsa_hun_as	Transportstrecke	Transport vom Standort Ungarn zum Absatzmarkt Asien
tsa_hun_am	Transportstrecke	Transport vom Standort Ungarn zum Absatzmarkt Amerika

In der Reihe **Ergebnisse aus der Produktionstechnik** zuletzt erschienen:

Rodemann, Niklas:
Resiliente Produktionsnetzwerke durch datenbasierte Früherkennung
ISBN: 978-3-98555-228-3
Erscheinungsdatum: 12.08.2024

Spierling, Robert:
Abbildung thermo-elastischer Fehler von Fräsmaschinen auf Basis des photoelektrischen Effekts und eines lernenden Modells
ISBN: 978-3-98555-208-5
Erscheinungsdatum: 12.08.2024

Eckel, Hans-Martin:
Kinematische Analyse von Spindellagern unter statischen und dynamischen Kräften
ISBN: 978-3-98555-226-9
Erscheinungsdatum: 01.08.2024

Hähnel, Sebastian:
Das variationskraftgeregelte, schwingungsunterstützte Schleifen von gekrümmten Werkzeugstahloberflächen mit gummigebundenen Schleifstiften
ISBN: 978-3-98555-225-2
Erscheinungsdatum: 22.07.2024

Kosel, Maximilian:
Prozess- und Maschinenentwicklung für das kontinuierliche, variotherme Heißprägen
ISBN: 978-3-98555-223-8
Erscheinungsdatum: 16.07.2024

Lender, Benjamin:
Datenbasierte Identifikation von Heuristiken für das Entwicklungsmanagement
ISBN: 978-3-98555-219-1
Erscheinungsdatum: 16.07.2024

Lukas, Gerret:
Gestaltungsmodell zur thermischen Auslegung additiver Prototypenwerkzeuge aus Kunststoff
ISBN: 978-3-98555-209-2
Erscheinungsdatum: 03.06.2024

Löffler, Bernd:
Additiv gefertigte Kunststoffwerkzeuge für das Tiefziehen von Feinblech
ISBN: 978-3-98555-211-5
Erscheinungsdatum: 27.05.2024

Dackweiler, Jonas:
Planungseffizienz und -effektivität durch Plattformbasierte Fabrikplanung
ISBN: 978-3-98555-220-7
Erscheinungsdatum: 27.05.2024

Schopen, Marco:
Datenbasierte hybride Analyse und Gestaltung von Geschäftsprozessen
ISBN: 978-3-98555-217-7
Erscheinungsdatum: 22.05.2024

Scholzen, Philipp:
Auslegung geräuschoptimierter pulvermetallurgischer Stirnradverzahnungen
ISBN: 978-3-98555-216-0
Erscheinungsdatum: 21.05.2024

Seelbach, Tobias:
Prädiktion der Maßhaltigkeit beim Räumen von Profilnuten
ISBN: 978-3-98555-213-9
Erscheinungsdatum: 21.05.2024

Edition Wissenschaft
Apprimus

Fiedler, Falko:

Produkt- und prozessseitige Auslegung von bauteilintegrierten Vorrichtungsfunktionen

ISBN: 978-3-98555-206-1

Erscheinungsdatum: 02.04.2024

Hohenstein, Steffen:

Multidirektionaler Aufbau in der additiven Fertigung von Kunststoffen

ISBN: 978-3-98555-203-0

Erscheinungsdatum: 05.03.2024

Ochel, Janis:

Datengetriebene Strukturierung von NC-Zerspanprozessen

ISBN: 978-3-98555-204-7

Erscheinungsdatum: 14.02.2024

Schulz, Malena:

Digital Twin Methodology for the Automated Fiber Placement with In-situ Consolidation of Thermoplastic Tape

ISBN: 978-3-98555-195-8

Erscheinungsdatum: 30.01.2024

Schweins, Julian:

Datengestützte Gestaltung des nachhaltigen Werkzeuglebenszyklus

ISBN: 978-3-98555-197-2

Erscheinungsdatum: 22.01.2024

Theling, Julian:

Auslegung von Planetengetrieben im elastischen Verzahnungsumfeld unter Berücksichtigung der Wechselwirkungen des Mehrfacheingriffes

ISBN: 978-3-98555-205-4

Erscheinungsdatum: 26.03.2024

Schukat, Esben:

Kapazitätsorientierte Auftragsfreigabe in matrixstrukturierten Montagesystemen

ISBN: 978-3-98555-189-9

Erscheinungsdatum: 20.02.2024

Metzmacher, Amelie Isabel:

Beschäftigungsfähigkeit im produzierenden Sektor – Entwicklung des Predictive Model of Industrial Employability

ISBN: 978-3-98555-201-6

Erscheinungsdatum: 13.02.2024

Olivier, Marcel:

Abtragmechanismen beim drahtfunkenerosiven Bearbeiten elektrisch leitfähiger Keramiken im kohlenwasserstoffbasierten Dielektrikum

ISBN: 978-3-98555-200-9

Erscheinungsdatum: 30.01.2024

Landwehr, Markus:

Modellierung und Vorhersage des eigenspannungsbedingten Bauteilverzugs bei der Fräsbearbeitung

ISBN: 978-3-98555-194-1

Erscheinungsdatum: 09.01.2024

Edition Wissenschaft
Apprimus